◉ 工科のための物理 ◉

MKP-2

工科のための
力学

田中皓一

数理工学社

編者のことば

私たちの身の回りには現代科学技術の成果が満ちあふれています．コンピュータや携帯電話，遺伝子レベルによる診断や治療，航空機やスペースシャトルなど例はいくらでもあります．これらの現代技術のめざましい発展は，激烈な技術開発競争の中から生み出されたものです．技術者を目指している工科系の学生諸君は，ややもするとこのような激しい流れに圧倒されてしまい，勉学の方向性を見失ってしまいそうになるかもしれません．しかし，激しい流れの底を目を凝らして見ると，そこには現代科学技術を支える基盤としての物理科学が見えてきます．近年の科学技術は，物理科学の知識を明確な目的意識をもって応用することにより発展してきました．しかし，現代においては，物理科学は工学の単なる予備的な基礎をあたえるだけというような一方通行的な流れではありません．例えば，ナノテクノロジー分野などで見られるように，工学において発生した問題が物理学の発展をうながすというお互いが刺激しあう状況になっています．このような情勢の中では，工科系の学生は技術変化の表層に目を奪われることなくしっかりと腰を落ち着けて，物理科学に対する体系的学習をしておくことが，優れた技術者になるために絶対に必要なことです．そうすることで，学生諸君は急速な科学技術の発展に対しても確たる視点と，独創的な仕事を行うための出発点を持つことができるのです．

ライブラリ「工科のための物理」は，このような技術発展の現状を踏まえ，物理学の最新の知見をも取り入れた工学基礎としての斬新な物理学テキストとして編集されました．各種のテキストは，工科系の学生が物理の基礎と発展，その工学的応用を体系的に学ぶことができるように互いに関連して構成されています．教科書としても，自習書としても十分役に立つように工夫されています．具体的には次のような特色があります：

- ライブラリ全体の統一性を保ち，各巻の関連性を示すと同時に，各巻を独立して読むことも可能となるようにすること．

- 各巻とも，多くの図や例題を使い，問題とその丁寧な解答を付すことにより，その内容の理解を手助けすること．これにより，学んだ知識を適切に使いこなすことができる能力を身につけられるようにすること．
- 計算機実験が適切と思われる場合は，そのプログラムの掲載も行い，学生がコンピュータ上で自分の知識を確認することもできるようにすること．
- 高校教育課程の現状も考慮し，高校物理での学習内容と各巻の内容が滑らかにつながるようにすること．
- 各巻を，学生のレベルに応じて，基礎的な部分(書目群 I)と発展的な部分(書目群 II)に分類すること．

本ライブラリによって，学生諸君が，工学において必要な物理学の知識を体系的に学び，技術者としての基礎を確立するための一助となれば幸いです．

2006 年 10 月

編者　杉山　勝
後藤俊幸
市川　洋

「工科のための物理」書目一覧

書目群 I	書目群 II
1　工科のための 物理学通論	A–1　ナノテクノロジー概論
2　工科のための 力学	A–2　量子物性工学
3　工科のための 電磁気学	A–3　非線形科学
4　工科のための 振動・波動論	A–4　プラズマ物理学
5　工科のための 光学	A–5　工科のための 生物物理学
6　工科のための 量子物理学	A–6　環境物理学
7　工科のための 熱・統計物理学	A–7　工科のための 物理数学
8　工科のための 連続体力学	A–8　物理工学における回路とシステム論
9　工科のための 物性論	A–9　技術史——物理学の役割を中心として
10　工科のための 計算物理学	A–10　科学技術英語
	A–11　工科のための 作文技術とプレゼンテーション

(A: Advanced)

はじめに

力学は力と物体の運動の関係を研究する学問であって，全ての自然科学の基礎となるものです．すなわち，力学は地球上や宇宙における質点や剛体の運動，固体の変形，気体や液体の流れ，電磁場の中での荷電粒子の運動など，あらゆる物理現象を科学的に研究するための重要な学問体系です．また，それは身近な道具，家庭電化製品，電子機器，精密機械，ロボット，産業機械，輸送機器，宇宙機器などのあらゆる工業製品あるいは土木・建築構造物などを設計し，安全を確保するための工学技術にとって必須の基礎学問でもあるのです．

力学 (mechanics) は「静力学 (statics)」と「動力学 (dynamics)」に大別できます．前者は様々な力を受ける物体が安定して静止状態を続けることができる条件すなわち静的な平衡条件を扱うものです．一方，後者は 2 つに分けることができます．その 1 つは「運動学 (kinematics)」と呼ばれ，時々刻々と変化する物体の運動状態を数学的に表現する手法を研究するものです．他の 1 つは，狭い意味の「動力学 (kinetics)」とも呼ばれ，力が作用する物体の運動をいくつかの力学原理や力学法則に従って解析するものです．また，力学は扱う物質に対応して，質点の力学，剛体の力学，固体力学，流体力学，電気力学などのような細分化もなされます．このような区別は必ずしも本質的なものではありませんが，学習の対象を明確にする上で都合がよいので，本書でもこのような言葉を用います．

本書は，大学の理工学系学部における力学のテキストまたは参考書として著したものであり，ニュートン力学の枠内で，力学の諸問題を解決する上で重要な力学法則と解析法を初学者にもわかりやすく説明することを目的としています．そのために，基礎的な事項の説明の後に比較的やさしく具体的な例題を配置することにより，基本的な力学原理とそれらの関連性を的確に把握できるとともに，やや高度の演習問題も加えて諸問題に対処できる応用力や創造性とセンスが養われるように配慮しているつもりです．例題や演習問題もできるだけ数多く用意し，その題材や配列にも工夫したつもりです．特に，力学原理を直感的にも視覚的にも把握しやすいように，主として 2 次元の運動 (平面運動) を例にとって説明しています．さらに，本書では物体の空間運動を一般的かつ統一的に記述するのに適しているベクトルの概念を全面的に用いています．したがって，2 次元運動に対する考え方と，そこで導入した諸公式は，容易に推測できる若干の補足や修正を加えるだけで，ほとんどそのまま 3 次元運動 (空間運動) にも応用できるはずです．ただし，質点，質点系および剛体の力学に限っても，その全てをこの小冊子で記述することはできませんので，より高度な力学現象についてさらに興味を持たれる読者には，本書で述べた基本事項を十分に理解していただいた上で，巻末に挙げた書籍などを参考にしていただければ幸いです．

2006 年 10 月

田中　皓一

目　次

［章末問題の解答について］

章末問題の略解はサイエンス社のホームページ

http://www.saiensu.co.jp

でご覧ください．

1 力学の基礎概念

古代からの力学史の集大成であるニュートン力学は，ユークリッド幾何学に基づく 3 次元空間の中で生じる力学現象を対象とする．3 次元空間とその中の運動を表現するには，ベクトルという概念が極めて有効である．本章では，3 次元空間の表現法として最も基本的な直角座標系を導入し，力学を記述するためのベクトルの基礎概念と基本的な演算法を述べる．

また，様々な力学量を規定するためには単位系を明確にしておく必要があるが，現在では，1960 年に制定された国際単位系 (SI 単位系) が共通に用いられている．

キーワード

空間と時間　質量　力
国際単位系 (SI 単位系)　重力加速度
スカラーとベクトル　ベクトル演算法
単位ベクトル　基本単位ベクトル　座標系

1.1 力学の成立

現在の我々が持っている力学の知識を得るまでには長い歴史を要してきたが，それでも未だ完全なものではない．古代ギリシャあるいはそれ以前から，空気，水，火の運動に関する認識や天動説と地動説に代表される天体の運動について，宗教家や哲学者による宇宙観や天文学に基づく仮説の提案と論争が永く続いた．実際，アリストテレス (Aristotle)，ユークリッド (Euclid)，アルキメデス (Archimedes) など紀元前の数学者や物理学者による天体運動や幾何学に関する自然科学上の黎明期を経て，その後の有名，無名の人達による断片的な知識の集積がなされてきたと思われるが，16 世紀後半になってケプラー (Keplar, J.)，ガリレイ (Galileo, G.)，デカルト (Descartes, R.)，パスカル (Pascal, B.) 等によってようやく体系的な力学研究が整備され始めた．そのような多くの先人たちの得た知識を，独自の考察と観察に基づいて，有名な著書「プリンキピア・自然哲学の数学的原理」の中で万有引力の法則とともに，3 つの力学法則にまとめたのがニュートン (Newton, Isaac) であり，この法則に基づく体系は現在**ニュートン力学**と呼ばれている．また，ニュートンによる微積分法もその後の力学発展上で無視できない．その後，オイラー (Euler, L.)，ラグランジュ (Lagrange, J.)，ハミルトン (Hamilton, W.) 等によって近代的な力学体系に発展し，いわゆる古典力学が成熟してきた．

一方，19 世紀後半以降の急速な科学の発展により，古典力学としてのニュートン力学だけでは説明できない現象も見出され，プランク (Planck, M.)，ボーア (Bohr, N.)，ド・ブロイ (de Broglie, L.) 等の量子論，シュレーディンガー (Schrödinger, E.) の物質波動論，ハイゼンベルク (Heisenberg, W.) の不確定性原理などを端緒とする「量子力学」など 20 世紀の新しい力学概念が生まれてきた．また，アインシュタイン (Einstein, A.) の「相対性理論」などによって，空間の概念や宇宙論にも変化がもたらされた．さらに現在では，普遍的な力の概念を構築しようとする「統一場の理論」が研究されている．それにも関らず，質点系，剛体，固体，流体などの運動に現れる極めて多様な力学現象がニュートン力学によって十分精度よく説明できることは経験的にも明らかであり，ニュートン力学の意義は極めて大きく，工学上の諸問題解決のためにも欠かすことができない．

1.2 力学用語と単位

日常的に使われている用語と同じ用語が力学の専門用語として用いられることが多いので，それらを少し明確に区別しておく必要がある．

- **時間**と**空間**：力学では時間と空間が重要な役割を担うが，この 2 つは極めて哲学的かつ概念的であって完全な定義は難しい．しかし，力学的な意味での空間は漠然とした領域ではなく，ある座標系を設定することによって規定できる領域とする．一方，ある力学現象が進行してゆく経過を測るための基本的な尺度として時間を用いる．時間は常に正の方向に進むものとする．
- **力**：ニュートン力学では，ある物体に運動を起こさせる作用を力と呼ぶ．物体と物体の接触点を介して及ぼしあう力と，離れた物体間で及ぼしあう力に分類できる．また，回転運動を起こさせる作用を表すために**力のモーメント**という概念を導入する．ただし，現代物理学では,「力の本質とは何か？」というところに興味が集中している．
- **質量**：物体に力が作用するとき，運動の起こりやすさ，あるいは起こりにくさ (これらを**慣性**と呼ぶ) を測る尺度を質量 (正確には慣性質量) と呼ぶ．質量は個々の物体に付随した量である．全ての物体はある大きさを持つが，質量を持つ点物体を**質点**と呼ぶ．また，空間的な尺度または観測の尺度に比べて十分小さい物体は質点とみなすことができる．
- **剛体**：どのような物体でも力を受けると変形するが，その変形が無視できるような物体を剛体と呼ぶ．それに対して，変形が重要な役割を担う場合には，固体や流体などに適用できる変形体の力学を扱う必要がある．

1.2.1 力学量の SI 単位

物理量の単位は，国や時代によって様々なものが用いられてきたが，現在では 1960 年に制定された**国際単位系** (**SI 単位系**) が公式に用いられている．SI 単位系では，長さ [m]，質量 [kg]，時間 [s]，電流 [A]，熱力学温度 [K]，物質量 [mol]，光度 [cd] の 7 つを**基本単位**とするが，様々な物理現象，電磁気現象，化学現象などを表現するのに便利なように，種々の**組立単位**が併用されている．表 1.1 には，本書で用いる代表的な力学量とその SI 単位を示す．なお，詳細は省くが，時間の基準にはセシウム原子 ^{133}Cs の基底状態における放射光の周期を基に計算された値が用いられ，長さの基準には真空中の光速を基にして計算された値が用いられ，質量の基準には国際キログラム原器が用いられる．フランスが原器を保有しているが，我国にもその副原器の1つが保管されている．

表 1.1 SI 基本単位と代表的な力学量の組立単位

単位種別	物理量	読み：記号
基本単位	時間	秒：s
	長さ	メートル：m
	質量	キログラム：kg
	電流	アンペア：A
	温度	ケルビン：K
	物質量	モル：mol
	光度	カンデラ：cd
組立単位	力，重さ	ニュートン：N ($=\mathrm{kgm/s^2}$)
	力のモーメント，トルク	ニュートンメートル：Nm
	エネルギー，仕事	ジュール：J (=Nm)
	動力 (仕事率)	ワット：W (=J/s)
	圧力，応力	パスカル： Pa ($=\mathrm{N/m^2}$)
	運動量	キログラムメートル毎秒：kgm/s
	力積	ニュートン秒：Ns
	慣性モーメント，慣性乗積	キログラム平方メートル：$\mathrm{kgm^2}$
	角度	ラジアン：rad
	立体角	ステラジアン：sr

表 1.2 SI 単位に付ける接頭語 (抜粋)

乗　数	10^{-9}	10^{-6}	10^{-3}	10^{3}	10^{6}	10^{9}	10^{12}
接頭語	n	μ	m	k	M	G	T
読　み	ナノ	マイクロ	ミリ	キロ	メガ	ギガ	テラ

補足1 大きな値や小さな値の物理量を表すために，または有効数字を揃えるために，表 1.2 に示すような記号が単位記号の接頭語として用いられる． □

補足2 アメリカで出版された書籍や文献には，インチ，フィート，ポンド系の単位が多く見られるので，参考のために SI 単位系との関係を示す．

$$1\ \mathrm{in} = 0.0254\ \mathrm{m}, \quad 1\ \mathrm{ft}(= 12\ \mathrm{in}) = 0.305\ \mathrm{m}$$

$$1\ \mathrm{lb} = 0.454\ \mathrm{kg}, \quad 1\ \mathrm{lbf} = 4.45\ \mathrm{N}$$

$$1\ \mathrm{psi} = 1\ \mathrm{lbf/in^2} = 6.89 \times 10^3\ \mathrm{Pa}$$

その他，cm (= 10^{-2} m：センチメートル)，dl (= 10^{-1} l：デシリットル)，hPa (= 10^2 Pa：ヘクトパスカル) などの単位も日常的に使用される． □

1.2.2 重力加速度

ニュートンによって示された経験則である**万有引力の法則**によると，距離が r [m] だけ離れた質量 m_1 [kg] および m_2 [kg] の 2 質点間には引力が作用し，その大きさは

$$F = G\frac{m_1 m_2}{r^2}\ [\mathrm{N}] \tag{1.1}$$

で与えられる．ここで，$G = 6.670 \times 10^{-11}$ [$\mathrm{m^3kg^{-1}s^{-2}}$] は万有引力の定数である．地球上のあらゆる物体も地球や他の天体から常に引力を受けている．そこで，地表の近傍にある質量 $m_1 = m$ [kg] の質点について考えると，地球から距離の大きい他天体や質量の小さい他物体などの影響を無視し，地球の半径を $r = R$ [m]，地球の質量を $m_2 = M$ [kg] とすれば，式 (1.1) で

$$g = \frac{MG}{R^2}\ \left[\frac{\mathrm{m}}{\mathrm{s}^2}\right] \tag{1.2}$$

は一定とみなすことができて，これを地球の**重力加速度**と呼ぶ．したがって，地表近傍にある質量 m [kg] の物体には

$$F = mg\ [\mathrm{N}] \tag{1.3}$$

の大きさの引力 (この場合には重力という) が地球中心方向に常に作用していることになる．実際，地球の質量 $M = 5.98 \times 10^{24}$ kg と半径 $R = 6.38 \times 10^6$ m を用いると，重力加速度の値は $g = 9.80\ \mathrm{ms^{-2}}$ となる．ただし，地球が完全な球でないことや地球内部の質量分布が一様でないことなどにより，場所によって重力加速度の値は若干変化する．国際標準値として $g = 9.80665\ \mathrm{ms^{-2}}$ が用いられるが，通常の力学計算では $g = 9.8\ \mathrm{ms^{-2}}$ または $g = 9.81\ \mathrm{ms^{-2}}$ と近似してもよい．本書では，特に断らない限り，次の値を用いる．

$$g = 9.81\ \mathrm{ms^{-2}} \tag{1.4}$$

補足3 日常的には kg を物体の**重さ** (重量) を示す単位として用いているが (例えば「私の体重は 60 kg である」など)，重さは力の単位を持つので，質量の kg と区別するために，kgf または kgw などの単位記号を用いることが望ましい．なお，1 kgf = 1 kg × g = 9.81 N である．したがって，体重が $W = 60$ kgf である人の質量は，$m = W/g = (60 \times 9.81)/9.81 = 60$ kg ということになる． □

1.3 ベクトル演算の基礎

力学現象を数学的に表現し，解析するためには，ベクトルの概念が極めて有効である．大きさだけで表される量を**スカラー**と呼び，大きさと向きを併せ持つ量を**ベクトル**と呼ぶ．時間や質量は代表的なスカラーであり，速度や力は代表的なベクトルである．ここでは，本書の中で必要となるベクトルの意味と基本的な演算法を説明する．

1.3.1 スカラーとベクトル

スカラー量は A, a などで表され，ベクトル量は $\boldsymbol{A}$, $\boldsymbol{a}$ または $\overrightarrow{A}$, $\overrightarrow{a}$ などで表される．また，ベクトルを図示するときには矢印の付いた線分を用い，線分の長さで大きさを表し，その始点から終点に向かう矢印によって向きを表す (図 1.1)．

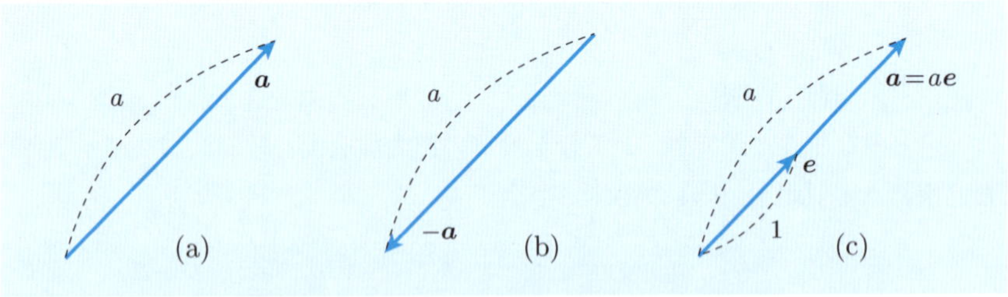

図 1.1 ベクトルの表示法と単位ベクトル

あるベクトルを $\boldsymbol{a}$ とするとき，その大きさ (または絶対値という) を

$$a = |\boldsymbol{a}| \tag{1.5}$$

によって表す．大きさも向きも変化しないベクトルを**定ベクトル**という．特に，大きさが 0 のベクトルを**零 (0) ベクトル**といい，大きさが 1 の無次元ベクトルを**単位ベクトル**という．したがって，ベクトル $\boldsymbol{a}$ と同じ向きを持つ単位ベクトルを $\boldsymbol{e}$ ($|\boldsymbol{e}| = 1$) とするとき，

$$\boldsymbol{a} = a\boldsymbol{e} \tag{1.6}$$

と表すことができる (図 1.1 (c))．明らかに，大きさが変化しない限り，平行移動してもそのベクトルは変わらないことがわかる．すなわち，もし 2 つのベクトル $\boldsymbol{a}$ と $\boldsymbol{b}$ の大きさと向きがともに等しいときは $\boldsymbol{a} = \boldsymbol{b}$ と表される．このとき

2 つのベクトルは等価であるという．一方，ベクトル $\boldsymbol{a}$ と大きさが等しく，向きが逆のベクトルは $-\boldsymbol{a}$ と表される (図 1.1 (b))．

1.3.2　ベクトルの基本演算法則

(1)　和と差

2 つのベクトル $\boldsymbol{a}$ と $\boldsymbol{b}$ に対する演算 $\boldsymbol{a}+\boldsymbol{b}$ をベクトルの和と定義する．このとき，ベクトル $\boldsymbol{a}$ の終点とベクトル $\boldsymbol{b}$ の始点を一致させて作られるベクトル $\boldsymbol{a}+\boldsymbol{b}$ と元のベクトル $\boldsymbol{a}$ および $\boldsymbol{b}$ は閉じた三角形を作る (図 1.2 (a))．また，2 つのベクトルの差 $\boldsymbol{a}-\boldsymbol{b}$ はベクトル $\boldsymbol{a}$ とベクトル $-\boldsymbol{b}$ の和とみなすと，$\boldsymbol{a}-\boldsymbol{b}=\boldsymbol{a}+(-\boldsymbol{b})$ によって計算できる．

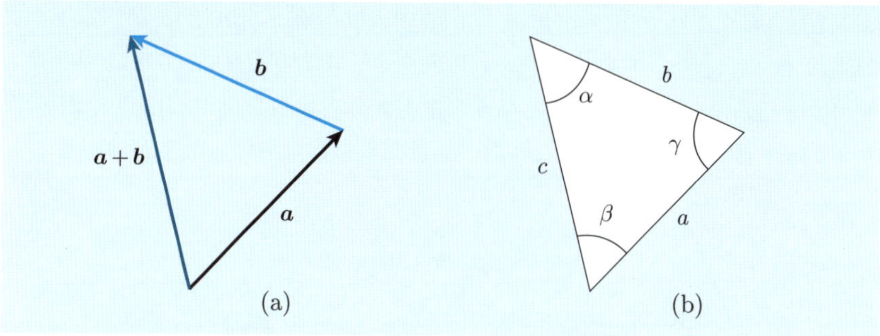

図 1.2　ベクトルの和と正弦定理

なお，図 1.2 (b) に示すように，閉じた三角形の内角と辺の長さに対しては，よく知られた**正弦定理**

$$\frac{\sin\alpha}{a}=\frac{\sin\beta}{b}=\frac{\sin\gamma}{c} \tag{1.7}$$

が成り立つ．

(2)　内積

2 つのベクトル $\boldsymbol{a}$ と $\boldsymbol{b}$ に対する演算 $\boldsymbol{a}\cdot\boldsymbol{b}$ をベクトルの内積 (または**スカラー積**) と定義する．内積演算によって得られる量はスカラーであって，

$$\boldsymbol{a}\cdot\boldsymbol{b}=ab\cos\theta \tag{1.8}$$

で表される (図 1.3 (a))．ただし，θ はベクトル $\boldsymbol{a}$ と $\boldsymbol{b}$ によって挟まれる角度である．また，$\boldsymbol{b}\cdot\boldsymbol{a}=\boldsymbol{a}\cdot\boldsymbol{b}$ である．

なお，式 (1.8) より $\boldsymbol{a}\cdot\boldsymbol{a}=a^2$ であるので，ベクトル $\boldsymbol{a}$ の大きさは

$$a=|\boldsymbol{a}|=\sqrt{\boldsymbol{a}\cdot\boldsymbol{a}} \tag{1.9}$$

で表される．

(3) 外積

2つのベクトル $\boldsymbol{a}$ と $\boldsymbol{b}$ に対する演算 $\boldsymbol{a}\times\boldsymbol{b}$ をベクトルの外積 (または**ベクトル積**) と定義する．外積演算によって得られる量はベクトルであって，その大きさは

$$|\boldsymbol{a}\times\boldsymbol{b}|=ab\sin\theta \tag{1.10}$$

で表され，これはベクトル $\boldsymbol{a}$ と $\boldsymbol{b}$ で作られる平行四辺形の面積に等しい (図 1.3 (b))．また，ベクトル $\boldsymbol{c}=\boldsymbol{a}\times\boldsymbol{b}$ の向きはベクトル $\boldsymbol{a}$ と $\boldsymbol{b}$ が作る平面に垂直であって，図に示すベクトル $\boldsymbol{c}$ の向きを正の方向とする (これを右手系というが，左手系では正負が逆となる．本書でも右手系を用いる)．したがって，$\boldsymbol{b}\times\boldsymbol{a}=-\boldsymbol{a}\times\boldsymbol{b}$ である．すなわち，面は向きを持っていることがわかる．

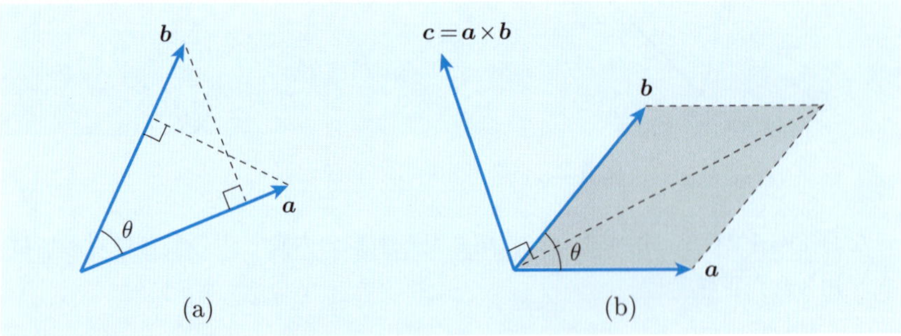

図 1.3 ベクトルの内積と外積

注意 ベクトルによる割り算は定義されていない．すなわち，$\boldsymbol{a}\div\boldsymbol{b}$ や $1/\boldsymbol{a}$ のような演算は意味を持たないし，してはならない． □

(4) 微分

ベクトル $\boldsymbol{x}(t)$ が独立変数 t の関数であるとき，

$$\frac{d\boldsymbol{x}(t)}{dt}=\lim_{\Delta t\to 0}\frac{\boldsymbol{x}(t+\Delta t)-\boldsymbol{x}(t)}{\Delta t} \tag{1.11}$$

をベクトル $\boldsymbol{x}(t)$ の微分係数という (図 1.4)．ベクトルは大きさと向きを併せ持

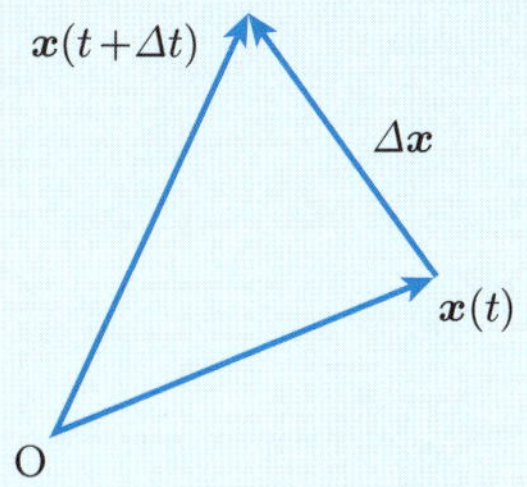

図 1.4　ベクトルの微分

つ量であるので，両者が同時に一定であるときにのみ微分係数が $\mathbf{0}$ となる．

微分可能な任意の 2 つのベクトル $\boldsymbol{x}(t)$ と $\boldsymbol{y}(t)$ の和や積の微分係数は次のように計算できる．

$$\frac{d}{dt}(\boldsymbol{x}\pm\boldsymbol{y})=\frac{d\boldsymbol{x}}{dt}\pm\frac{d\boldsymbol{y}}{dt} \tag{1.12}$$

$$\frac{d}{dt}(\phi\boldsymbol{x})=\frac{d\phi}{dt}\boldsymbol{x}+\phi\frac{d\boldsymbol{x}}{dt} \tag{1.13}$$

$$\frac{d}{dt}(\boldsymbol{x}\cdot\boldsymbol{y})=\frac{d\boldsymbol{x}}{dt}\cdot\boldsymbol{y}+\boldsymbol{x}\cdot\frac{d\boldsymbol{y}}{dt} \tag{1.14}$$

$$\frac{d}{dt}(\boldsymbol{x}\times\boldsymbol{y})=\frac{d\boldsymbol{x}}{dt}\times\boldsymbol{y}+\boldsymbol{x}\times\frac{d\boldsymbol{y}}{dt} \tag{1.15}$$

ただし，$\phi(t)$ は任意の微分可能なスカラー関数である．

1.3.3　直角座標系による表示

互いに直交する 3 つの直線座標軸 (ここでは，x 軸，y 軸，z 軸とする) からなる座標系を**直角座標系**と呼び，その交点 O を (座標) 原点と呼ぶ．いま，原点 O が固定され，かつ座標軸の向きが変化しない固定座標系 $(\mathrm{O}; x, y, z)$ を用いるとき，x 軸，y 軸，z 軸それぞれの正方向を向いた単位ベクトル $\boldsymbol{i}$，$\boldsymbol{j}$，$\boldsymbol{k}$ を**基本単位ベクトル**と呼ぶ (図 1.5)．式 (1.8) と式 (1.10) により，明らかに

$$\boldsymbol{i}\cdot\boldsymbol{i}=1,\quad \boldsymbol{j}\cdot\boldsymbol{j}=1,\quad \boldsymbol{k}\cdot\boldsymbol{k}=1 \tag{1.16}$$

$$\boldsymbol{i}\cdot\boldsymbol{j}=0,\quad \boldsymbol{j}\cdot\boldsymbol{k}=0,\quad \boldsymbol{k}\cdot\boldsymbol{i}=0 \tag{1.17}$$

$$\boldsymbol{i}\times\boldsymbol{j}=\boldsymbol{k},\quad \boldsymbol{j}\times\boldsymbol{k}=\boldsymbol{i},\quad \boldsymbol{k}\times\boldsymbol{i}=\boldsymbol{j} \tag{1.18}$$

$$\boldsymbol{j}\times\boldsymbol{i}=-\boldsymbol{k},\quad \boldsymbol{k}\times\boldsymbol{j}=-\boldsymbol{i},\quad \boldsymbol{i}\times\boldsymbol{k}=-\boldsymbol{j} \tag{1.19}$$

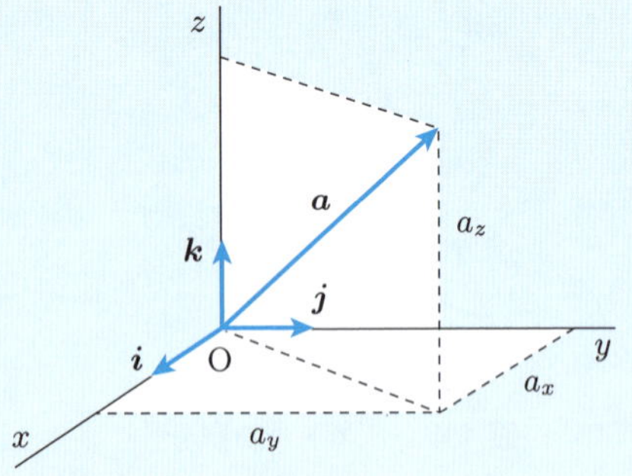

図 1.5 直角座標系におけるベクトル

の関係が成立つ．

さて，原点 O を始点とするベクトル $\boldsymbol{a}$ は 3 つの座標軸方向のベクトルによって

$$\boldsymbol{a} = \boldsymbol{a}_x + \boldsymbol{a}_y + \boldsymbol{a}_z \tag{1.20}$$

と表される (図 1.5)．ところが，

$$\boldsymbol{a}_x = a_x\boldsymbol{i}, \quad \boldsymbol{a}_y = a_y\boldsymbol{j}, \quad \boldsymbol{a}_z = a_z\boldsymbol{k} \tag{1.21}$$

と表されるので，式 (1.20) は

$$\boldsymbol{a} = a_x\boldsymbol{i} + a_y\boldsymbol{j} + a_z\boldsymbol{k} \tag{1.22}$$

と表される．ここで，a_x, a_y, a_z をベクトル $\boldsymbol{a}$ の直角座標成分という．

また，ベクトル $\boldsymbol{a}$ が x 軸，y 軸および z 軸となす角度をそれぞれ α, β, γ とするとき ($|\boldsymbol{a}| = a$)，

$$l = \cos\alpha = \frac{a_x}{a}, \quad m = \cos\beta = \frac{a_y}{a}, \quad n = \cos\gamma = \frac{a_z}{a} \tag{1.23}$$

をベクトル $\boldsymbol{a}$ の**方向余弦**という．明らかに，

$$l^2 + m^2 + n^2 = 1 \tag{1.24}$$

が成り立つ．もし方向余弦を用いるとすれば，式 (1.22) のベクトル $\boldsymbol{a}$ を

$$\boldsymbol{a} = a(l\boldsymbol{i} + m\boldsymbol{j} + n\boldsymbol{k}) \tag{1.25}$$

と表すこともできる．また，式 (1.6) により，ベクトル $\boldsymbol{a}$ と同じ向きを持つ単位ベクトルは

$$\boldsymbol{e} = \frac{\boldsymbol{a}}{a} = l\boldsymbol{i} + m\boldsymbol{j} + n\boldsymbol{k} \tag{1.26}$$

と表される.

任意の 2 つのベクトル $\boldsymbol{a}$ と $\boldsymbol{b}$ の和，差，内積および外積は，前項で述べた諸公式により，次のように直角座標成分で表示できる.

$$\boldsymbol{a} \pm \boldsymbol{b} = (a_x \pm b_x)\boldsymbol{i} + (a_y \pm b_y)\boldsymbol{j} + (a_z \pm b_z)\boldsymbol{k} \tag{1.27}$$

$$\begin{aligned} \boldsymbol{a} \cdot \boldsymbol{b} &= (a_x\boldsymbol{i} + a_y\boldsymbol{j} + a_z\boldsymbol{k}) \cdot (b_x\boldsymbol{i} + b_y\boldsymbol{j} + b_z\boldsymbol{k}) \\ &= a_xb_x + a_yb_y + a_zb_z \end{aligned} \tag{1.28}$$

$$\begin{aligned} \boldsymbol{a} \times \boldsymbol{b} &= (a_x\boldsymbol{i} + a_y\boldsymbol{j} + a_z\boldsymbol{k}) \times (b_x\boldsymbol{i} + b_y\boldsymbol{j} + b_z\boldsymbol{k}) \\ &= (a_yb_z - a_zb_y)\boldsymbol{i} + (a_zb_x - a_xb_z)\boldsymbol{j} + (a_xb_y - a_yb_x)\boldsymbol{k} \end{aligned} \tag{1.29}$$

また，式 (1.9) より，任意のベクトル $\boldsymbol{a}$ の大きさは

$$a = \sqrt{\boldsymbol{a} \cdot \boldsymbol{a}} = (a_x^2 + a_y^2 + a_z^2)^{1/2} \tag{1.30}$$

のように直角座標成分で表すことができる．なお，ベクトル外積 (1.29) を

$$\boldsymbol{a} \times \boldsymbol{b} = \begin{vmatrix} \boldsymbol{i} & \boldsymbol{j} & \boldsymbol{k} \\ a_x & a_y & a_z \\ b_x & b_y & b_z \end{vmatrix} \tag{1.31}$$

のように行列式で表しておくと計算に便利なことも多い.

なお，任意の 3 つのベクトルの積を**ベクトル 3 重積**と呼び，以下の公式が成り立つことは容易に確かめることができる.

$$\boldsymbol{a} \cdot (\boldsymbol{b} \times \boldsymbol{c}) = \boldsymbol{b} \cdot (\boldsymbol{c} \times \boldsymbol{a}) = \boldsymbol{c} \cdot (\boldsymbol{a} \times \boldsymbol{b}) \tag{1.32}$$

$$(\boldsymbol{a} \times \boldsymbol{b}) \times \boldsymbol{c} = (\boldsymbol{a} \cdot \boldsymbol{c})\boldsymbol{b} - (\boldsymbol{b} \cdot \boldsymbol{c})\boldsymbol{a} \tag{1.33}$$

$$\boldsymbol{a} \times (\boldsymbol{b} \times \boldsymbol{c}) = (\boldsymbol{a} \cdot \boldsymbol{c})\boldsymbol{b} - (\boldsymbol{a} \cdot \boldsymbol{b})\boldsymbol{c} \tag{1.34}$$

最後に，定ベクトルである基本単位ベクトル $\boldsymbol{i}, \boldsymbol{j}, \boldsymbol{k}$ で表された微分可能な任意のベクトル $\boldsymbol{a}(t) = a_x(t)\boldsymbol{i} + a_y(t)\boldsymbol{j} + a_z(t)\boldsymbol{k}$ の第 1 次 (または 1 階) 微分係数は

$$\frac{d\boldsymbol{a}(t)}{dt} = \frac{da_x(t)}{dt}\boldsymbol{i} + \frac{da_y(t)}{dt}\boldsymbol{j} + \frac{da_z(t)}{dt}\boldsymbol{k} \tag{1.35}$$

で表される．同様にして，高次 (または高階) の微分係数は

$$\frac{d^n\boldsymbol{a}(t)}{dt^n} = \frac{d^n a_x(t)}{dt^n}\boldsymbol{i} + \frac{d^n a_y(t)}{dt^n}\boldsymbol{j} + \frac{d^n a_z(t)}{dt^n}\boldsymbol{k} \quad (n = 1, 2, \cdots) \tag{1.36}$$

で表される．一方，単位ベクトル $\boldsymbol{e}(t)$ で表されたベクトル $\boldsymbol{a}(t) = a(t)\boldsymbol{e}(t)$ の第 1 次微分係数は

$$\frac{d\boldsymbol{a}(t)}{dt} = \frac{da(t)}{dt}\boldsymbol{e}(t) + a(t)\frac{d\boldsymbol{e}(t)}{dt} \tag{1.37}$$

となる．すなわち，$\boldsymbol{e}(t)$ の大きさは常に 1 であるが，その向きが $\boldsymbol{a}(t)$ とともに変化することに注意しなければならない．高次の微分係数を計算する際にも同じ注意が必要である．

例 1　2 つのベクトル $\boldsymbol{a} = \boldsymbol{i} + 2\boldsymbol{j} + 3\boldsymbol{k}$, $\boldsymbol{b} = -2\boldsymbol{i} + \boldsymbol{j} - \boldsymbol{k}$ について以下のベクトル演算をしてみよう．

(1)
$$\begin{aligned}\boldsymbol{a} + \boldsymbol{b} &= (\boldsymbol{i} + 2\boldsymbol{j} + 3\boldsymbol{k}) + (-2\boldsymbol{i} + \boldsymbol{j} - \boldsymbol{k}) \\ &= -\boldsymbol{i} + 3\boldsymbol{j} + 2\boldsymbol{k}\end{aligned}$$

(2)
$$\begin{aligned}\boldsymbol{a} - \boldsymbol{b} &= (\boldsymbol{i} + 2\boldsymbol{j} + 3\boldsymbol{k}) - (-2\boldsymbol{i} + \boldsymbol{j} - \boldsymbol{k}) \\ &= 3\boldsymbol{i} + \boldsymbol{j} + 4\boldsymbol{k}\end{aligned}$$

(3)
$$\begin{aligned}\boldsymbol{a} \cdot \boldsymbol{b} &= (\boldsymbol{i} + 2\boldsymbol{j} + 3\boldsymbol{k}) \cdot (-2\boldsymbol{i} + \boldsymbol{j} - \boldsymbol{k}) \\ &= -2\boldsymbol{i}\cdot\boldsymbol{i} + 2\boldsymbol{j}\cdot\boldsymbol{j} - 3\boldsymbol{k}\cdot\boldsymbol{k} \\ &= -2 + 2 - 3 = -3\end{aligned}$$

(4)
$$\begin{aligned}\boldsymbol{a} \times \boldsymbol{b} &= (\boldsymbol{i} + 2\boldsymbol{j} + 3\boldsymbol{k}) \times (-2\boldsymbol{i} + \boldsymbol{j} - \boldsymbol{k}) \\ &= \boldsymbol{i}\times\boldsymbol{j} - \boldsymbol{i}\times\boldsymbol{k} - 4\boldsymbol{j}\times\boldsymbol{i} - 2\boldsymbol{j}\times\boldsymbol{k} - 6\boldsymbol{k}\times\boldsymbol{i} + 3\boldsymbol{k}\times\boldsymbol{j} \\ &= \boldsymbol{k} + \boldsymbol{j} + 4\boldsymbol{k} - 2\boldsymbol{i} - 6\boldsymbol{j} - 3\boldsymbol{i} \\ &= -5\boldsymbol{i} - 5\boldsymbol{j} + 5\boldsymbol{k}\end{aligned}$$

(5)
$$|\boldsymbol{a} \times \boldsymbol{b}| = \sqrt{(-5)^2 + (-5)^2 + 5^2} = 5\sqrt{3}$$
□

例題 1.1

ベクトル $\boldsymbol{a}=\boldsymbol{i}+2\boldsymbol{j}-\boldsymbol{k}$ の大きさ $|\boldsymbol{a}|$，方向余弦 (l,m,n)，および単位ベクトル $\boldsymbol{e}$ を求めよ．

【解答】 $|\boldsymbol{a}|=\sqrt{6},\quad (l,m,n)=\left(\dfrac{1}{\sqrt{6}},\dfrac{2}{\sqrt{6}},\dfrac{-1}{\sqrt{6}}\right),\quad \boldsymbol{e}=\dfrac{1}{\sqrt{6}}\boldsymbol{i}+\dfrac{2}{\sqrt{6}}\boldsymbol{j}-\dfrac{1}{\sqrt{6}}\boldsymbol{k}$ ■

例題 1.2

2 つのベクトル $\boldsymbol{a}=\boldsymbol{i}+2\boldsymbol{j}$ と $\boldsymbol{b}=-\boldsymbol{i}+\boldsymbol{j}$ がなす角度 θ を求めよ．

【解答】 $\boldsymbol{a}\cdot\boldsymbol{b}=|\boldsymbol{a}||\boldsymbol{b}|\cos\theta,\quad \boldsymbol{a}\cdot\boldsymbol{b}=1,\quad |\boldsymbol{a}|=\sqrt{5},\quad |\boldsymbol{b}|=\sqrt{2}$ より，

$$\theta=\cos^{-1}\frac{1}{\sqrt{5}\sqrt{2}}=1.25\ \mathrm{rad}$$ ■

例題 1.3

3 つのベクトル $\boldsymbol{a}=\boldsymbol{i}+2\boldsymbol{j}$, $\boldsymbol{b}=\boldsymbol{a}=\boldsymbol{i}+2\boldsymbol{j}$, $\boldsymbol{c}=-2\boldsymbol{i}+\boldsymbol{j}$ について以下のベクトル演算をせよ．

(1) $\boldsymbol{a}\cdot(\boldsymbol{b}\times\boldsymbol{c})$　(2) $(\boldsymbol{a}\times\boldsymbol{b})\times\boldsymbol{c}$　(3) $\boldsymbol{a}\times(\boldsymbol{b}\times\boldsymbol{c})$

【解答】 $\boldsymbol{a}=\boldsymbol{b}$ であるので明らかに $\boldsymbol{a}\times\boldsymbol{b}=\boldsymbol{0}$ および $\boldsymbol{a}\cdot\boldsymbol{b}=5$, $\boldsymbol{a}\cdot\boldsymbol{c}=0$ であることに注意すると，公式 (1.32), (1.33), (1.34) より

(1)　$\boldsymbol{a}\cdot(\boldsymbol{b}\times\boldsymbol{c})=\boldsymbol{c}\cdot(\boldsymbol{a}\times\boldsymbol{b})=0$

(2)　$(\boldsymbol{a}\times\boldsymbol{b})\times\boldsymbol{c}=\boldsymbol{0}$

(3)　$\boldsymbol{a}\times(\boldsymbol{b}\times\boldsymbol{c})=-(\boldsymbol{a}\cdot\boldsymbol{b})\boldsymbol{c}=-5(-2\boldsymbol{i}+\boldsymbol{j})=10\boldsymbol{i}-5\boldsymbol{j}$ ■

例題 1.4

ベクトル $\boldsymbol{f}(t)=t^3\boldsymbol{i}+t\boldsymbol{j}+e^{-3t}\boldsymbol{k}$ の第 1 次および第 2 次微分係数を求めよ．

【解答】 $\boldsymbol{f}'(t)=\dfrac{d\boldsymbol{f}(t)}{dt}=3t^2\boldsymbol{i}+\boldsymbol{j}-3e^{-3t}\boldsymbol{k}$

$$\boldsymbol{f}''(t)=\frac{d^2\boldsymbol{f}(t)}{dt^2}=6t\boldsymbol{i}+9e^{-3t}\boldsymbol{k}$$ ■

1 章の問題

1 2 つのベクトル $\boldsymbol{a} = 3\boldsymbol{i} - \boldsymbol{j} + 2\boldsymbol{k}$, $\boldsymbol{b} = -2\boldsymbol{i} + 4\boldsymbol{j} - \boldsymbol{k}$ について以下のベクトル演算をせよ．

(1) $\boldsymbol{a} + \boldsymbol{b}$　(2) $\boldsymbol{a} - \boldsymbol{b}$　(3) $\boldsymbol{a} \cdot \boldsymbol{b}$　(4) $\boldsymbol{a} \times \boldsymbol{b}$

2 ベクトル $\boldsymbol{a} = 2\boldsymbol{i} + \boldsymbol{j} + 3\boldsymbol{k}$ の大きさ $|\boldsymbol{a}|$ と方向余弦 (l, m, n) を求めよ．

3 ベクトル $\boldsymbol{f}(t) = (t^2 + 1)\boldsymbol{i} + 3t^3\boldsymbol{j} + 4t\boldsymbol{k}$ の第 1 次および第 2 次微分係数を求めよ．

4 式 (1.37) を参考にして，$\boldsymbol{a}(t) = a(t)\boldsymbol{e}(t)$ の第 2 次微分係数を計算せよ．

5 任意に作った 3 つのベクトルを用いて公式 (1.32), (1.33), (1.34) を確かめよ．

▣ 科学における仮説

『私は仮説をつくらない．というのは，実際の現象から導き出されないものはすべて仮説と呼ばれるべきものだからである．そして仮説は，それが形而上的なものであれ，形而下的なものであれ，また神秘的性質のものであれ，力学的なものであれ，実験哲学においては何らの位置をも占めるものではないからである．この哲学では，特殊の命題が実際の諸現象から推論され，のちに帰納によって一般化されるのである．』

(アイザック・ニュートン『プリンシピア』(講談社，中野訳) より)

科学者にとって，この有名なニュートンの言葉は傾聴に値する．ところで，『それでも仮説は科学に欠かせない！』と，あのガリレオ・ガリレイがつぶやいたかどうかは誰も知らない．

2 質点の運動学

運動学とは，時々刻々と変化する物体の位置，速度および加速度を数学的に表現する方法を研究するものである．そのためには，まず物体の位置を一義的に指定できる座標系を設定しなければならない．したがって，座標系によって，同じ力学現象でも表現法が異なる．逆に，対象とする力学現象を簡潔に表現するのに最も適した座標系を選ぶことも重要である．

この章では，最も代表的な座標系である直角座標系を用いた表現法を説明した後で，直交曲線座標系に属する 2 次元の平面極座標系，平面軌道座標系，3 次元の円筒座標系および球座標系を導入する．なお，運動学には，物体の質量や力の概念は直接には関与しない．

注意 以下の各章の説明，例題，演習問題等において，特に指示しない限り，紙面の水平方向を x 軸，鉛直上向きを y 軸，紙面に垂直方向を z 軸とする直角座標系を設ける．また，重力加速度は鉛直下向きに作用するとする．

キーワード

運動学　位置ベクトル　速度ベクトル
加速度ベクトル　直角座標　平面極座標
軌道座標　円筒座標　球座標　運動座標
相対運動

2.1 直角座標系による運動の表示

直角座標系 $(\mathrm{O}; x, y, z)$ で規定された空間の中で運動する任意の点 P の位置は，t を時間として，1 組の座標成分 $(x(t), y(t), z(t))$ によって表すことができる．そこで，座標原点 O を始点とし点 P を終点とするベクトル

$$\boldsymbol{r} = x\boldsymbol{i} + y\boldsymbol{j} + z\boldsymbol{k} \tag{2.1}$$

を点 P の**位置ベクトル**と定義する (図 2.1 (a))．ここで，基本単位ベクトル $\boldsymbol{i}, \boldsymbol{j}, \boldsymbol{k}$ は時間によらない定ベクトルである．したがって，位置ベクトル $\boldsymbol{r}$ の大きさ (すなわち原点からの距離) は

$$r = |\boldsymbol{r}| = \sqrt{x^2 + y^2 + z^2} \tag{2.2}$$

である．位置ベクトルの大きさ (距離) $r = |\boldsymbol{r}|$ の単位は m である．

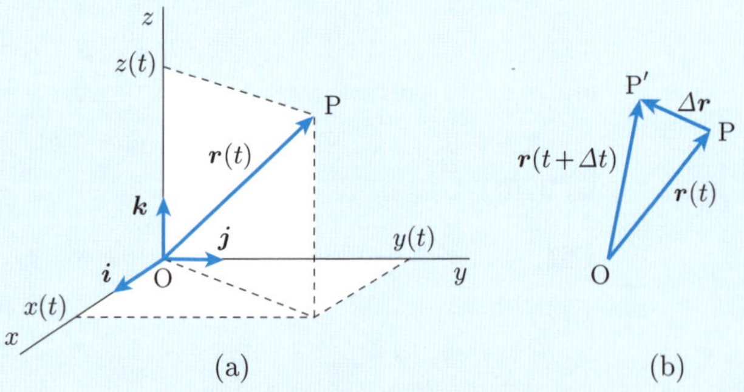

図 2.1 直角座標系における位置ベクトル

次に，点 P の位置ベクトル $\boldsymbol{r}$ の時間変化率

$$\boldsymbol{v}(t) = \lim_{\Delta t \to 0} \frac{\boldsymbol{r}(t + \Delta t) - \boldsymbol{r}(t)}{\Delta t} = \frac{d\boldsymbol{r}(t)}{dt} \tag{2.3}$$

を点 P の**速度ベクトル** (単に速度ともいう) と定義する．このとき，

$$\boldsymbol{v} = v_x\boldsymbol{i} + v_y\boldsymbol{j} + v_z\boldsymbol{k} \tag{2.4}$$

$$v_x = \frac{dx}{dt}, \quad v_y = \frac{dy}{dt}, \quad v_z = \frac{dz}{dt} \tag{2.5}$$

であり，速度の大きさ (速さ) $v = |\boldsymbol{v}|$ の単位は m/s である．

さらに，速度ベクトル $\boldsymbol{v}$ の時間変化率

$$\boldsymbol{a}(t) = \lim_{\Delta t \to 0} \frac{\boldsymbol{v}(t+\Delta t) - \boldsymbol{v}(t)}{\Delta t} = \frac{d\boldsymbol{v}(t)}{dt} \tag{2.6}$$

を点 P の**加速度ベクトル** (単に加速度ともいう) と定義する．このとき，

$$\boldsymbol{a} = a_x \boldsymbol{i} + a_y \boldsymbol{j} + a_z \boldsymbol{k} \tag{2.7}$$

$$a_x = \frac{dv_x}{dt} = \frac{d^2x}{dt^2}, \quad a_y = \frac{dv_y}{dt} = \frac{d^2y}{dt^2}, \quad a_z = \frac{dv_z}{dt} = \frac{d^2z}{dt^2} \tag{2.8}$$

で表される．加速度の大きさ $a = |\boldsymbol{a}|$ の単位は $\mathrm{m/s^2}$ である．

以上のように，位置ベクトル，速度ベクトル，加速度ベクトルがいずれも 3 つの座標成分を持つような一般的な運動を 3 次元運動 (または**空間運動**) という．一方，それらのベクトルが 1 つの座標成分 (例えば x 成分) だけで表される運動を 1 次元運動 (または**直線運動**)，2 つの座標成分 (例えば x 成分と y 成分) で表される運動を 2 次元運動 (または**平面運動**) という．

例題 2.1

位置ベクトルが $\boldsymbol{r}(t) = t^3\boldsymbol{i} + 4t\boldsymbol{j} + t^2\boldsymbol{k}$ で表される質点の時刻 $t = 1$ における速度ベクトルおよび加速度ベクトルを求めよ．

【解答】 $\boldsymbol{v}(t) = 3t^2\boldsymbol{i} + 4\boldsymbol{j} + 2t\boldsymbol{k}, \quad \boldsymbol{v}(1) = 3\boldsymbol{i} + 4\boldsymbol{j} + 2\boldsymbol{k}$

$\boldsymbol{a}(t) = 6t\boldsymbol{i} + 2\boldsymbol{k}, \quad \boldsymbol{a}(1) = 6\boldsymbol{i} + 2\boldsymbol{k}$ ■

例題 2.2

質点の位置が $x(t) = b\cos\omega t$, $y(t) = b\sin\omega t$ で表されるとき，速度ベクトルおよび加速度ベクトルを求めよ．ただし，b と ω は定数である．

【解答】 $v_x = \dfrac{dx}{dt} = -b\omega\sin\omega t, \quad v_y = \dfrac{dy}{dt} = b\omega\cos\omega t$

$$a_x = \frac{dv_x}{dt} = -b\omega^2\cos\omega t, \quad a_y = \frac{dv_y}{dt} = -b\omega^2\sin\omega t$$

を得る．よって，

$$\boldsymbol{v} = b\omega(-\sin\omega t\boldsymbol{i} + \cos\omega t\boldsymbol{j}), \quad v = |\boldsymbol{v}| = b\omega$$

$$\boldsymbol{a} = -b\omega^2(\cos\omega t\boldsymbol{i} + \sin\omega t\boldsymbol{j}), \quad a = |\boldsymbol{a}| = b\omega^2$$

と表される． ■

2.2 曲線座標系による運動の表示

解析の対象とする運動によっては，直角座標系以外の座標系を用いるほうが便利な場合がある．ここでは，一平面内の2次元運動に対する2種の直交曲線座標系を導入する．また，3次元運動に対しては，代表的な円筒座標系(または円柱座標系)と球座標系を導入する．

(A) 平面極座標系

$(\mathrm{O}; x, y)$ 平面内を運動する点Pの位置ベクトル $\boldsymbol{r}(t)$ に着目し，$\boldsymbol{r}(t)$ と同じ向きを持つ**径方向単位ベクトル** $\boldsymbol{e}_r(t)$ とそれに直交する**周方向単位ベクトル** $\boldsymbol{e}_\theta(t)$ を導入する．ここで，径方向単位ベクトル $\boldsymbol{e}_r(t)$ が x 軸となす角度を $\theta(t)$ とする(図2.2)．

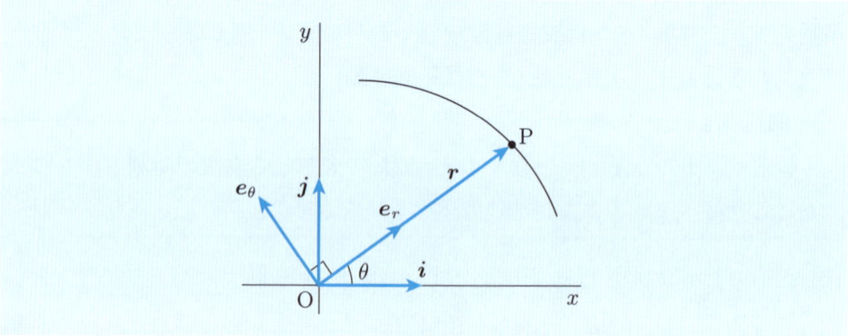

図 2.2 平面極座標系：$(\mathrm{O}; r, \theta)$

このとき，位置ベクトルは

$$\boldsymbol{r} = r\boldsymbol{e}_r \tag{2.9}$$

で表され，単位ベクトル $\boldsymbol{e}_r(t)$ と $\boldsymbol{e}_\theta(t)$ は

$$\boldsymbol{e}_r = \cos\theta\boldsymbol{i} + \sin\theta\boldsymbol{j} \tag{2.10}$$

$$\boldsymbol{e}_\theta = -\sin\theta\boldsymbol{i} + \cos\theta\boldsymbol{j} \tag{2.11}$$

のように直角座標成分で表される．したがって，定義により，速度ベクトルは

$$\boldsymbol{v} = \frac{d\boldsymbol{r}}{dt} = \frac{dr}{dt}\boldsymbol{e}_r + r\frac{d\boldsymbol{e}_r}{dt} \tag{2.12}$$

と表される．ここで，

$$\frac{d\boldsymbol{e}_r}{dt} = (-\sin\theta\boldsymbol{i} + \cos\theta\boldsymbol{j})\frac{d\theta}{dt} = \frac{d\theta}{dt}\boldsymbol{e}_\theta \tag{2.13}$$

$$\frac{d\boldsymbol{e}_\theta}{dt} = -(\cos\theta\boldsymbol{i} + \sin\theta\boldsymbol{j})\frac{d\theta}{dt} = -\frac{d\theta}{dt}\boldsymbol{e}_r \tag{2.14}$$

などが成り立つことを利用すると，速度ベクトルは

$$\boldsymbol{v} = \frac{d\boldsymbol{r}}{dt} = v_r\boldsymbol{e}_r + v_\theta\boldsymbol{e}_\theta \tag{2.15}$$

$$v_r = \frac{dr}{dt}, \quad v_\theta = r\frac{d\theta}{dt} \tag{2.16}$$

で表される．

加速度ベクトルは，速度ベクトル (2.15) を時間 t で 1 回微分し，$\boldsymbol{e}_r$ と $\boldsymbol{e}_\theta$ で整理することによって，

$$\boldsymbol{a} = \frac{d\boldsymbol{v}}{dt} = a_r\boldsymbol{e}_r + a_\theta\boldsymbol{e}_\theta \tag{2.17}$$

$$a_r = \frac{d^2r}{dt^2} - r\left(\frac{d\theta}{dt}\right)^2, \quad a_\theta = r\frac{d^2\theta}{dt^2} + 2\frac{dr}{dt}\frac{d\theta}{dt} \tag{2.18}$$

で表される．以上のように，位置ベクトル，速度ベクトルおよび加速度ベクトルを径方向成分と周方向成分によって表すことができる．

なお，式 (2.13) から式 (2.18) に現れた回転角 $\theta(t)$ [rad] の時間微分

$$\omega = \frac{d\theta}{dt}\ \text{[rad/s]} \tag{2.19}$$

$$\alpha = \frac{d\omega}{dt} = \frac{d^2\theta}{dt^2}\ [\text{rad/s}^2] \tag{2.20}$$

は，それぞれ角速度 (の大きさ) および角加速度 (の大きさ) と呼ばれ，位置ベクトルの向きの時間変化率を表す．平面運動の場合には，これらは位置ベクトル $\boldsymbol{r}$ が原点 O を中心として z 軸 (すなわち $\boldsymbol{k}$ 軸) の周りに回転する運動を表す**角速度ベクトル**および**角加速度ベクトル**の成分であり，

$$\boldsymbol{\omega} = \omega\boldsymbol{k}, \quad \boldsymbol{\alpha} = \alpha\boldsymbol{k} \tag{2.21}$$

のように $\boldsymbol{k}$ 成分だけで表すことができる．

なお，一定半径の円運動の場合，$v_r = 0$，$(\omega\boldsymbol{k}) \times (r\boldsymbol{e}_r) = \omega r\boldsymbol{e}_\theta = v_\theta\boldsymbol{e}_\theta$ であることに注意すると，速度ベクトル (2.15) は

$$\boldsymbol{v} = \boldsymbol{\omega} \times \boldsymbol{r} \tag{2.22}$$

と表すことができる．この結果は任意の平面内での円運動にも適用できる．

例題 2.3

原点Oを中心とする一定半径 $r = r_0$ の円運動をしている点Pの速度および加速度を求めよ．

【解答】 $\dfrac{dr}{dt} = \dfrac{dr_0}{dt} = 0, \quad \dfrac{d^2r}{dt^2} = 0$

であるから，直ちに

$$\boldsymbol{r} = r_0\boldsymbol{e}_r, \quad \boldsymbol{v} = r_0\omega\boldsymbol{e}_\theta, \quad \boldsymbol{a} = -r_0\omega^2\boldsymbol{e}_r + r_0\alpha\boldsymbol{e}_\theta$$

で表される．したがって，速度ベクトルは常に円の接線方向を向き，加速度ベクトルは接線方向の成分と中心に向かう径方向の成分からなる．もし，角速度 ω が一定の場合には $\alpha = 0$ であるから，等速円運動を表し，加速度ベクトルは径方向の成分だけになる．■

例題 2.4

平面内を運動する質点の位置が $r(t) = t^2 + t$, $\theta(t) = 2t$ で表されているとき，時刻 t における速度ベクトル，加速度ベクトル，角速度ベクトル，角加速度ベクトルの平面極座標系成分を求めよ．

【解答】 まず，

$$\frac{dr}{dt} = 2t + 1, \quad \frac{d^2r}{dt^2} = 2, \quad \frac{d\theta}{dt} = 2, \quad \frac{d^2\theta}{dt^2} = 0$$

である．よって，式 (2.16), (2.18) より

$$v_r = 2t + 1, \quad v_\theta = 2t(t+1), \quad a_r = 2 - 4t(t+1), \quad a_\theta = 4(2t+1)$$

を得る．■

(B) 平面軌道座標系

$(\mathrm{O}; x, y)$ 平面内を運動する点Pはある滑らかな曲線を描く (これを軌道または経路と呼ぶ．ただし，ここで用いる軌道座標系という用語は必ずしも一般的ではない)．

いま，点Pの速度ベクトル $\boldsymbol{v}(t)$ に着目し，$\boldsymbol{v}(t)$ と同じ向きを持つ**接線方向単位ベクトル** $\boldsymbol{e}_t(t)$ とそれに直交する**法線方向単位ベクトル** $\boldsymbol{e}_n(t)$ を導入する

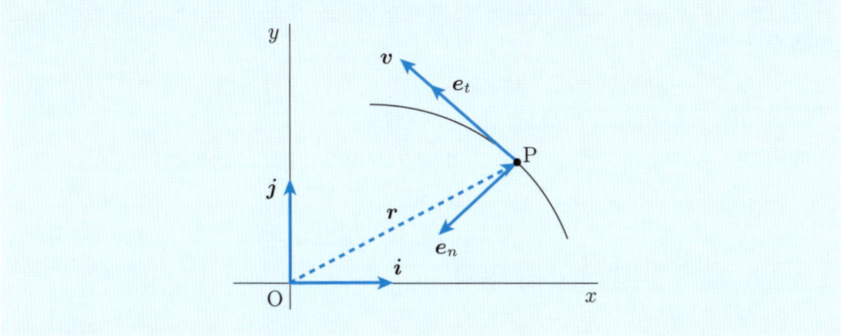

図 2.3　平面軌道座標系

と (図 2.3)，速度ベクトルは

$$\boldsymbol{v} = v\boldsymbol{e}_t \tag{2.23}$$

で表される．したがって，加速度ベクトルは

$$\boldsymbol{a} = \frac{d\boldsymbol{v}}{dt} = \frac{dv}{dt}\boldsymbol{e}_t + v\frac{d\boldsymbol{e}_t}{dt} \tag{2.24}$$

で表される．ただし，右辺の $d\boldsymbol{e}_t/dt$ については少し考察が必要である．

さて，点 P は微小時間 Δt の間に軌道に沿って微小な道のり Δs だけ移動するが，微小時間内で点 P の描く軌道は半径 ρ および微小な挟角 $\Delta\theta$ を持つ円弧の一部とみなすことができるので，$\Delta s = \rho\Delta\theta$ と表される (図 2.4 (a))．したがって，

$$\frac{1}{\rho} = \lim_{\Delta s \to 0}\frac{\Delta\theta}{\Delta s} = \frac{d\theta}{ds} \tag{2.25}$$

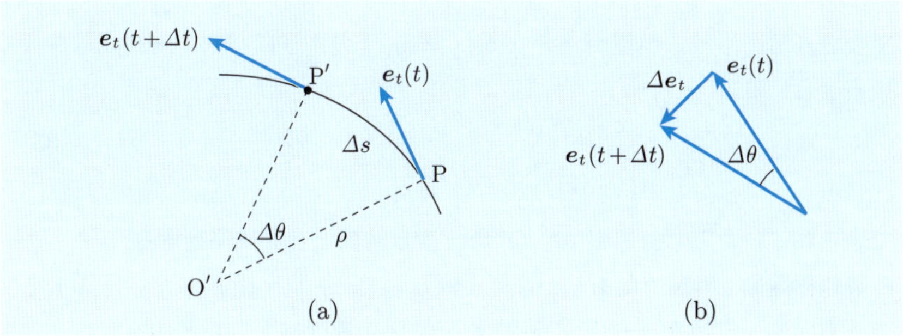

図 2.4　平面軌道座標系における加速度と曲率半径

と書ける．一方，$\boldsymbol{e}_t$ を θ の関数，θ を s の関数とみなすことができるので，その時間変化率は

$$\frac{d\boldsymbol{e}_t}{dt} = \frac{d\boldsymbol{e}_t}{d\theta}\frac{d\theta}{dt} = \frac{d\boldsymbol{e}_t}{d\theta}\frac{d\theta}{ds}\frac{ds}{dt} \tag{2.26}$$

と変換できる．また，図 2.4 (b) より $\varDelta\theta \to 0$ で $\varDelta\boldsymbol{e}_t = \varDelta\theta\boldsymbol{e}_n$ に注意し，

$$\frac{d\boldsymbol{e}_t}{d\theta} = \lim_{\varDelta\theta\to 0}\frac{\boldsymbol{e}_t(\theta+\varDelta\theta)-\boldsymbol{e}_t(\theta)}{\varDelta\theta} = \lim_{\varDelta\theta\to 0}\frac{\varDelta\theta\boldsymbol{e}_n}{\varDelta\theta} = \boldsymbol{e}_n \tag{2.27}$$

と表されることを利用すると，結局

$$\frac{d\boldsymbol{e}_t}{dt} = \frac{v}{\rho}\boldsymbol{e}_n \tag{2.28}$$

が得られる．ただし，$ds/dt = v$ である．したがって，加速度ベクトルは

$$\boldsymbol{a} = a_t\boldsymbol{e}_t + a_n\boldsymbol{e}_n \tag{2.29}$$

$$a_t = \frac{dv}{dt}, \quad a_n = \frac{v^2}{\rho} \tag{2.30}$$

で表される．以上のように，速度ベクトル，加速度ベクトルを接線方向成分と法線方向成分で表すことができる．

なお，上で導入した ρ は軌道の**曲率半径**と呼ばれ，その逆数 $\kappa = 1/\rho$ は**曲率**と呼ばれる．軌道が関数 $y = f(x)$ で与えられるときは

$$\kappa(x) = \frac{1}{\rho(x)} = \frac{f''(x)}{\left[1+\{f'(x)\}^2\right]^{3/2}} \tag{2.31}$$

で表される．また，接線方向単位ベクトル $\boldsymbol{e}_t$ が x 軸となす角度は

$$\phi(x) = \tan^{-1}\left[f'(x)\right] \tag{2.32}$$

で表される．もし，軌道が $x = x(t), y = y(t)$ のようにパラメータ表示されている場合には，

$$\kappa(t) = \frac{1}{\rho(t)} = \frac{x'(t)y''(t) - x''(t)y'(t)}{\left[\{x'(t)\}^2 + \{y'(t)\}^2\right]^{3/2}} \tag{2.33}$$

で表される．ただし，曲率中心 O' の位置は時間とともに移動する．

- **等速円運動**：特別ではあるが重要な例として，一定半径 $r = R$ の円周上を反時計方向に一定速度 $v = V$ で運動する点 P の速度ベクトルと加速度ベクトルを平面極座標系と軌道座標系で表してみる (図 2.5 (a))．

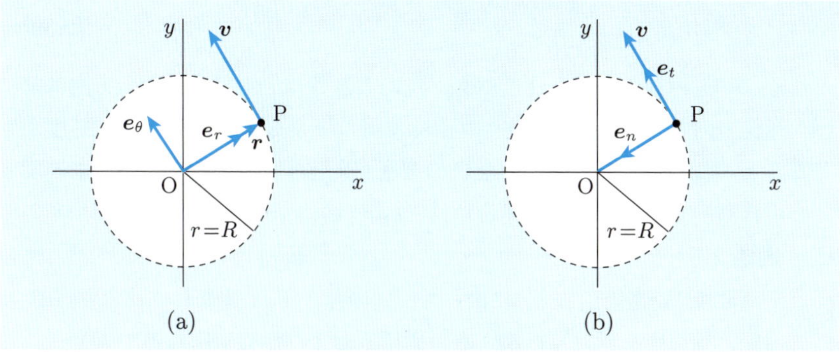

図 2.5　等速円運動

まず平面極座標系を用いると，半径方向の運動がないことから明らかに

$$\frac{dr}{dt} = \frac{d^2r}{dt^2} = 0 \tag{2.34}$$

であるので，

$$\boldsymbol{r} = R\boldsymbol{e}_r, \quad \boldsymbol{v} = R\frac{d\theta}{dt}\boldsymbol{e}_\theta \tag{2.35}$$

を得る．また，ベクトル $\boldsymbol{e}_\theta$ は円の接線方向のベクトルとなり，速度の大きさは一定であるので，

$$R\frac{d\theta}{dt} = V \tag{2.36}$$

となる．すなわち，角速度 $\omega = d\theta/dt = V/R$ は一定となり，角加速度は $\alpha = d\omega/dt = 0$ である．よって，点 P の速度ベクトルと加速度ベクトルは

$$\begin{aligned} \boldsymbol{v} &= V\boldsymbol{e}_\theta \\ \boldsymbol{a} &= -\frac{V^2}{R}\boldsymbol{e}_r = -R\omega^2\boldsymbol{e}_r \quad (V = R\omega) \end{aligned} \tag{2.37}$$

となる．この場合にも，速度ベクトルは円の周方向成分のみを持ち，加速度ベクトルは中心に向かう径方向成分 (**向心加速度**と呼ばれる) だけからなることがわかる．

次に軌道座標系を適用すると，接線方向速度が一定であるので，明らかに

$$\frac{dv}{dt} = \frac{dV}{dt} = 0, \quad \rho = R \tag{2.38}$$

である．よって，

$$\boldsymbol{v} = V\boldsymbol{e}_t, \quad \boldsymbol{a} = \frac{V^2}{R}\boldsymbol{e}_n \tag{2.39}$$

となる．等速円運動では，速度ベクトルの大きさは一定でも，その方向は常に円の接線方向を向くように変化し，同時に円の中心Oを向いた向心加速度が生じることがわかる．もちろん，点Pの速度が変化すれば，接線方向の加速度成分も現れる．また，円運動の場合には，$\boldsymbol{e}_\theta = \boldsymbol{e}_t$, $\boldsymbol{e}_r = -\boldsymbol{e}_n$ となっている．

例題 2.5

平面曲線 (放物線)$y = x^2$ に沿って一定の速さ V で運動している質点Pの速度と加速度を軌道座標系，直角座標系および平面極座標系で表せ．

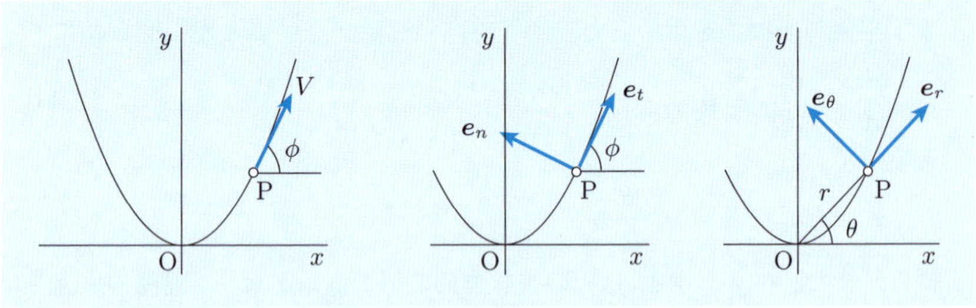

図 2.6

【解答】 まず，曲線 $y = x^2$ 上の点 $\mathrm{P}(x, x^2)$ における接線が x 軸となす角度は

$$\phi = \tan^{-1}(dy/dx) = \tan^{-1}(2x)$$

であるので，

$$\sin\phi = \frac{2x}{(1+4x^2)^{1/2}}, \quad \cos\phi = \frac{1}{(1+4x^2)^{1/2}}$$

であり，点Pにおける曲率半径は

$$\frac{1}{\rho} = \frac{2}{(1+4x^2)^{3/2}}$$

で表される．点Pは等速運動するので，軌道座標系における速度ベクトルと加速度ベクトルは

$$\boldsymbol{v} = V\boldsymbol{e}_t, \quad \boldsymbol{a} = a_n\boldsymbol{e}_n = \frac{2V^2}{(1+4x^2)^{3/2}}\boldsymbol{e}_n$$

で表される．また，

$$\boldsymbol{e}_t = \cos\phi\boldsymbol{i} + \sin\phi\boldsymbol{j} = \frac{\boldsymbol{i} + 2x\boldsymbol{j}}{(1+4x^2)^{1/2}}$$

$$\boldsymbol{e}_n = -\sin\phi\boldsymbol{i} + \cos\phi\boldsymbol{j} = \frac{-2x\boldsymbol{i} + \boldsymbol{j}}{(1+4x^2)^{1/2}}$$

を用いると，直角座標系における速度ベクトルと加速度ベクトルは

$$\boldsymbol{v} = \frac{V}{(1+4x^2)^{1/2}}(\boldsymbol{i} + 2x\boldsymbol{j})$$

$$\boldsymbol{a} = \frac{2V^2}{(1+4x^2)^2}(-2x\boldsymbol{i} + \boldsymbol{j})$$

で表される．

次に，点 P の位置ベクトルは $\boldsymbol{r} = x\boldsymbol{i} + y\boldsymbol{j} = x\boldsymbol{i} + x^2\boldsymbol{j}$ であるから，径方向単位ベクトルおよび周方向単位ベクトルは

$$\boldsymbol{e}_r = \frac{\boldsymbol{i} + x\boldsymbol{j}}{(1+x^2)^{1/2}}$$

$$\boldsymbol{e}_\theta = \frac{-x\boldsymbol{i} + \boldsymbol{j}}{(1+x^2)^{1/2}}$$

で表される．したがって，

$$\boldsymbol{e}_t = \frac{1}{(1+4x^2)^{1/2}(1+x^2)^{1/2}}\left[(1+2x^2)\boldsymbol{e}_r + x\boldsymbol{e}_\theta\right]$$

$$\boldsymbol{e}_n = \frac{1}{(1+4x^2)^{1/2}(1+x^2)^{1/2}}\left[-x\boldsymbol{e}_r + (1+2x^2)\boldsymbol{e}_\theta\right]$$

が成り立つので，平面極座標系における速度ベクトルと加速度ベクトルは

$$\boldsymbol{v} = \frac{V}{(1+4x^2)^{1/2}(1+x^2)^{1/2}}\left[(1+2x^2)\boldsymbol{e}_r + x\boldsymbol{e}_\theta\right]$$

$$\boldsymbol{a} = \frac{2V^2}{(1+4x^2)^2(1+x^2)^{1/2}}\left[-x\boldsymbol{e}_r + (1+2x^2)\boldsymbol{e}_\theta\right]$$

で表される．■

例題 2.6

図 2.7 に示すように，一定の高度 h，一定速度 V で水平に飛んでいるジェット機 P を地上のレーザー光線で追跡している．レーザー光線の迎角を $\theta(t)$ として，光軸の回転角速度および回転角加速度を V, h, θ で表せ．

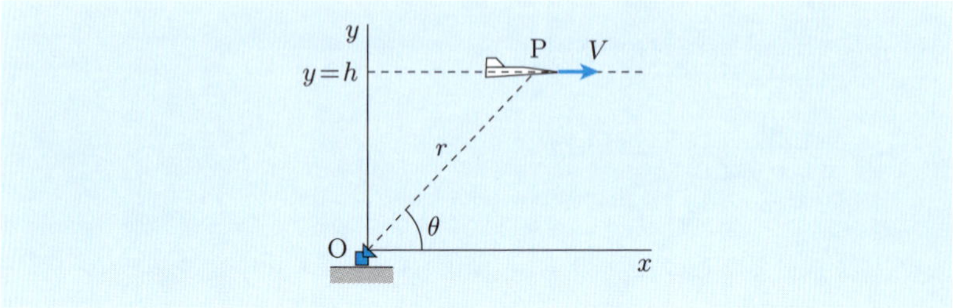

図 2.7

【解答】 平面極座標系を用いるとすると，ジェット機 P の位置，速度，加速度は

$$\boldsymbol{v} = \frac{dr}{dt}\boldsymbol{e}_r + r\frac{d\theta}{dt}\boldsymbol{e}_\theta$$

$$\boldsymbol{a} = \left[\frac{d^2r}{dt^2} - r\left(\frac{d\theta}{dt}\right)^2\right]\boldsymbol{e}_r + \left[r\frac{d^2\theta}{dt^2} + 2\frac{dr}{dt}\frac{d\theta}{dt}\right]\boldsymbol{e}_\theta$$

で表される．一方，ジェット機 P の速度と加速度は

$$\boldsymbol{v} = V\boldsymbol{i} = V(\cos\theta\boldsymbol{e}_r - \sin\theta\boldsymbol{e}_\theta), \quad \boldsymbol{a} = \boldsymbol{0}$$

と表されるので，両者から

$$\frac{dr}{dt} = V\cos\theta, \quad r\frac{d\theta}{dt} = -V\sin\theta$$

$$\frac{d^2r}{dt^2} - r\left(\frac{d\theta}{dt}\right)^2 = 0, \quad r\frac{d^2\theta}{dt^2} + 2\frac{dr}{dt}\frac{d\theta}{dt} = 0$$

が成り立つ．よって，

$$\omega = \frac{d\theta}{dt} = -\frac{V\sin\theta}{r} = -\frac{V}{h}\sin^2\theta$$

$$\alpha = \frac{d^2\theta}{dt^2} = -\frac{2}{r}\frac{dr}{dt}\frac{d\theta}{dt} = \frac{2V^2}{h^2}\sin^3\theta\cos\theta$$

となる． ■

(C) 円筒座標系

円筒座標系 (または円柱座標系という) では，$(\mathrm{O}; x, y, z)$ 空間内の点 P の位置ベクトル $\boldsymbol{r}(t)$ を $(\mathrm{O}; x, y)$ 平面内にあるベクトル $\boldsymbol{r}_s(t)$ と z 軸方向のベクトル $\boldsymbol{r}_z(t) = z(t)\boldsymbol{k}$ の和で表す (図 2.8).

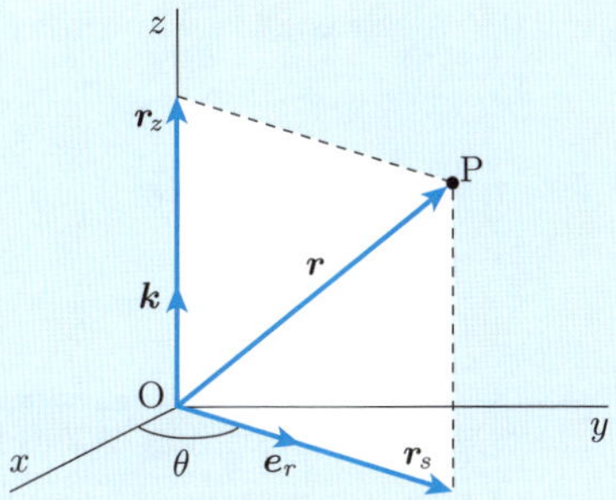

図 2.8　円筒座標系：$(\mathrm{O}; r, \theta, z)$

いま，ベクトル $\boldsymbol{r}_s$ に対しては，前述した平面極座標系と同様に径方向単位ベクトル $\boldsymbol{e}_r$ と周方向単位ベクトル $\boldsymbol{e}_\theta$ を導入すると，

$$\boldsymbol{r} = \boldsymbol{r}_s + \boldsymbol{r}_z = r_s\boldsymbol{e}_r + z\boldsymbol{k} \tag{2.40}$$

$$x = r_s\cos\theta, \quad y = r_s\sin\theta \tag{2.41}$$

と表される．したがって，$\boldsymbol{r}_s$ に対しては平面極座標系で得た諸式を利用し，また単位ベクトル $\boldsymbol{k}$ は定ベクトルであることに注意して $\boldsymbol{r}(t)$ を時間 t で微分することにより，速度ベクトルと加速度ベクトルは

$$\boldsymbol{v} = \frac{dr_s}{dt}\boldsymbol{e}_r + r_s\frac{d\theta}{dt}\boldsymbol{e}_\theta + \frac{dz}{dt}\boldsymbol{k} \tag{2.42}$$

$$\boldsymbol{a} = \left[\frac{d^2r_s}{dt^2} - r_s\left(\frac{d\theta}{dt}\right)^2\right]\boldsymbol{e}_r + \left[r_s\frac{d^2\theta}{dt^2} + 2\frac{dr_s}{dt}\frac{d\theta}{dt}\right]\boldsymbol{e}_\theta + \frac{d^2z}{dt^2}\boldsymbol{k} \tag{2.43}$$

で表される．すなわち，円筒座標系は $(\mathrm{O}; x, y)$ 面内の極座標系に z 方向の成分が附加されたものであることがわかる．

例題 2.7

$r_s(t) = r_0,\ \theta(t) = \omega_0 t,\ z(t) = t^2$ で表されるような，一定半径，一定角速度のらせん運動を行っている点の速度ベクトルおよび加速度ベクトルを求めよ．

【解答】 $\dfrac{dr_s}{dt} = 0, \quad \dfrac{d^2r_s}{dt^2} = 0, \quad \dfrac{d\theta}{dt} = \omega_0, \quad \dfrac{d^2\theta}{dt^2} = 0, \quad \dfrac{dz}{dt} = 2t, \quad \dfrac{d^2z}{dt^2} = 2$

より

$$\boldsymbol{v} = r_0\omega_0\boldsymbol{e}_\theta + 2t\boldsymbol{k}, \quad \boldsymbol{a} = -r_0{\omega_0}^2\boldsymbol{e}_r + 2\boldsymbol{k}$$

となる． ■

(D) 球座標系

空間運動 (3 次元運動) における代表的な曲線座標系の 1 つである球座標系では，図 2.9 に示すように，原点を O とする半径 $r(t)$ の球面上の点 P の位置ベクトルに対して，2 つの方位角 ϕ と θ，径方向単位ベクトル $\boldsymbol{e}_r(t)$，経線方向の単位ベクトル $\boldsymbol{e}_\phi(t)$，および緯線方向の単位ベクトル $\boldsymbol{e}_\theta(t)$ を設ける．このとき，$\overline{\mathrm{OA}} = r\sin\phi$, $\overline{\mathrm{OB}} = r\cos\phi$ であることに注意すると，位置ベクトル $\boldsymbol{r}(t)$ は直角座標成分で

$$\boldsymbol{r} = x\boldsymbol{i} + y\boldsymbol{j} + z\boldsymbol{k} \tag{2.44}$$

$$x = r\sin\phi\cos\theta, \quad y = r\sin\phi\sin\theta, \quad z = r\cos\phi \tag{2.45}$$

と表される．また，2 組の単位ベクトルの間には

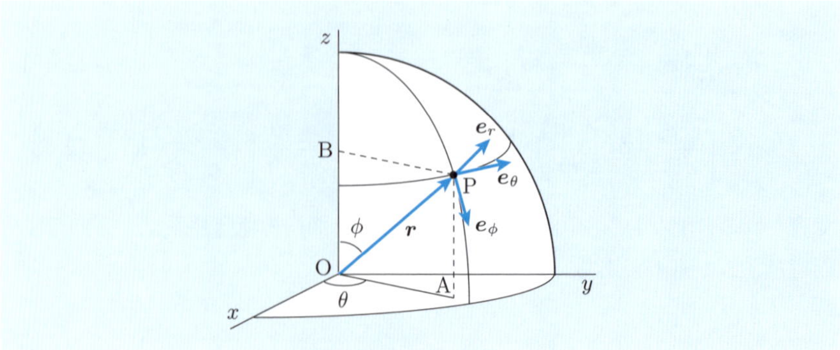

図 2.9　球座標系：$(\mathrm{O}; r, \theta, \phi)$

$$\boldsymbol{e}_r = \sin\phi\cos\theta\boldsymbol{i} + \sin\phi\sin\theta\boldsymbol{j} + \cos\phi\boldsymbol{k} \tag{2.46}$$

$$\boldsymbol{e}_\theta = -\sin\theta\boldsymbol{i} + \cos\theta\boldsymbol{j} \tag{2.47}$$

$$\boldsymbol{e}_\phi = \cos\phi\cos\theta\boldsymbol{i} + \cos\phi\sin\theta\boldsymbol{j} - \sin\phi\boldsymbol{k} \tag{2.48}$$

の関係が成り立つ．

したがって，位置ベクトル $r\boldsymbol{e}_r$ を時間 t について微分することにより，速度ベクトルと加速度ベクトルは

$$\boldsymbol{r} = r\boldsymbol{e}_r \tag{2.49}$$

$$\boldsymbol{v} = v_r\boldsymbol{e}_r + v_\theta\boldsymbol{e}_\theta + v_\phi\boldsymbol{e}_\phi \tag{2.50}$$

$$\boldsymbol{a} = a_r\boldsymbol{e}_r + a_\theta\boldsymbol{e}_\theta + a_\phi\boldsymbol{e}_\phi \tag{2.51}$$

$$v_r = \frac{dr}{dt},\quad v_\theta = r\sin\phi\frac{d\theta}{dt},\quad v_\phi = r\frac{d\phi}{dt} \tag{2.52}$$

$$\begin{cases} a_r = \dfrac{d^2r}{dt^2} - r\left(\dfrac{d\phi}{dt}\right)^2 - r\left(\dfrac{d\theta}{dt}\right)^2\sin^2\phi \\ a_\theta = r\dfrac{d^2\theta}{dt^2}\sin\phi + 2\dfrac{dr}{dt}\dfrac{d\theta}{dt}\sin\phi + 2r\dfrac{d\theta}{dt}\dfrac{d\phi}{dt}\cos\phi \\ a_\phi = r\dfrac{d^2\phi}{dt^2} + 2\dfrac{dr}{dt}\dfrac{d\phi}{dt} - r\left(\dfrac{d\theta}{dt}\right)^2\sin\phi\cos\phi \end{cases} \tag{2.53}$$

で表される．

例題 2.8

地球を半径 R の滑らかな真球としたとき，子午線に沿って南北に運動する物体の速度と加速度を調べよ．

【解答】 子午線を $\theta = 0$ とし，$r = R$, $\phi = \phi(t)$ とすると，$dr/dt = 0$, $d\theta/dt = 0$ だから，

$$v_r = 0,\quad v_\theta = 0,\quad v_\phi = R\frac{d\phi}{dt},$$

$$a_r = -R\left(\frac{d\phi}{dt}\right)^2,\quad a_\theta = 0,\quad a_\phi = R\frac{d^2\phi}{dt^2}$$

となる． ■

2.3 質点の相対運動

同一空間の中を複数個の質点が運動している際に，一方の質点から他方の質点の運動を観測する必要がしばしば生じるが，そのときには**相対運動**の概念が重要な役割を担う．

まず最初に，ある 1 つの固定座標系において，任意の質点の位置，速度，加速度を表すベクトルをそれぞれ絶対位置ベクトル，絶対速度ベクトル，絶対加速度ベクトルという．そこで，任意の 2 つの質点 P と Q を考え，それぞれの絶対位置ベクトルを $\boldsymbol{r}_{\mathrm{P}}$ および $\boldsymbol{r}_{\mathrm{Q}}$ とするとき，

$$\boldsymbol{r}_{\mathrm{Q/P}} = \boldsymbol{r}_{\mathrm{Q}} - \boldsymbol{r}_{\mathrm{P}} \tag{2.54}$$

を “質点 P に対する質点 Q の” **相対位置ベクトル**と呼ぶ (図 2.10．また，添字の順序に注意).

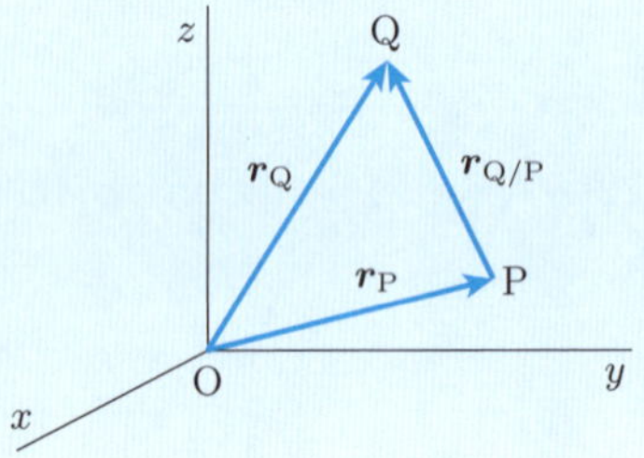

図 2.10　絶対位置ベクトルと相対位置ベクトル

式 (2.54) の両辺を時間 t で微分すると，

$$\frac{d}{dt}\boldsymbol{r}_{\mathrm{Q/P}} = \frac{d}{dt}\boldsymbol{r}_{\mathrm{Q}} - \frac{d}{dt}\boldsymbol{r}_{\mathrm{P}}$$

と書けるが，これを

$$\boldsymbol{v}_{\mathrm{Q/P}} = \boldsymbol{v}_{\mathrm{Q}} - \boldsymbol{v}_{\mathrm{P}} \tag{2.55}$$

と表し，“質点 P に対する質点 Q の” **相対速度ベクトル**という．同様に，式 (2.55) の両辺を時間 t で微分することにより，

$$\boldsymbol{a}_{\mathrm{Q/P}} = \boldsymbol{a}_{\mathrm{Q}} - \boldsymbol{a}_{\mathrm{P}} \tag{2.56}$$

が得られるが，これを“質点 P に対する質点 Q の” **相対加速度ベクトル**という．また，これらの式は次のような形で用いられることが多い．

$$\boldsymbol{r}_{\mathrm{Q}} = \boldsymbol{r}_{\mathrm{P}} + \boldsymbol{r}_{\mathrm{Q/P}}, \quad \boldsymbol{v}_{\mathrm{Q}} = \boldsymbol{v}_{\mathrm{P}} + \boldsymbol{v}_{\mathrm{Q/P}}, \quad \boldsymbol{a}_{\mathrm{Q}} = \boldsymbol{a}_{\mathrm{P}} + \boldsymbol{a}_{\mathrm{Q/P}} \tag{2.57}$$

注意 固定座標系から運動を観測するとき，各質点の運動を正確には**絶対運動**というが，特に強調しなければならない場合を除き，“絶対”という接頭語を省略するのが普通である． □

例題 2.9

点 P および Q の絶対位置ベクトルが，$\boldsymbol{r}_{\mathrm{P}} = x_{\mathrm{P}}\boldsymbol{i} + y_{\mathrm{P}}\boldsymbol{j} + z_{\mathrm{P}}\boldsymbol{k}$，$\boldsymbol{r}_{\mathrm{Q}} = x_{\mathrm{Q}}\boldsymbol{i} + y_{\mathrm{Q}}\boldsymbol{j} + z_{\mathrm{Q}}\boldsymbol{k}$ であるとき，点 Q の点 P に対する相対位置ベクトルを求めよ．

【解答】 相対運動の定義より，

$$\boldsymbol{r}_{\mathrm{Q/P}} = \boldsymbol{r}_{\mathrm{Q}} - \boldsymbol{r}_{\mathrm{P}} = (x_{\mathrm{Q}} - x_{\mathrm{P}})\boldsymbol{i} + (y_{\mathrm{Q}} - y_{\mathrm{P}})\boldsymbol{j} + (z_{\mathrm{Q}} - z_{\mathrm{P}})\boldsymbol{k}$$

となる． ■

例題 2.10

図 2.11 に示すように，斜面を持つ物体 A が摩擦のない水平面に沿って右方向に一定加速度 a_{A} で運動している．同時に物体 B は物体 A に対して一定の加速度 $a_{\mathrm{B/A}}$ で斜面に沿って上向きに運動している．物体 B の絶対加速度を求めよ．

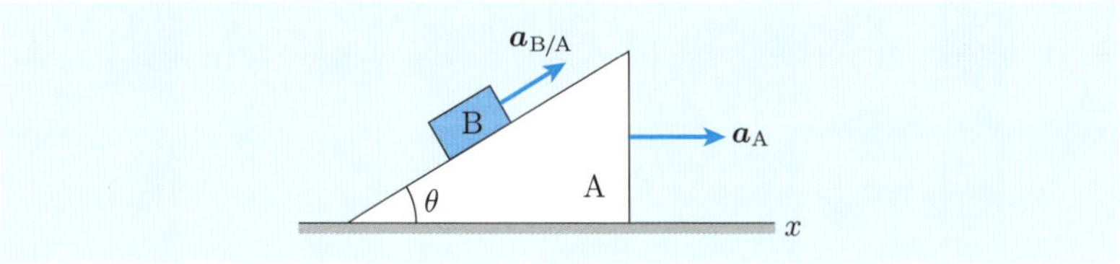

図 2.11

【解答】 相対加速度の定義 $\boldsymbol{a}_{\mathrm{B/A}} = \boldsymbol{a}_{\mathrm{B}} - \boldsymbol{a}_{\mathrm{A}}$ において $\boldsymbol{a}_{\mathrm{B/A}}$ は斜面と同じ向きのベクトルでなければならない．

よって，

$$\boldsymbol{a}_{\mathrm{A}} = a_{\mathrm{A}}\boldsymbol{i}, \quad \boldsymbol{a}_{\mathrm{B/A}} = a_{\mathrm{B/A}}(\cos\theta\boldsymbol{i} + \sin\theta\boldsymbol{j})$$

より

$$\boldsymbol{a}_\mathrm{B} = \boldsymbol{a}_\mathrm{A} + \boldsymbol{a}_\mathrm{B/A} = (a_\mathrm{A} + a_\mathrm{B/A}\cos\theta)\boldsymbol{i} + a_\mathrm{B/A}\sin\theta\boldsymbol{j}$$

となる. ■

例題 2.11

高速道路インターチェンジを走行している2台の自動車の運動を考える(図2.12). 自動車Aは高速道路を速さv_A, 加速度a_Aで西から東に真っ直ぐに走っている. 一方, 自動車Bは半径Rの円形のランプウェイを一定の速さv_Bで高速道路から出ようとしている. 図示の位置で, 自動車Aから見た自動車Bの相対速度と相対加速度を求めよ.

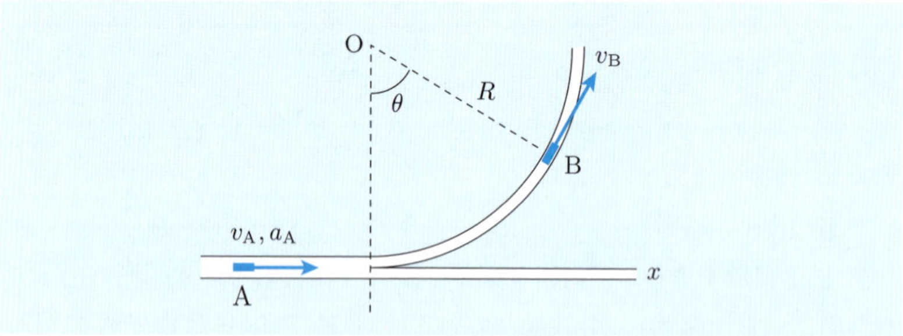

図 2.12

【解答】 円運動を行う自動車Bには向心加速度が生じることに注意すると(式(2.37)), 自動車Aと自動車Bの速度と加速度は

$$\boldsymbol{v}_\mathrm{A} = v_\mathrm{A}\boldsymbol{i}, \quad \boldsymbol{a}_\mathrm{A} = a_\mathrm{A}\boldsymbol{i}$$

$$\boldsymbol{v}_\mathrm{B} = v_\mathrm{B}\cos\theta\boldsymbol{i} + v_\mathrm{B}\sin\theta\boldsymbol{j}$$

$$\boldsymbol{a}_\mathrm{B} = -\frac{v_\mathrm{B}^2}{R}\sin\theta\boldsymbol{i} + \frac{v_\mathrm{B}^2}{R}\cos\theta\boldsymbol{j}$$

と表される. よって,

$$\boldsymbol{v}_\mathrm{B/A} = \boldsymbol{v}_\mathrm{B} - \boldsymbol{v}_\mathrm{A} = (v_\mathrm{B}\cos\theta - v_\mathrm{A})\boldsymbol{i} + v_\mathrm{B}\sin\theta\boldsymbol{j}$$

$$\boldsymbol{a}_\mathrm{B/A} = \boldsymbol{a}_\mathrm{B} - \boldsymbol{a}_\mathrm{A} = -\left(\frac{v_\mathrm{B}^2}{R}\sin\theta + a_\mathrm{A}\right)\boldsymbol{i} + \frac{v_\mathrm{B}^2}{R}\cos\theta\boldsymbol{j}$$

となる. ■

例題 2.12

図 2.13 に示すように，細い棒 AB ($\overline{\mathrm{OA}} = r_{\mathrm{A}}$, $\overline{\mathrm{OB}} = r_{\mathrm{B}}$) が点 O を中心として一定角速度 ω で回転している．図示の位置で，点 A から観測した点 B の相対速度と相対加速度を求めよ．

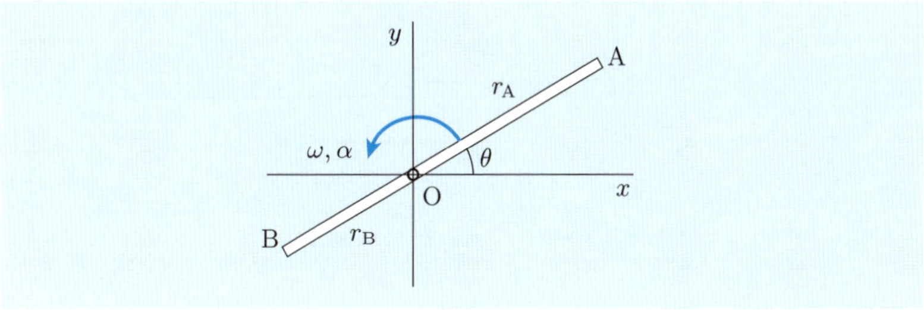

図 2.13

【解答】 点 A と B はともに固定点 O の周りに一定角速度の円運動を行うから，図示の位置でそれぞれの点の (絶対) 速度と (絶対) 加速度は

$$\boldsymbol{v}_{\mathrm{A}} = \omega r_{\mathrm{A}}(-\sin\theta\boldsymbol{i} + \cos\theta\boldsymbol{j})$$

$$\boldsymbol{v}_{\mathrm{B}} = \omega r_{\mathrm{B}}(\sin\theta\boldsymbol{i} - \cos\theta\boldsymbol{j})$$

$$\boldsymbol{a}_{\mathrm{A}} = -\omega^2 r_{\mathrm{A}}(\cos\theta\boldsymbol{i} + \sin\theta\boldsymbol{j})$$

$$\boldsymbol{a}_{\mathrm{B}} = \omega^2 r_{\mathrm{B}}(\cos\theta\boldsymbol{i} + \sin\theta\boldsymbol{j})$$

と表される．よって，点 A に対する点 B の相対速度および相対加速度は

$$\boldsymbol{v}_{\mathrm{B/A}} = \boldsymbol{v}_{\mathrm{B}} - \boldsymbol{v}_{\mathrm{A}} = \omega(r_{\mathrm{A}} + r_{\mathrm{B}})(\sin\theta\boldsymbol{i} - \cos\theta\boldsymbol{j})$$

$$\boldsymbol{a}_{\mathrm{B/A}} = \boldsymbol{a}_{\mathrm{B}} - \boldsymbol{a}_{\mathrm{A}} = \omega^2(r_{\mathrm{A}} + r_{\mathrm{B}})(\cos\theta\boldsymbol{i} + \sin\theta\boldsymbol{j})$$

となる． ■

例題 2.13

自動車が水平な路面の上を滑りなしに一定の速さ V で走行している (図 2.14). 自動車の車輪を半径 R の円板と仮定して，車輪外周上端の点 A および接地点 C の速度を求めよ.

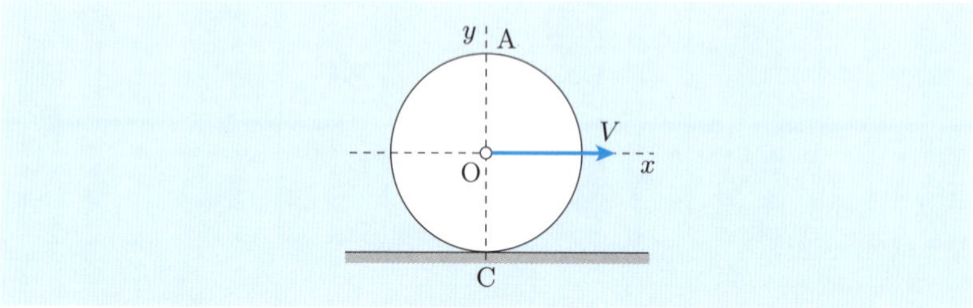

図 2.14

【解答】 まず，車輪中心 O の速度は $V\boldsymbol{i}$ と表される．一方，車輪の時計方向の回転角速度を ω とすると，点 C は点 O の周りに等速円運動をするから，車輪中心 O に相対的な点 C の速度は

$$\boldsymbol{v}_{\mathrm{C/O}} = -R\omega\boldsymbol{i}$$

である．よって，下端の点 C の (絶対) 速度は

$$\boldsymbol{v}_{\mathrm{C}} = \boldsymbol{v}_{\mathrm{O}} + \boldsymbol{v}_{\mathrm{C/O}} = (V - R\omega)\boldsymbol{i}$$

と表される．ところが，下端の点 C は静止している水平な路面に対して滑りがないので，$\boldsymbol{v}_{\mathrm{C}} = \boldsymbol{0}$ でなければならない．よって，車輪の角速度は $\omega = V/R$ となる．また，同様にして点 A の (絶対) 速度は

$$\boldsymbol{v}_{\mathrm{A}} = \boldsymbol{v}_{\mathrm{O}} + \boldsymbol{v}_{\mathrm{A/O}} = V\boldsymbol{i} + R\omega\boldsymbol{i} = 2V\boldsymbol{i}$$

となる．もちろん，この自動車のドライバーから見た場合，点 O は静止し，点 A は $+V$ の速さ，点 C は $-V$ の速さで運動している. ■

補足 1　第 5 章で述べるが，車輪の接地点 C は「瞬間中心」と呼ばれる点であることがわかる. □

2.4 運動座標系における点の運動

前節では空間に固定された1つの座標系内で運動する2点の相対運動を考えたが，ここでは2つの座標系のうちの1つが他の座標系に対して運動している場合を取り扱う．いま，図2.15に示すように，空間に固定された直角座標系を $(\mathrm{O}; X, Y, Z)$ とし，その基本単位ベクトルを $\boldsymbol{i}, \boldsymbol{j}, \boldsymbol{k}$ とする．一方，その空間内を運動する**運動座標系**を $(\mathrm{o}; x, y, z)$ とし，各座標軸方向の単位ベクトルを $\boldsymbol{e}_x, \boldsymbol{e}_y, \boldsymbol{e}_z$ とする．ただし，ここでは理解を容易にするために，$(\mathrm{o}; x, y)$ 面は $(\mathrm{O}; X, Y)$ 面に沿う並進運動と点 o の周りの回転運動を行い $(\boldsymbol{e}_z = \boldsymbol{k})$，任意の点 P が $(\mathrm{O}; X, Y)$ 面内で運動する場合を扱う．

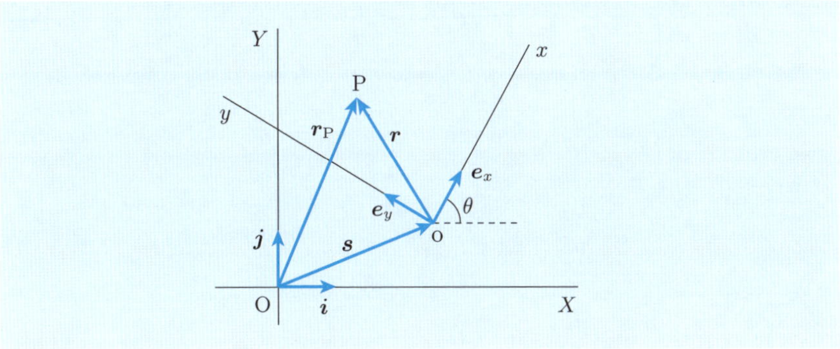

図 2.15　運動座標系における点の平面運動

そこで，点Pの2次元運動を2つの座標系から観測した場合の関係式を見出すことにする．図2.15より，固定座標系における点Pの位置ベクトルは

$$\boldsymbol{r}_\mathrm{P} = \boldsymbol{s} + \boldsymbol{r} \tag{2.58}$$

$$\boldsymbol{s} = s_X \boldsymbol{i} + s_Y \boldsymbol{j} \tag{2.59}$$

$$\boldsymbol{r} = x\boldsymbol{e}_x + y\boldsymbol{e}_y \tag{2.60}$$

で表すことができる．ただし，$\boldsymbol{s}$ は運動座標系の原点 o の位置ベクトル，$\boldsymbol{r}$ は運動座標系から観測した点 P の位置ベクトルである．また，$\boldsymbol{e}_x$ と $\boldsymbol{e}_y$ は運動座標系の単位ベクトルであり，向きは時間とともに変化し得る．したがって，点Pの速度は

$$\boldsymbol{v}_{\mathrm{P}} = \frac{d\boldsymbol{r}_{\mathrm{P}}}{dt} = \frac{d\boldsymbol{s}}{dt} + \frac{d\boldsymbol{r}}{dt} \tag{2.61}$$

$$\frac{d\boldsymbol{s}}{dt} = \frac{ds_{\mathrm{X}}}{dt}\boldsymbol{i} + \frac{ds_{\mathrm{Y}}}{dt}\boldsymbol{j} \tag{2.62}$$

$$\frac{d\boldsymbol{r}}{dt} = \frac{dx}{dt}\boldsymbol{e}_x + \frac{dy}{dt}\boldsymbol{e}_y + x\frac{d\boldsymbol{e}_x}{dt} + y\frac{d\boldsymbol{e}_y}{dt} \tag{2.63}$$

によって表される．ここで，運動座標系 $(\mathrm{o}; x, y)$ がその原点 o を中心として回転する角速度を $\boldsymbol{\omega} = \omega\boldsymbol{e}_z (= \omega\boldsymbol{k})$ として，平面極座標系で得た関係式

$$\frac{d\boldsymbol{e}_x}{dt} = \omega\boldsymbol{e}_y, \quad \frac{d\boldsymbol{e}_y}{dt} = -\omega\boldsymbol{e}_x \tag{2.64}$$

を利用すると

$$\frac{d\boldsymbol{r}}{dt} = \frac{dx}{dt}\boldsymbol{e}_x + \frac{dy}{dt}\boldsymbol{e}_y + \omega(x\boldsymbol{e}_y - y\boldsymbol{e}_x) \tag{2.65}$$

と表される．ここで，$\omega(x\boldsymbol{e}_y - y\boldsymbol{e}_x) = \boldsymbol{\omega} \times \boldsymbol{r}$ と書けることに注意すると

$$\frac{d\boldsymbol{r}}{dt} = \frac{dx}{dt}\boldsymbol{e}_x + \frac{dy}{dt}\boldsymbol{e}_y + \boldsymbol{\omega} \times \boldsymbol{r} \tag{2.66}$$

が得られる．結局，点 P の速度は

$$\boldsymbol{v}_{\mathrm{P}} = (\boldsymbol{v})_s + (\boldsymbol{v})_{\mathrm{o}xy} + \boldsymbol{\omega} \times \boldsymbol{r} \tag{2.67}$$

と表され，

$$(\boldsymbol{v})_s = \frac{d\boldsymbol{s}}{dt} = \frac{ds_{\mathrm{X}}}{dt}\boldsymbol{i} + \frac{ds_{\mathrm{Y}}}{dt}\boldsymbol{j} \tag{2.68}$$

$$(\boldsymbol{v})_{\mathrm{o}xy} = \frac{dx}{dt}\boldsymbol{e}_x + \frac{dy}{dt}\boldsymbol{e}_y \tag{2.69}$$

はそれぞれ運動座標系原点 o の絶対速度および運動座標系から観測した点 P の速度を表す．また，式 (2.67) の右辺第 3 項 $\boldsymbol{\omega} \times \boldsymbol{r}$ は座標系 $(\mathrm{o}; x, y)$ が回転する効果を表している．

次に，速度ベクトルを時間 t で微分することにより，点 P の加速度は

$$\boldsymbol{a}_{\mathrm{P}} = \frac{d\boldsymbol{v}_{\mathrm{P}}}{dt} = \frac{d^2\boldsymbol{s}}{dt^2} + \frac{d^2x}{dt^2}\boldsymbol{e}_x + \frac{d^2y}{dt}\boldsymbol{e}_y + \frac{dx}{dt}\frac{d\boldsymbol{e}_x}{dt} + \frac{dy}{dt}\frac{\boldsymbol{e}_y}{dt} + \frac{d\boldsymbol{\omega}}{dt} \times \boldsymbol{r} + \boldsymbol{\omega} \times \frac{d\boldsymbol{r}}{dt} \tag{2.70}$$

と書ける．ここで，

$$\frac{dx}{dt}\frac{d\boldsymbol{e}_x}{dt} + \frac{dy}{dt}\frac{\boldsymbol{e}_y}{dt} = \omega\left(\frac{dx}{dt}\boldsymbol{e}_y - \frac{dy}{dt}\boldsymbol{e}_x\right)$$

$$= \boldsymbol{\omega} \times \left(\frac{dx}{dt}\boldsymbol{e}_x + \frac{dy}{dt}\boldsymbol{e}_y \right) = \boldsymbol{\omega} \times (\boldsymbol{v})_{oxy}$$

$$\boldsymbol{\omega} \times \frac{d\boldsymbol{r}}{dt} = \boldsymbol{\omega} \times \left(\frac{dx}{dt}\boldsymbol{e}_x + \frac{dy}{dt}\boldsymbol{e}_y + \boldsymbol{\omega} \times \boldsymbol{r} \right)$$

$$= \boldsymbol{\omega} \times (\boldsymbol{v})_{oxy} + \boldsymbol{\omega} \times (\boldsymbol{\omega} \times \boldsymbol{r})$$

$$\frac{d\boldsymbol{\omega}}{dt} = \boldsymbol{\alpha} = \alpha \boldsymbol{e}_z$$

などの関係式を用いると，点 P の加速度 (2.70) は

$$\boldsymbol{a}_{\mathrm{P}} = (\boldsymbol{a})_s + (\boldsymbol{a})_{oxy} + \boldsymbol{\alpha} \times \boldsymbol{r} + \boldsymbol{\omega} \times (\boldsymbol{\omega} \times \boldsymbol{r}) + 2\boldsymbol{\omega} \times (\boldsymbol{v})_{oxy} \tag{2.71}$$

で表される．ここで，

$$(\boldsymbol{a})_s = \frac{d\boldsymbol{v}_s}{dt} = \frac{d^2\boldsymbol{s}}{dt^2} = \frac{d^2 s_X}{dt^2}\boldsymbol{i} + \frac{d^2 s_Y}{dt^2}\boldsymbol{j} \tag{2.72}$$

$$(\boldsymbol{a})_{oxy} = \frac{d^2 x}{dt^2}\boldsymbol{e}_x + \frac{d^2 y}{dt^2}\boldsymbol{e}_y \tag{2.73}$$

はそれぞれ回転座標の原点 o の絶対加速度および回転座標系から見た点 P の加速度である．式 (2.71) 右辺の最後の 3 項は座標系 $(\mathrm{o}; x, y)$ が回転するために現れる加速度であるが，特に右辺第 5 項の加速度

$$(\boldsymbol{a})_{\mathrm{col}} = 2\boldsymbol{\omega} \times (\boldsymbol{v})_{oxy} \tag{2.74}$$

は**コリオリの加速度**と呼ばれる．コリオリ (Colioris) の加速度は回転する座標系の中で点が運動するために現れる見掛けの加速度であり，明らかに点 P の速度ベクトルと回転座標系の角速度ベクトルに直交する．なお，コリオリの加速度は，天体運動，地球上の大気や潮流など大規模の運動，あるいは高速回転する物体表面での液体の運動などにおいて重要な役割を担う．

補足2　式 (2.67) や式 (2.71) は平面運動に対して導かれたが，すべてのベクトル量を 3 次元ベクトルとし，添え字 oxy を $oxyz$ に換えることによって，3 次元運動にそのまま適用することができる．□

例題 2.14

図 2.16 に示すように，$(\mathrm{O}; X, Y)$ 面内で点 O の周りに一定角速度 Ω で回転している細い棒 OA に沿って一定速度 V で運動しているカラー (ガイド軸に沿って滑り運動できる小物体) P を静止座標系から観測するとき，カラーの絶対速度と絶対加速度を求めよ．

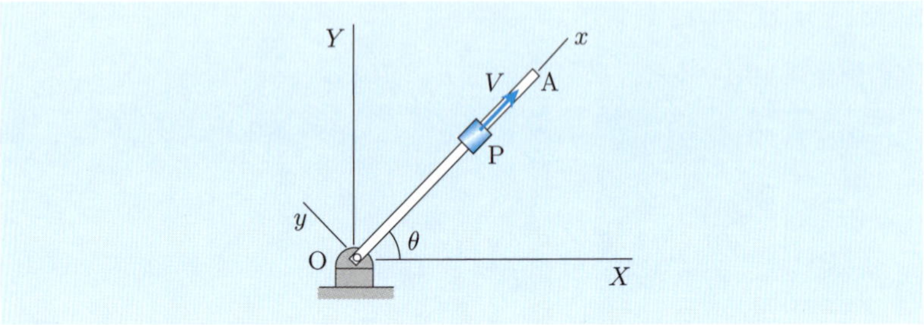

図 2.16

【解答】 いま，棒 OA に沿った軸を x 軸，それに直交する軸を y 軸とする回転座標系 $(\mathrm{O}; x, y)$ を設ける．このとき，

$$(\boldsymbol{v})_{\mathrm{O}xy} = V\boldsymbol{e}_x, \quad (\boldsymbol{a})_{\mathrm{O}xy} = \boldsymbol{0}, \quad (\boldsymbol{v})_{\mathrm{O}} = \boldsymbol{0}, \quad (\boldsymbol{a})_{\mathrm{O}} = \boldsymbol{0}$$

$$\boldsymbol{r} = x\boldsymbol{e}_x, \quad \boldsymbol{\Omega} = \Omega\boldsymbol{e}_z = \Omega\boldsymbol{k}, \quad \boldsymbol{\alpha} = \boldsymbol{0}$$

であるから，

$$\begin{aligned}\boldsymbol{v}_{\mathrm{P}} &= (\boldsymbol{v})_{\mathrm{O}xy} + \boldsymbol{\Omega} \times \boldsymbol{r} \\ &= V\boldsymbol{e}_x + \Omega\boldsymbol{e}_z \times (x\boldsymbol{e}_x) \\ &= V\boldsymbol{e}_x + x\Omega\boldsymbol{e}_y \\ \boldsymbol{a}_{\mathrm{P}} &= \boldsymbol{\Omega} \times (\boldsymbol{\Omega} \times \boldsymbol{r}) + 2\boldsymbol{\Omega} \times (\boldsymbol{v})_{\mathrm{O}xy} \\ &= \Omega\boldsymbol{e}_z \times [(\Omega\boldsymbol{e}_z) \times (x\boldsymbol{e}_x)] + 2(\Omega\boldsymbol{e}_z) \times (V\boldsymbol{e}_x) \\ &= -x\Omega^2\boldsymbol{e}_x + 2\Omega V\boldsymbol{e}_y\end{aligned}$$

を得る．この場合，加速度は向心加速度とコリオリの加速度からなり，コリオリの加速度は y 軸方向に作用することがわかる．もちろん，カラーが静止しているとき $(V = 0)$ には，コリオリの加速度は現れない． ■

2 章の問題

1 座標点が $x(t) = t^2 + t$, $y(t) = -2t$, $z(t) = t^2$ で表される質点 P の時刻 $t = 2$ における速度ベクトルおよび加速度ベクトルを求めよ.

2 双曲線 $y = 1/x$ に沿って一定の速さ V で x 軸の正方向に運動する質点 P の $x = 1$ における速度ベクトルと加速度ベクトルを，(1) 軌道座標系および (2) 極座標系で表せ.

3 双曲線 $y = 1/x$ に沿ってともに一定の速さ V で x 軸の正方向に運動する質点 A が $x = 0.5$ を，質点 B が $x = 2$ を通過する瞬間の相対速度ベクトル $\boldsymbol{v}_{\mathrm{B/A}}$ と相対加速度ベクトル $\boldsymbol{a}_{\mathrm{B/A}}$ を直角座標成分で表せ.

4 3 次関数 $y = x(x-1)(x+1)$ で表される曲線に沿って一定の速さ V で x 軸の正方向に運動する質点 P の $x = 1$ における加速度ベクトルを軌道座標系で表せ.

5 正弦曲線 $y = C \sin \beta x$ に沿って一定の速さ V で x 軸の正方向に運動する質点 P の任意の時刻における速度ベクトルと加速度ベクトルを軌道座標系および直角座標系で表せ．ただし，C と β は定数である.

6 平面内のら線 $r(t)\theta(t) = c$ に沿って運動する質点 P の速度および加速度の大きさを r の関数で表せ．ただし，c は定数である.

7 平面内の対数ら線 $r(t) = \exp\{k\theta(t)\}$ に沿って質点 P が運動する．ただし，k は定数である．$\omega = d\theta/dt = \mathrm{const.}$ であるとき，質点 P の速度の大きさと加速度の大きさを θ の関数で表せ.

8 円筒座標系において位置が $r(t) = t$, $\theta(t) = 2t^2$, $z(t) = t$ で表される質点 P の速度ベクトルおよび加速度ベクトルを求めよ.

9 図 2.17 に示すように，速度 V で垂直に上昇するロケットをレーダーで追跡するとき，ロケットの速度 V を c, θ, $d\theta/dt$ で表せ.

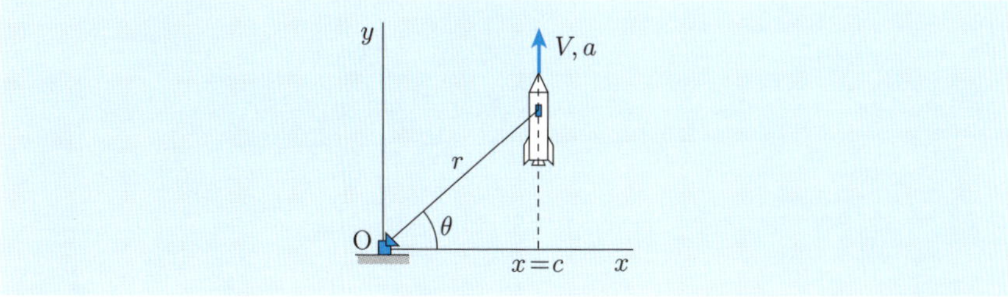

図 2.17

10　楕円 $x^2/c^2 + y^2/d^2 = 1$ に沿ってともに一定速度 V で反時計方向に運動する2点PとQの座標が $(x_\mathrm{P}, y_\mathrm{P}) = (c, 0)$, $(x_\mathrm{Q}, y_\mathrm{Q}) = (0, d)$ であるとき，相対速度 $\boldsymbol{v}_{\mathrm{Q/P}}$ と相対加速度 $\boldsymbol{a}_{\mathrm{Q/P}}$ を求めよ．ただし，c, d は定数である．

11　地球の赤道に沿って，東向きに一定速度 v で運動する小物体に作用する加速度の大きさと向きを求めよ．ただし，地球の半径を R，自転角速度を Ω とする．

12　東経 180°，北緯 45° の地球表面を速度 36 [km/h] で北西方向に流れる潮流の受ける加速度を求めよ．ただし，地球の自転だけを考慮し，公転や月の引力は無視する．

13　図2.18に示すように，点Oを中心として一定角速度 Ω で回転する長さ l の細い棒の先端Cに付けられた半径 r の円板が，点Cの周りに一定角速度 ω で回転している．図に示す位置で，円板上の点Aの速度ベクトルと加速度ベクトルを求めよ．

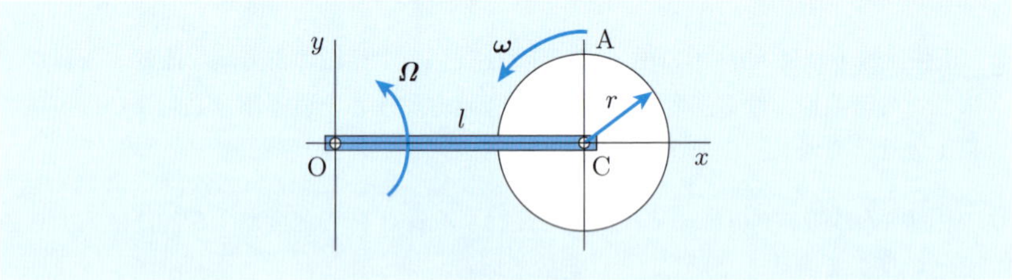

図2.18

14　直線上を運動する点Pの位置が時間の関数 $x = x(t)$ で表され，速度が位置の関数 $v = v(x)$ で表されるとき，加速度は

$$a(x) = \frac{1}{2}\frac{d}{dx}\left[v^2(x)\right]$$

で表されることを示せ．

3 質点の力学

力の作用を受ける質点や質点群の運動は，次に示す3つの基本法則から構成される**ニュートンの法則**によって記述される．

- **第1法則（慣性の法則）**：力を受けない限り，質点の線運動量は変化しない．すなわち，力を受けない限り，はじめに静止していた質点は静止したままであり，はじめに運動していた質点は等速度運動を続ける．ただし，第1法則が成り立つ力学系を**慣性系**と呼ぶ．
- **第2法則（運動方程式）**：質点が持つ線運動量の時間変化率は，質点に作用する力に等しい．ただし，線運動量は質量と速度ベクトルの積である．
- **第3法則（作用・反作用の法則）**：力を及ぼすことを作用という．どのような作用にも反作用が伴う．2つの物体間で及ぼしあう作用と反作用は大きさが等しく，向きが逆である．

(注) 以後の文章で，特に示さない限り，全ての力学量はSI単位で表されるとする．

キーワード

ニュートンの法則　質点と質点系　静力学
動力学　平衡条件　運動方程式
力と力のモーメント　摩擦力　(線) 運動量
角運動量　力積　衝突　振動

3.1 質点の静力学

3.1.1 静的な平衡条件

ニュートンの第 1 法則は，はじめに運動していた質点は力が作用しない限り等速運動を続け，はじめに静止していた質点は静止状態を続けることを示している．いま，質点に複数の力 $\boldsymbol{f}_i$ $(i = 1, 2, \cdots, N)$ が同時に作用しているとき，それらの力のベクトル和

$$\boldsymbol{R} = \sum_{i=1}^{i=N} \boldsymbol{f}_i = \boldsymbol{f}_1 + \boldsymbol{f}_2 + \cdots + \boldsymbol{f}_N \tag{3.1}$$

を**合力ベクトル**と呼ぶ．すなわち，1 つの合力で置き換えられた系は元の系と**等価な系**である (図 3.1).

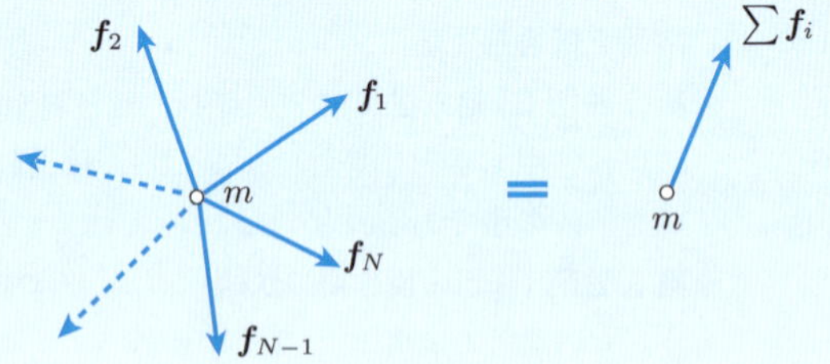

図 3.1　質点に作用する力および等価な系

したがって，はじめに静止していた質点が静止状態を続けるためには，**静的平衡条件式** (力の釣合い条件式ともいう)

$$\boldsymbol{R} = \sum_{i=1}^{i=N} \boldsymbol{f}_i = \boldsymbol{0} \tag{3.2}$$

を満たさなければならない．逆に，この平衡条件を満たさない力は**非平衡力**と呼ばれ，その作用の下で質点はニュートンの第 2 法則に従って運動することになる．

注意 1　以後，誤解を生じない場合には，合力を添え字を省略した総和記号 $\sum \boldsymbol{f}$ または単に $\boldsymbol{f}$ と表すこともある．□

例題 3.1

質点に 3 つの力 $\boldsymbol{f}_1, \boldsymbol{f}_2, \boldsymbol{f}_3$ が作用している．その中の 2 つの力が

$$\boldsymbol{f}_1 = \boldsymbol{i} + 2\boldsymbol{j} + 3\boldsymbol{k}, \quad \boldsymbol{f}_2 = 2\boldsymbol{i} - 3\boldsymbol{j} - 5\boldsymbol{k}$$

であるとき，これら 3 力が平衡条件を満たすとすれば $\boldsymbol{f}_3$ はどのような力でなければならないか．

【解答】 $\boldsymbol{f}_3 = f_{3x}\boldsymbol{i} + f_{3y}\boldsymbol{j} + f_{3z}\boldsymbol{k}$ と仮定すると，平衡条件式は

$$\boldsymbol{f}_1 + \boldsymbol{f}_2 + \boldsymbol{f}_3 = (1 + 2 + f_{3x})\boldsymbol{i} + (2 - 3 + f_{3y})\boldsymbol{j} + (3 - 5 + f_{3z})\boldsymbol{k} = \boldsymbol{0}$$

と表されるので，$f_{3x} = -3$, $f_{3y} = 1$, $f_{3z} = 2$，すなわち，

$$\boldsymbol{f}_3 = -3\boldsymbol{i} + \boldsymbol{j} - 2\boldsymbol{k}$$

でなければならない． ■

例題 3.2

図 3.2 に示す 2 つの力学系について，質量 m の質点の静的平衡条件を求めよ．

(1)　質点が水平な床面に置かれた場合．

(2)　上端が固定されたばね定数 k のコイルばねの下端に質量 m の質点を静かに取り付けた場合．ただし，コイルばねはフックの法則を満たし，その質量は無視できるとする．

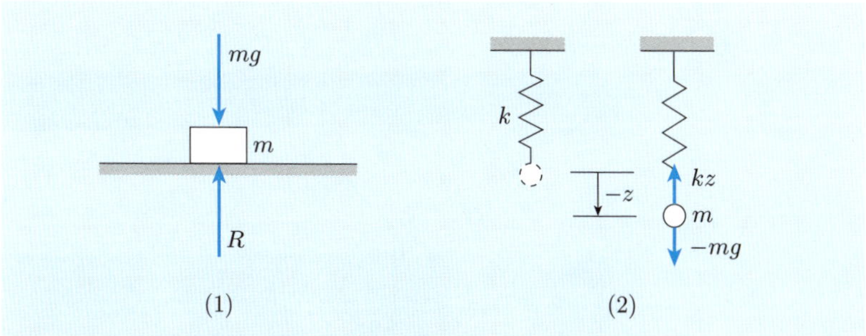

図 3.2

【解答】　(1)　床面に沿って x 軸，鉛直上向きに z 軸をとると，質点には常に重力 $-mg\boldsymbol{k}$ が作用しているが，同時に床から反作用 (これを抗力または反力

という) があるために質点が静止できると考えられる．抗力を $\boldsymbol{R}$ とすると，平衡条件式は

$$\sum \boldsymbol{f} = -mg\boldsymbol{k} + \boldsymbol{R} = \boldsymbol{0}$$

と表されるので，

$$\boldsymbol{R} = mg\boldsymbol{k}, \quad R = |\boldsymbol{R}| = mg$$

を得る．すなわち，質点が床に及ぼす力 (作用) と床が質点に及ぼす力 (反作用) とは大きさが等しく，向きが逆であることを示している．

(2) 長さ l のコイルばねが δ だけ伸ばされたとき (または縮められたとき)，元の長さに戻ろうとする力 (復元力) f はその伸縮量に比例する：$f = -k\delta$．これを**フックの法則**と呼び，比例係数 k を**ばね定数**と呼ぶ．したがって，この例題の場合，鉛直上向きに z 軸をとるとすると，平衡条件式は

$$\sum \boldsymbol{f} = kz\boldsymbol{k} - mg\boldsymbol{k} = (kz - mg)\boldsymbol{k} = \boldsymbol{0}$$

と表される．よって，ばねが

$$z = \frac{mg}{k}$$

だけ伸びた状態で質点は静止できる．■

例題 3.3

図 3.3 に示すように，質量 m の質点が天井から 2 本の軽いケーブルで吊り下げられているとき，ケーブルに作用する張力を求めよ．

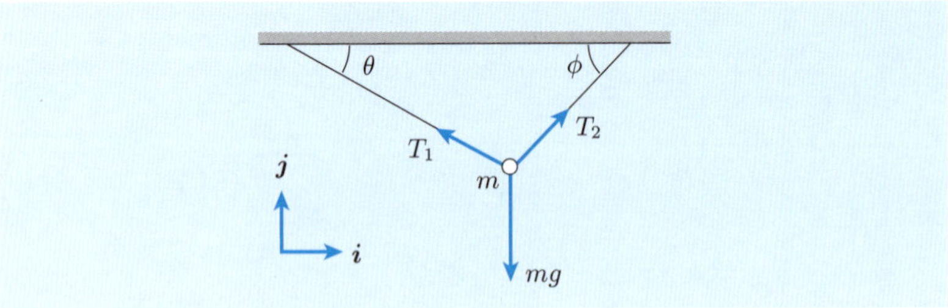

図 3.3

【解答】 図に示すような座標系において，ケーブルの張力を T_1, T_2 とすると，質点の平衡条件は

$$\begin{aligned}\boldsymbol{T}_1+\boldsymbol{T}_2-mg\boldsymbol{j}&=(-T_1\cos\theta+T_2\cos\phi)\boldsymbol{i}+(T_1\sin\theta+T_2\sin\phi)\boldsymbol{j}-mg\boldsymbol{j}\\&=\boldsymbol{0}\end{aligned}$$

と書けるので,

$$-T_1\cos\theta+T_2\cos\phi=0,\quad T_1\sin\theta+T_2\sin\phi-mg=0$$

より,

$$T_1=\frac{\cos\phi}{\sin(\theta+\phi)}mg,\quad T_2=\frac{\cos\theta}{\sin(\theta+\phi)}mg$$

を得る. ■

3.1.2 摩擦力と摩擦係数

物体の運動を妨げる作用として,物体間の接触面で生じる**固体摩擦力** (クーロン摩擦力とも呼ばれる) や物体が気体や液体の中を運動する際に作用する**粘性抵抗力**などがある.固体摩擦の詳細はまだ十分に解明されていないが,経験的かつ概略的には,次のような性質があることが知られている.

固体摩擦力の性質

(1) 摩擦力は物体がすべり運動しようとする方向と逆向きに作用する.

(2) 摩擦力はすべり接触面における垂直抗力に比例し,その比例定数を摩擦係数と呼ぶ.運動時の動摩擦係数は静止時の静摩擦係数より小さいが,すべり運動の速度が低い場合には動摩擦係数はその速度によらない.

(3) 摩擦係数は,接触面の材質や接触状態によっても異なる.また,転がり運動を伴う場合にも若干異なる.

ただし,摩擦力と摩擦係数の扱い方については少し注意を要する.

いま,一例として,図 3.4 (a) に示すように水平面の上で静止している質点 m を考える.明らかに質点には重力 $-mg$ と水平面からの垂直抗力 $R=mg$ だけが作用している.

さて,静止している質点に水平方向の力 P を加える際に 0 から徐々に大きくしていっても,しばらくの間物体が動かないことは日常的にも経験できる.したがって,滑り面で何らかの抵抗力 (これを摩擦力という) f が作用し,それは P を大きくするとともに大きくなってゆくことを示している.ところが,さら

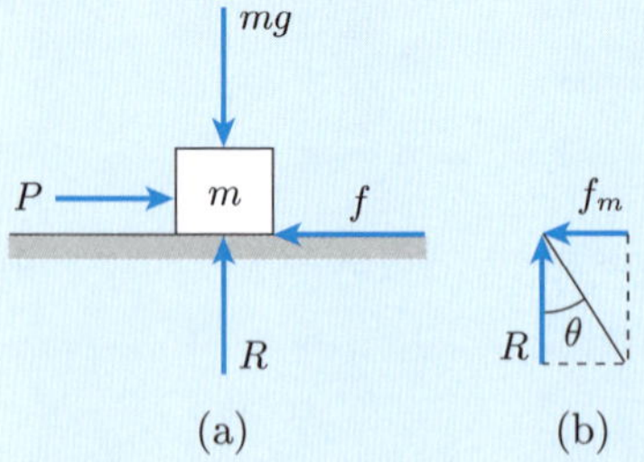

図 3.4　水平面を運動する物体に作用する摩擦力

に P を大きくしていって摩擦力の最大値 f_m を超えたとき，ついに物体は滑り始める．そこで，物体が“まさに”滑り始めようとするときの最大摩擦力 f_m と垂直抗力 R の比

$$\mu_s = \frac{f_m}{R} \tag{3.3}$$

を**静止摩擦係数**と定義する．いったん運動がはじまると摩擦力は若干小さくなることが知られており，これを動摩擦力と呼ぶ．f_k $(< f_m)$ を動摩擦力とすると，**動摩擦係数**は

$$\mu_k = \frac{f_k}{R} \tag{3.4}$$

で表され，一般に $\mu_k < \mu_s$ である．なお，摩擦力と垂直抗力の合ベクトルと垂直抗力ベクトルのなす角 θ を**摩擦角**という．すなわち，

$$\tan\theta_s = \mu_s = \frac{f_s}{R}, \quad \tan\theta_k = \mu_k = \frac{f_k}{R} \tag{3.5}$$

と表すことができる (図 3.4 (b))．

一方，流体の中を運動する物体に作用する**粘性減衰力**は流体の種類や温度，運動の速度，物体の形状などにより変化する．しかし，運動速度 v が十分小さいときには，粘性減衰力 f_c は運動速度に比例し，

$$f_c = -cv \tag{3.6}$$

で表される．ここで，c [Ns/m] は流体の**粘性係数**である．

例題 3.4

図 3.5 に示すように，水平面と角度 θ をなす斜面上にある質量 m の質点に水平力 P を加える．以下の各問いに答えよ．

(1) 斜面に摩擦がないとき，質点を定位置で保持するために必要な力 P を求めよ．

(2) 斜面の静止摩擦係数が μ_s であるとき，質点が滑り落ちるのを防ぐために必要な力 P を求めよ．

(3) 斜面の静止摩擦係数が μ_s であるとき，質点を斜面に沿って押し上げるために必要な力 P を求めよ．

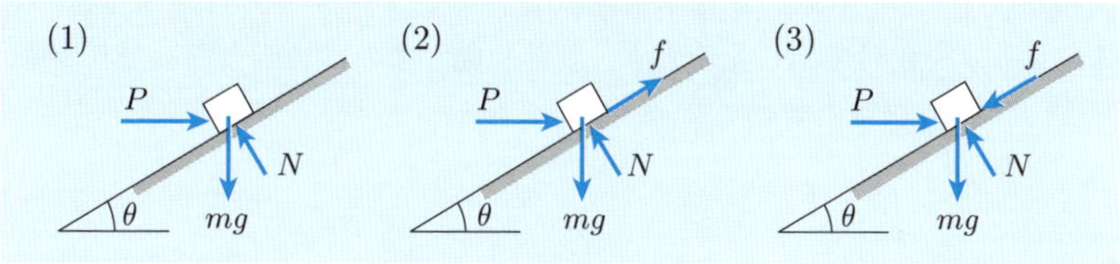

図 3.5

【解答】 (1) 水平方向に x 軸，それに垂直に y 軸を設けると，質点の平衡条件

$$\sum \boldsymbol{f} = P\boldsymbol{i} - N\sin\theta\boldsymbol{i} + N\cos\theta\boldsymbol{j} - mg\boldsymbol{j} = \boldsymbol{0}$$

より，

$$P = N\sin\theta = mg\tan\theta, \quad N = \frac{mg}{\cos\theta}$$

を得る．

(2) 質点がまさに滑り落ちようとするときに作用する摩擦力は斜面に沿って上向きでなければならないことに注意する．平衡条件式

$$P\boldsymbol{i} + N(-\sin\theta\boldsymbol{i} + \cos\theta\boldsymbol{j}) + f(\cos\theta\boldsymbol{i} + \sin\theta\boldsymbol{j}) - mg\boldsymbol{j} = \boldsymbol{0}$$

$$f = \mu_s N$$

より，

$$P = \frac{\sin\theta - \mu_s\cos\theta}{\cos\theta + \mu_s\sin\theta}mg, \quad N = \frac{mg}{\cos\theta + \mu_s\sin\theta}$$

を得る．

(3) 質点がまさに上昇しようとするときに作用する摩擦力は斜面に沿って下向

きでなければならないことに注意する．平衡条件式

$$P\boldsymbol{i}+N(-\sin\theta\boldsymbol{i}+\cos\theta\boldsymbol{j})+f(-\cos\theta\boldsymbol{i}-\sin\theta\boldsymbol{j})-mg\boldsymbol{j}=\boldsymbol{0}$$

より，

$$P=\frac{\sin\theta+\mu_s\cos\theta}{\cos\theta-\mu_s\sin\theta}mg,\quad N=\frac{mg}{\cos\theta-\mu_s\sin\theta}$$

を得る．

したがって，摩擦力を扱う際には，常に運動の向きに注意しなければならないことがわかる． ■

例題 3.5

図3.6に示すように，静止摩擦係数 μ_s の水平面に置かれた質量 m の物体にロープを掛けて引っ張るとき，物体を動かすのに必要な引っ張り力 F とロープの角度 θ の関係を調べよ．

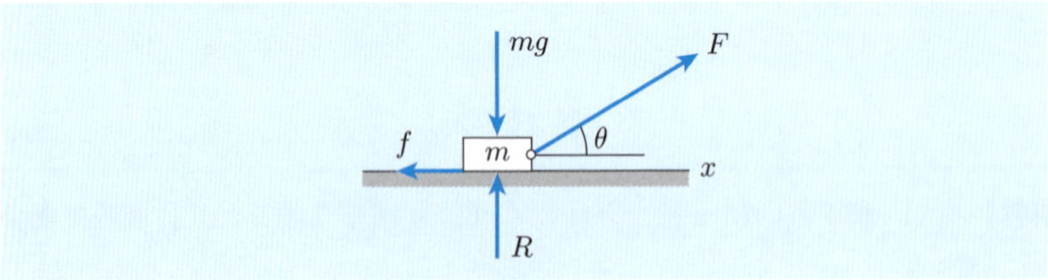

図 3.6

【解答】 $F\cos\theta\geq\mu_s(mg-F\sin\theta)\quad(-\pi/2<\theta<\pi/2)$

より，

$$F\geq\frac{\mu_s mg}{\cos\theta+\mu_s\sin\theta}$$

でなければならない．なお，$F(\theta)$ の極値を調べることによって，$\tan\theta=\mu_s$ を満たす角度のとき最小値

$$F_{\min}=\frac{\mu_s}{\sqrt{1+\mu_s^2}}mg$$

を持つことがわかる． ■

例題 3.6 (ベルト機構)

動力の伝達機構として，図 3.7 に示すように，中心軸 O の周りに回転するベルト車とベルトの間の摩擦力を利用するベルト機構がしばしば用いられる．ベルトがベルト車と離れる点 A と B における張力 T_A と T_B は互いに異なる．もしベルト車 O が駆動輪であって時計方向に回転する場合には $T_\mathrm{A} < T_\mathrm{B}$ である．もしベルト車 O が従動輪であって時計方向の回転を受ける場合には，$T_\mathrm{A} > T_\mathrm{B}$ となる．いま，前者の場合を考えるとし，ベルト車の半径を r，静止摩擦係数を μ_s，OA と OB のなす角度を θ とするとき，張力 T_A と T_B の関係式を求めよ．

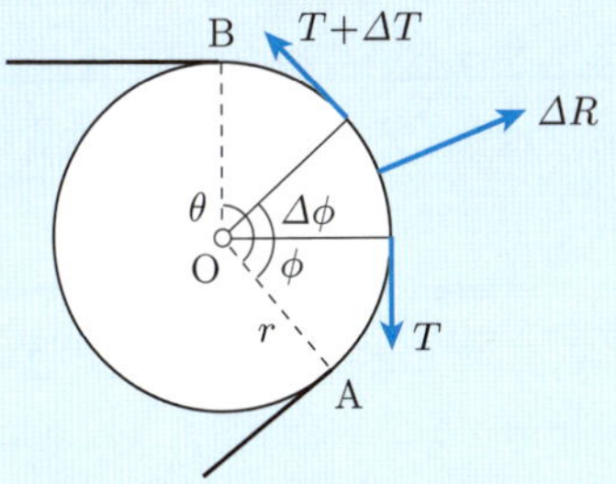

図 3.7

【解答】 径線 OA から ϕ と $\phi + \Delta\phi$ の間の微小円弧状のベルトに作用する径方向の反力を ΔR，摩擦力を Δf とすると，半径方向と接線方向の力のつりあい条件は

$$\Delta R - (T + \Delta T)\sin\frac{\Delta\phi}{2} - T\sin\frac{\Delta\phi}{2} = 0$$

$$(T + \Delta T)\cos\frac{\Delta\phi}{2} - T\cos\frac{\Delta\phi}{2} - \Delta f = 0$$

$$\Delta f = \mu_s \Delta R$$

と表される．$\Delta\phi$ は微小角であるので，$\sin(\Delta\phi/2) \approx \Delta\phi/2$, $\cos(\Delta\phi/2) \approx 1$ と近似できるから，2 次の微小量 $\Delta T\Delta\phi$ を無視すると

$$\Delta R = T\Delta\phi$$

$$\Delta T = \Delta f = \mu_s \Delta R$$

と表されるので，ΔR を消去すれば，$\Delta\phi \to 0$ で

$$\frac{dT}{T} = \mu_s d\phi$$

を得る．よって，$0 \leq \phi \leq \theta$ で両辺を積分すれば，$T_\mathrm{A} = T(\phi = 0)$, $T_\mathrm{B} = T(\phi = \theta)$ として

$$T_\mathrm{A} = T_\mathrm{B} \exp(-\mu_\mathrm{s}\theta)$$

が得られる．したがって，摩擦係数を大きくし，かつベルトの巻付け角 θ を大きくすることによって，より大きな力を伝達することができる． ■

3.1.3 くさびの力学

くさびは斜面を有するブロックであり，その斜面を利用して力の増幅を図ることができる．昔からくさびは重い荷物の移動，薪割り，岩石の破砕など多方面で利用されてきただけではなく，くさびの持つ性質はねじやボルトなど機械要素としても重要な役割を担う．

例題 3.7

図 3.8 (a) に示すように，水平な床面に置かれた2つの重い物体 (質量はともに m) を質量の無視できるくさび (頂角 2θ) を用いて左右に押し広げるとする．必要な力 P の大きさを求めよ．ただし，全ての滑り面の静止摩擦係数を μ とする．

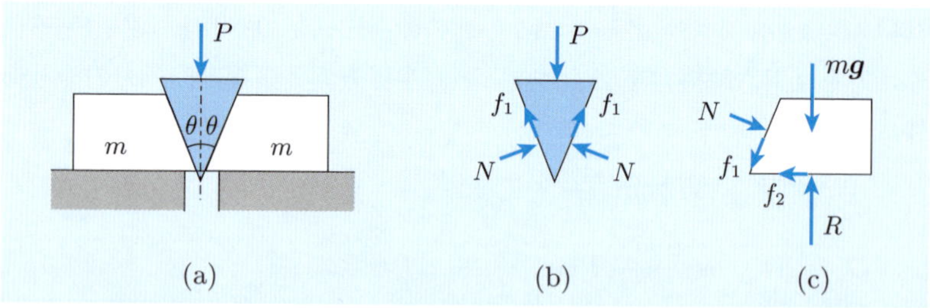

図 3.8

【解答】 くさびに作用する抗力 N, R と摩擦力 f_1, f_2 の作用する方向に注意する．まず，くさびの上下方向の静的平衡条件式は

$$\sum f_y = 2N\sin\theta + 2f_1\cos\theta - P = 0, \quad f_1 = \mu N$$

と書ける (左右方向の平衡条件は自動的に満たされる)．一方，右側の物体の静

的平衡条件式は

$$\sum f_x = N\cos\theta - f_1\sin\theta - f_2 = 0, \quad f_2 = \mu R$$

$$\sum f_y = R - mg - N\sin\theta - f_1\cos\theta = 0$$

と書ける．よって，

$$P = \frac{2\mu(\sin\theta + \mu\cos\theta)}{(1-\mu^2)\cos\theta - 2\mu\sin\theta}mg$$

$$N = \frac{\mu}{(1-\mu^2)\cos\theta - 2\mu\sin\theta}mg$$

$$R = \frac{(\cos\theta - \mu\sin\theta)}{(1-\mu^2)\cos\theta - 2\mu\sin\theta}mg$$

を得る．$\mu = 0.2$ のとき，もし，水平方向の力を加えて 2 つの物体を直接動かそうとすれば $P = 0.4\,mg$ だけの力が必要であるが，$\theta = 5°$ のくさびを用いるとすれば，$P = 0.12\,mg$ の力で両側の物体を押し広げられる．■

例題 3.8

図 3.9 (a) に示すように，垂直な壁に沿って質量 m の物体 A を少しだけ押し上げるために水平な床に置いたくさび B (斜面の角度 θ，質量は無視する) を利用するとき，加えるべき水平力 P の大きさを求めよ．ただし，全ての滑り面の静止摩擦係数を μ とする．

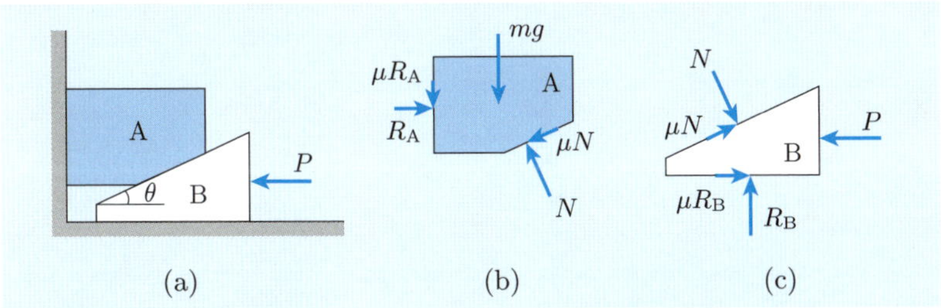

図 3.9

【解答】 物体とくさびの各面に図 (b), (c) に示すような抗力が作用しているとし，摩擦力の作用する方向に注意する．まず，物体 A の静的平衡条件式は

$$R_A - N\sin\theta - \mu N\cos\theta = 0$$

$$N\cos\theta - \mu N\sin\theta - \mu R_A - mg = 0$$

と書ける．一方，くさびBの静的平衡条件式は

$$-P + N\sin\theta + \mu N\cos\theta + \mu R_{\mathrm{B}} = 0$$

$$R_{\mathrm{B}} - N\cos\theta + \mu N\sin\theta = 0$$

と書ける．よって，

$$P = \frac{(1-\mu^2)\sin\theta + 2\mu\cos\theta}{(1-\mu^2)\cos\theta - 2\mu\sin\theta}mg$$

$$N = \frac{1}{(1-\mu^2)\cos\theta - 2\mu\sin\theta}mg$$

$$R_{\mathrm{A}} = \frac{\sin\theta + \mu\cos\theta}{(1-\mu^2)\cos\theta - 2\mu\sin\theta}mg$$

$$R_{\mathrm{B}} = \frac{\cos\theta - \mu\sin\theta}{(1-\mu^2)\cos\theta - 2\mu\sin\theta}mg$$

を得る．もし，$\theta = 15°$，$\mu = 0.1$ のくさびを用いたとすると，$P = 0.50\,mg$ となり，物体をその重さの約半分の力で床から浮き上がらせることができることがわかる．もし，全ての面の摩擦を無視できるとすれば，必要な力はさらに小さくなり $P = 0.27\,mg$ でよいことがわかる． ■

3.2 質点の動力学

3.2.1 運動方程式

静的な平衡条件を満たさない力 (これを**非平衡力**という) が作用するとき，質点はニュートンの第 2 法則すなわち運動方程式

$$\frac{d\boldsymbol{p}(t,\boldsymbol{r})}{dt} = \boldsymbol{f}(t,\boldsymbol{r},\boldsymbol{v}) \tag{3.7}$$

$$\boldsymbol{p}(t,\boldsymbol{r}) = m\boldsymbol{v}(t,\boldsymbol{r}) \tag{3.8}$$

に従って加速度運動を行う．ただし，t は時間，m は質量，$\boldsymbol{v}(t,\boldsymbol{r})$ は速度，$\boldsymbol{f}(t,\boldsymbol{r},\boldsymbol{v})$ は質点に作用する全ての力のベクトル和 (合力ベクトル) である．また，$\boldsymbol{p}$ は**線運動量** (または単に**運動量**) と呼ばれる．

質量 m が一定の場合には，運動方程式 (3.7) は

$$m\frac{d\boldsymbol{v}}{dt} = \boldsymbol{f} \tag{3.9}$$

と表される．あるいは，加速度 $\boldsymbol{a} = d\boldsymbol{v}/dt$ を用いると，

$$m\boldsymbol{a} = \boldsymbol{f} \tag{3.10}$$

のようによく知られた形で表すこともできる．

外力が作用していない場合 ($\boldsymbol{f} = \boldsymbol{0}$) には，式 (3.7) より $\boldsymbol{p} = \text{const.}$ すなわち $\boldsymbol{v} = \text{const.}$ となる．これは**線運動量の保存則**と呼ばれる．したがって，慣性系では，ニュートンの第 1 法則は第 2 法則に含まれることがわかる．この慣性系の制限をはずし，時間と空間についての新しい概念を導いたものがアインシュタインの一般相対性理論である．

運動方程式 (3.7) または (3.9) や (3.10) は，ベクトルの成分に注意すれば，直角座標系のみならず第 2 章で導入した様々な座標系で表すことができる．

(a) 直角座標系：$\boldsymbol{a} = a_x\boldsymbol{i} + a_y\boldsymbol{j} + a_z\boldsymbol{k}$，$\boldsymbol{f} = f_x\boldsymbol{i} + f_y\boldsymbol{j} + f_z\boldsymbol{k}$ とするとき，

$$ma_x = f_x, \quad ma_y = f_y, \quad ma_z = f_z \tag{3.11}$$

(b) 平面極座標系：$\boldsymbol{a} = a_r\boldsymbol{e}_r + a_\theta\boldsymbol{e}_\theta$，$\boldsymbol{f} = f_r\boldsymbol{e}_r + f_\theta\boldsymbol{e}_\theta$ とするとき，

$$ma_r = f_r, \quad ma_\theta = f_\theta \tag{3.12}$$

(c) 平面軌道座標系：$\boldsymbol{a} = a_t\boldsymbol{e}_t + a_n\boldsymbol{e}_n$，$\boldsymbol{f} = f_t\boldsymbol{e}_t + f_n\boldsymbol{e}_n$ とするとき，

$$ma_t = f_t, \quad ma_n = f_n \tag{3.13}$$

(d) 円筒座標系：$\boldsymbol{a} = a_r\boldsymbol{e}_r + a_\theta\boldsymbol{e}_\theta + a_z\boldsymbol{k}$, $\boldsymbol{f} = f_r\boldsymbol{e}_r + f_\theta\boldsymbol{e}_\theta + f_z\boldsymbol{k}$ とするとき，

$$ma_r = f_r, \quad ma_\theta = f_\theta, \quad ma_z = f_z \tag{3.14}$$

(e) 球座標系：$\boldsymbol{a} = a_r\boldsymbol{e}_r + a_\theta\boldsymbol{e}_\theta + a_\phi\boldsymbol{e}_\phi$, $\boldsymbol{f} = f_r\boldsymbol{e}_r + f_\theta\boldsymbol{e}_\theta + f_\phi\boldsymbol{e}_\phi$ とするとき，

$$ma_r = f_r, \quad ma_\theta = f_\theta, \quad ma_\phi = f_\phi \tag{3.15}$$

ただし，上式で $\boldsymbol{f}$ は質点に作用する合力であり，それぞれの加速度成分は第2章で示したものである．

補足1 第2章で述べたように，曲線運動を行う質量 m の質点には向心加速度 $\boldsymbol{a}_r$ が生じる．後述するように，$-m\boldsymbol{a}$ を**慣性力**と呼ぶが，曲線運動を行う質点には向心加速度に基づく慣性力 $-m\boldsymbol{a}_r$ が作用する．この慣性力を**遠心力**という．例えば，角速度 ω で半径 r の等速円運動する質点には，遠心力 $-ma_r = mr\omega^2$ が作用する．コリオリの加速度に基づく遠心力も同様である． □

例題 3.9

図3.10に示すように，動摩擦係数が μ_k である水平面に置かれた質量 m の物体を一定の力 F で引っ張るとき，物体が得る加速度を求めよ．ただし，物体は水平面から離れないとする．

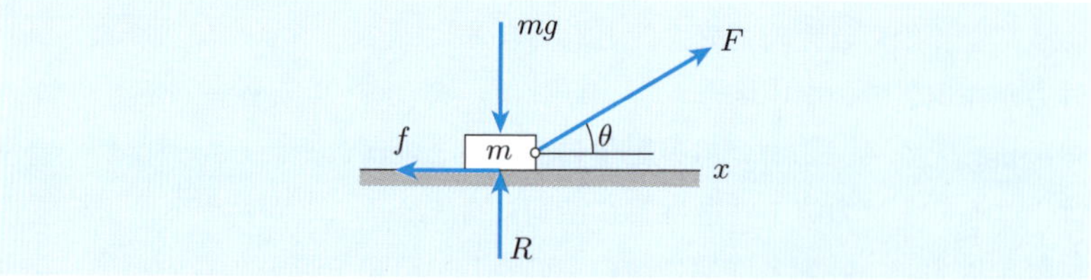

図 3.10

【解答】 物体の加速度成分を a_x, a_y，水平面からの垂直抗力を R とし，摩擦力が $f = -\mu_k R$ であることを考慮すると運動方程式は

$$ma_x = F\cos\theta - \mu_k R$$

$$ma_y = F\sin\theta + R - mg = 0$$

で表される．よって，

$$a_x = \frac{F}{m}(\cos\theta + \mu_k\sin\theta) - \mu_k g, \quad a_y = 0$$

$$R = mg - F\sin\theta$$

となる． ■

例題 3.10

図 3.11 に示すように，斜面を持つ質量 m_A の物体 A は水平面上を滑ることができる．いま，質量 m_B の物体 B を物体 A の斜面の上に置いた後静かに放す．全ての面の摩擦はないとして両物体の加速度を求めよ．

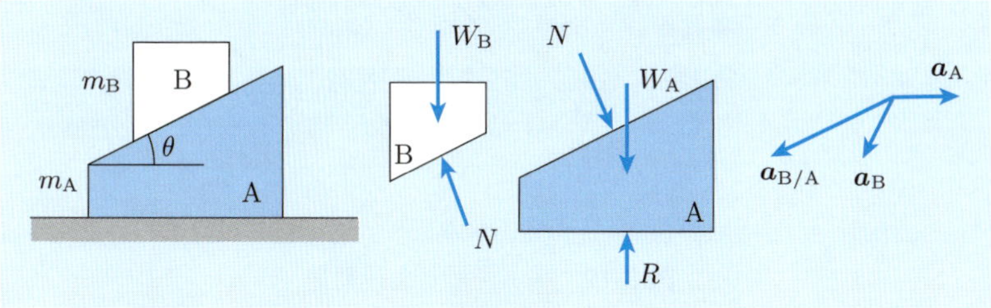

図 3.11

【解答】 物体 A は自重 $W_A = m_A g$，水平面からの反力 R，物体 B からの垂直抗力 N を受けて加速度運動する．一方，物体 B は自重 $W_B = m_B g$ と物体 A からの垂直抗力 N を受けて加速度運動する．したがって，運動方程式は

$$m_A \boldsymbol{a}_A = N\sin\theta\boldsymbol{i} + (R - m_A g - N\cos\theta)\boldsymbol{j}$$

$$m_B \boldsymbol{a}_B = -N\sin\theta\boldsymbol{i} + (N\cos\theta - m_B g)\boldsymbol{j}$$

と書ける．ところが，物体 A と B が離れないためには，その相対加速度が斜面に沿った方向になければならないので，$a_{B/A}$ を未定量とすると

$$\boldsymbol{a}_B - \boldsymbol{a}_A = \boldsymbol{a}_{B/A} = a_{B/A}(\cos\theta\boldsymbol{i} + \sin\theta\boldsymbol{j})$$

と表される．また，$\boldsymbol{a}_A = a_{Ax}\boldsymbol{i}$ と表すことができるので ($a_{Ay} = 0$)，3 式から

$$a_{Ax} = \frac{m_B\cos\theta\sin\theta}{m_A + m_B\sin^2\theta}g, \quad a_{Bx} = -\frac{m_A\cos\theta\sin\theta}{m_A + m_B\sin^2\theta}g$$

$$a_{By} = -\frac{(m_A + m_B)\sin^2\theta}{m_A + m_B\sin^2\theta}g, \quad R = \frac{m_A(m_A + m_B)}{m_A + m_B\sin^2\theta}g$$

を得る．■

3.2.2 力のモーメントと角運動量

力を受けて運動する質点の位置ベクトルが $\boldsymbol{r}(t)$，線運動量が $\boldsymbol{p}(t)$ であるとき

$$\boldsymbol{L}_O = \boldsymbol{r} \times \boldsymbol{p} \tag{3.16}$$

を点Oに関する質点の**角運動量**と定義する (図3.12).

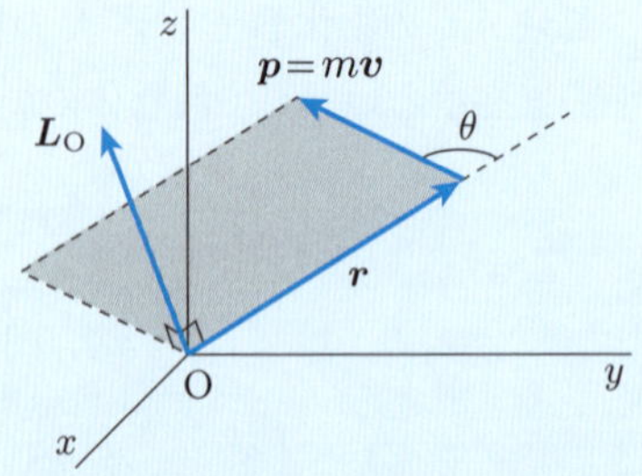

図3.12 線運動量と角運動量

いま，式(3.16)の両辺を時間で微分すると，

$$\frac{d\boldsymbol{L}_\mathrm{O}}{dt} = \frac{d\boldsymbol{r}}{dt} \times \boldsymbol{p} + \boldsymbol{r} \times \frac{d\boldsymbol{p}}{dt} \tag{3.17}$$

を得る．ここで，

$$\frac{d\boldsymbol{r}}{dt} = \boldsymbol{v}, \quad \frac{d\boldsymbol{p}}{dt} = m\boldsymbol{a} = \boldsymbol{f}, \quad \boldsymbol{v} \times \boldsymbol{v} = \boldsymbol{0} \tag{3.18}$$

などの関係式を用いると，

$$\frac{d\boldsymbol{L}_\mathrm{O}}{dt} = \boldsymbol{r} \times (m\boldsymbol{a}) = \boldsymbol{r} \times \boldsymbol{f} \tag{3.19}$$

を得る．式(3.19)の右辺に現れたベクトル量

$$\boldsymbol{M}_\mathrm{O} = \boldsymbol{r} \times (m\boldsymbol{a}) = \boldsymbol{r} \times \boldsymbol{f} \tag{3.20}$$

は点Oに関する**力のモーメント** (第6章を参照) である．ベクトル外積の性質により，力のモーメント $\boldsymbol{M}_\mathrm{O}$ はベクトル $\boldsymbol{r}$ と $\boldsymbol{f}$ が作る平行四辺形の法線方向を向いたベクトルであり，大きさは平行四辺形の面積に等しい．

したがって，式(3.19)と式(3.20)より

$$\frac{d\boldsymbol{L}_\mathrm{O}}{dt} = \boldsymbol{M}_\mathrm{O} \tag{3.21}$$

が成り立つ．これは，質点に力のモーメントが作用することにより，その角運動量が変化することを表している．もし，$\boldsymbol{M}_\mathrm{O} = \boldsymbol{0}$ であれば，$\boldsymbol{L}_\mathrm{O} = \mathrm{const.}$ となる．これを**角運動量の保存則**という．

代表的な一例として，質点に作用する力が中心力だけであれば常に $\boldsymbol{r} /\!/ \boldsymbol{f}$ で

あるから $\boldsymbol{M}_{\mathrm{O}} = \boldsymbol{0}$ となり，明らかに角運動量 $\boldsymbol{L}_{\mathrm{O}}$ は変化しない．いま，重要な一例として図 3.13 に示すように，質点が中心力 $\boldsymbol{f}$ を受けて $(\mathrm{O}; x, y)$ 面内を運動する場合を考える．質点の位置ベクトル $\boldsymbol{r}$ が x 軸となす角を θ，速度ベクトル $\boldsymbol{v}$ となす角を ϕ とすると，角運動量保存則は

$$\begin{aligned}\boldsymbol{L}_{\mathrm{O}} &= r(\cos\theta\boldsymbol{i} + \sin\theta\boldsymbol{j}) \times (mv)\{\cos(\theta+\phi)\boldsymbol{i} + \sin(\theta+\phi)\boldsymbol{j}\} \\ &= mrv\sin\phi\boldsymbol{k} = \text{const.}\end{aligned} \tag{3.22}$$

と表される．また，

$$v\sin\phi = r\frac{d\theta}{dt} \tag{3.23}$$

であるので，$\boldsymbol{L}_{\mathrm{O}} = L_{\mathrm{O}}\boldsymbol{k}$ とおけば，

$$L_{\mathrm{O}} = mrv\sin\phi = mr^2\frac{d\theta}{dt} = \text{const.} \tag{3.24}$$

と表される．

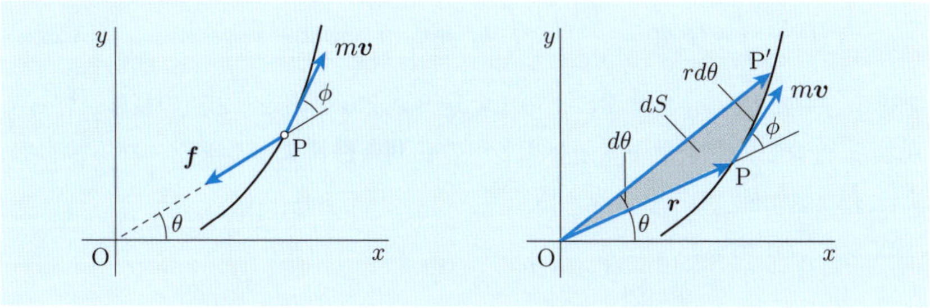

図 3.13　中心力を受ける質点の運動と面積速度

ところで，微小時間 Δt で質点が P から P′ に運動する間に掃く扇形の面積は $dS = r^2 d\theta/2$ であるので，その時間変化率

$$\frac{dS}{dt} = \frac{1}{2}r^2\frac{d\theta}{dt} \tag{3.25}$$

は**面積速度**と呼ばれる．したがって，式 (3.24) を用いると，

$$\frac{dS}{dt} = \frac{L_{\mathrm{O}}}{2m} = \text{const.} \tag{3.26}$$

が成り立つ．この性質は恒星の周りの惑星運動にも見られ，**ケプラーの第 2 法則**と呼ばれる．

3.2.3 運動方程式の積分

一般に，質点に作用する力 $\boldsymbol{f}(t, \boldsymbol{r}, \boldsymbol{v})$ は時間，座標，速度などの複雑な関数であるために普遍的な解析解を求めることは容易ではない．しかし，例えば力 $\boldsymbol{f}(t)$ が時間 t の既知関数であるような特別な場合には，比較的簡単に解を求めることができる．

もし，力 $\boldsymbol{f}(t)$ が既知関数であれば，運動方程式

$$m\frac{d^2\boldsymbol{r}(t)}{dt^2} = \boldsymbol{f}(t) \tag{3.27}$$

を時間で 1 回積分することによって速度

$$\boldsymbol{v}(t) = \frac{d\boldsymbol{r}(t)}{dt} = \frac{1}{m}\int \boldsymbol{f}(t)dt + \boldsymbol{v}_0 \tag{3.28}$$

を得る．ただし，$\boldsymbol{v}_0$ は時間によらない定ベクトルである．さらに両辺を時間 t で積分すると

$$\boldsymbol{r}(t) = \int \boldsymbol{v}(t)dt = \frac{1}{m}\int\left[\int \boldsymbol{f}(t)dt\right]dt + \boldsymbol{v}_0 t + \boldsymbol{r}_0 \tag{3.29}$$

を得る．ただし，$\boldsymbol{r}_0$ も時間によらない定ベクトルである．2 回の積分に伴って現れる 2 つの積分定数 $\boldsymbol{v}_0$，$\boldsymbol{r}_0$ は 2 つの**初期条件**によって決定される．もし，$\boldsymbol{f} = \boldsymbol{f}_0 = \text{const.}$ の場合には，直ちに

$$\boldsymbol{v}(t) = \frac{d\boldsymbol{r}(t)}{dt} = \frac{1}{m}\boldsymbol{f}_0 t + \boldsymbol{v}_0 \tag{3.30}$$

$$\boldsymbol{r}(t) = \frac{1}{2m}\boldsymbol{f}_0 t^2 + \boldsymbol{v}_0 t + \boldsymbol{r}_0 \tag{3.31}$$

が得られ，一定加速度 $\boldsymbol{f}_0/m$ の運動を表す．

もし，$0 \leq t \leq \Delta t$ の間だけ作用する力 $\boldsymbol{f}(t)$ が既知の場合には，

$$\frac{d\boldsymbol{p}(t)}{dt} = \boldsymbol{f}(t) \tag{3.32}$$

の両辺に dt を掛けて 1 回積分すると

$$\boldsymbol{p} - \boldsymbol{p}_0 = \int_0^{\Delta t} \boldsymbol{f}(t)dt = \boldsymbol{I} \tag{3.33}$$

を得る．右辺に現れた積分量 $\boldsymbol{I}$ を**力積**と定義する．すなわち，質点に力積 $\boldsymbol{I}$ が作用すると質点の運動量が $\Delta\boldsymbol{p} = \boldsymbol{p} - \boldsymbol{p}_0$ だけ増加することを表している．逆

に，もし運動量変化 $\Delta \boldsymbol{p}$ がわかれば，力 $\boldsymbol{f}$ そのものはわからなくても，質点が受けた力積 $\boldsymbol{I}$ を知ることができる．これを**力積と運動量の関係**という．

例題 3.11

図 3.14 に示すように，質量 m の小球を地表面から速さ V，角度 θ で打ち出したとき，小球が再び地面に落下する時刻と位置を求めよ．

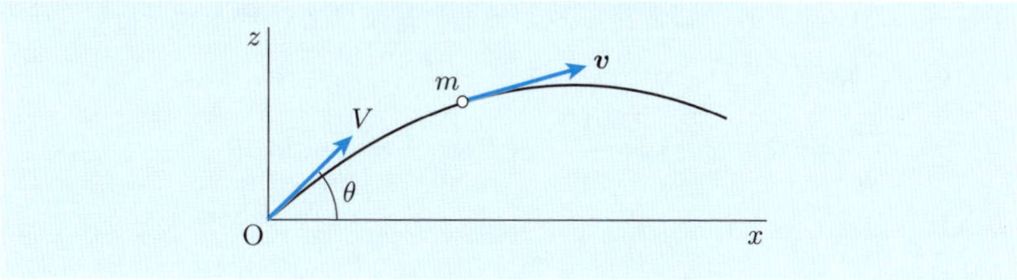

図 3.14

【解答】 地面に沿って x 軸，鉛直上向きに z 軸を取ると，小球には z 軸下向きの重力 mg のみが作用しているので，x 軸方向の速度 $v_x(t)$ と z 軸方向の速度 $v_z(t)$ についての運動方程式は

$$m\frac{dv_x(t)}{dt} = 0$$

$$m\frac{dv_z(t)}{dt} = -mg$$

と書ける．時間 t について積分すると

$$v_x(t) = c_1$$

$$v_z(t) = -gt + c_2$$

を得る．ここで，c_1 と c_2 は積分定数である．小球を打ち出した時刻を $t = 0$，位置を $x = 0$ とすると，

$$v_x(0) = c_1 = V\cos\theta, \quad v_z(0) = c_2 = V\sin\theta$$

を得るので．小球の速度は

$$v_x(t) = V\cos\theta$$

$$v_z(t) = -gt + V\sin\theta$$

となる．一方，速度の定義式

$$\frac{dx(t)}{dt} = v_x(t) = V\cos\theta, \quad \frac{dz(t)}{dt} = v_z(t) = -gt + V\sin\theta$$

を積分すると，任意の時刻における質点の位置は

$$x(t) = Vt\cos\theta + c_3, \quad z(t) = -\frac{1}{2}gt^2 + Vt\sin\theta + c_4$$

で表される．ただし，c_3 と c_4 も積分定数である．$t = 0$ で $x = 0, z = 0$ であるから $c_3 = 0, c_4 = 0$ を得る．小球が地面に落下する時刻 τ は $z(\tau) = 0$ で表されるので，結局

$$\tau = \frac{2V}{g}\sin\theta, \quad x(\tau) = \frac{2V^2}{g}\sin\theta\cos\theta = \frac{V^2}{g}\sin 2\theta$$

で表される．よく知られたように，$\theta = \pi/4$ のとき飛距離が最大となる．また，時間 t を消去することにより，

$$z = -\frac{g}{2V^2\cos^2\theta}x^2 + \tan\theta x$$

と表されるので，周知の通り，小球は放物線軌道を描くことがわかる．■

例題 3.12

質量 m の質点が速度に比例する粘性抵抗 (比例定数は粘性係数と呼ばれ，c [Ns/m] の単位を持つ) を受けながら，流体中を高さ $z = h$ から初速度 0 で落下するときの運動を調べよ．

【解答】 垂直上向きに z 軸をとり，その方向の単位ベクトルを $\boldsymbol{k}$ とし，質点の速度を $\boldsymbol{v} = v\boldsymbol{k}$ とすると，運動方程式および落下開始時 $t = 0$ における初期条件は，

$$m\frac{dv}{dt} = -cv - mg, \quad v(0) = 0$$

で表される．これより，運動方程式は変数分離型の1階微分方程式

$$\frac{mdv}{cv + mg} = -dt, \quad v(0) = 0$$

に変形できるので，初期条件を考慮して解を求めると

$$v(t) = \frac{mg}{c}\left[\exp\left(-\frac{c}{m}t\right) - 1\right]$$

を得る．また，この式を時間について1回積分し，初期条件 $z(0) = h$ を用いると，任意の時刻 t における質点の位置は

$$z(t) = h - \frac{m^2 g}{c^2}\left[\exp\left(-\frac{c}{m}t\right) + \frac{c}{m}t - 1\right]$$

で与えられる．もし，十分な落下距離と落下時間があるとすれば，落下するに従って速度の大きさは一定値 $v_{\mathrm{term}} = mg/c$ に近づいてゆく．この速度を**終端速度**という． ■

例題 3.13

はじめに静止していた質量 $m = 100$ kg の物体に $t = 0$ で $f_1 = 100$ N の力が 30 秒間だけ作用し，次の 30 秒間に $f_2 = 50$ N の力が作用した．物体が $t = 0$ で $x = 0$ を出発点とする直線運動をするとして，時刻 $t = 60$ s における速度 v と移動距離 x を求めよ．

【解答】

$$\begin{aligned} v(t=60) &= \frac{1}{m}\int_0^{30} f_1 dt + \frac{1}{m}\int_{30}^{60} f_2 dt \\ &= \frac{1}{100}\int_0^{30} 100 dt + \frac{1}{100}\int_{30}^{60} 50 dt = 45 \text{ m/s} \\ x(t=60) &= \frac{1}{m}\int_0^{30}\left[\int_0^{30} f_1 dt\right] dt + \frac{1}{m}\int_{30}^{60}\left[\int_{30}^{60} f_2 dt\right] dt = 675 \text{ m} \end{aligned}$$

■

例題 3.14

図 3.15 に示すように，野球のピッチャーが投げたボールをバッターが三塁線方向に真っ直ぐに打返した場面を考える．バットに当たる直前と打返された直後のボールの速さをそれぞれ 40 m/s と 50 m/s とし，ボールの質量を 0.12 kg とする．バットがボールに与えた力積を求めよ．また，ボールとバットの接触時間が $\Delta t = 0.001$ s であったとすると，接触力の平均値を求めよ．

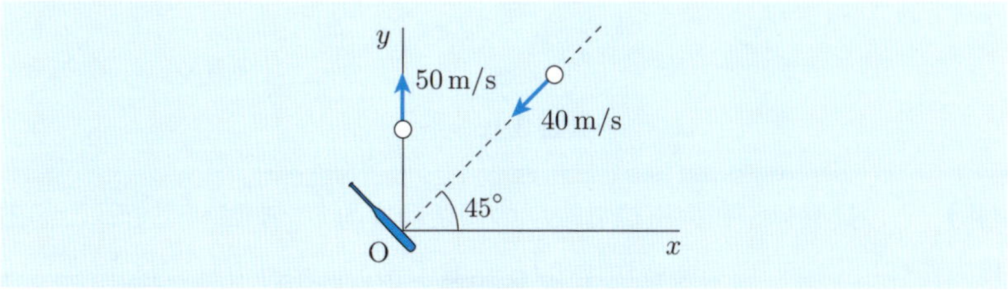

図 3.15

【解答】 一塁線方向を x 軸，三塁線方向を y 軸とすると，バットがボールに与えた力積はボールの運動量の変化に等しいので，

$$\begin{aligned}\boldsymbol{I} &= 0.12 \times 50\boldsymbol{j} - 0.12 \times 40\{-\cos(\pi/4)\boldsymbol{i} - \sin(\pi/4)\boldsymbol{j}\} \\ &= 3.39\boldsymbol{i} + 9.39\boldsymbol{j} \\ |\boldsymbol{I}| &= 9.98\,\mathrm{kgm/s}\end{aligned}$$

を得る．また，接触力の平均値は

$$\begin{aligned}\boldsymbol{f} &= (3.39\boldsymbol{i} + 9.39\boldsymbol{j})/0.001 = 3390\boldsymbol{i} + 9390\boldsymbol{j} \\ |\boldsymbol{f}| &= 9983\,\mathrm{N}(= 1018\,\mathrm{kgf})\end{aligned}$$

である．■

例題 3.15 (惑星の運動)

図 3.16 に示すように，原点 O にある質量 M の小球体の周りを運動する質量 m の質点 P には，常に原点方向に向き，大きさが

$$f_r = G\frac{Mm}{r^2}$$

で表される力が作用しているとする．ただし，r は原点からの距離であり，G は万有引力定数である．質点 P の描く軌跡を調べよ．

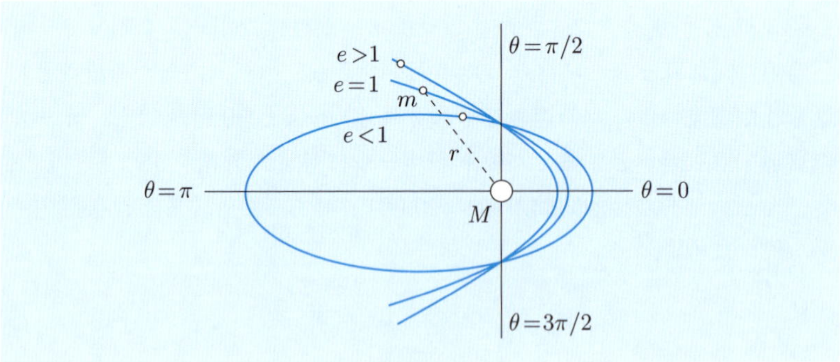

図 3.16

【解答】 この運動は平面極座標で表すのが便利である．いまの場合，中心力以外に力が作用しないので明らかに $\boldsymbol{M}_\mathrm{O} = \boldsymbol{0}$ であり，運動方程式は

$$m\left[\frac{d^2r}{dt^2} - r\left(\frac{d\theta}{dt}\right)^2\right] = -G\frac{mM}{r^2}$$

$$m\left[r\frac{d^2\theta}{dt^2} + 2\frac{dr}{dt}\frac{d\theta}{dt}\right] = 0$$

と表される．さて，第 2 式は容易に，

$$\frac{d}{dt}\left(r^2\frac{d\theta}{dt}\right) = 0$$

と書き換えられるので

$$h = r^2\frac{d\theta}{dt}$$

は時間によらず一定であることがわかる．ところで

$$\frac{dr}{dt} = \frac{dr}{d\theta}\frac{d\theta}{dt} = \frac{h}{r^2}\frac{dr}{d\theta} = -h\frac{d}{d\theta}\left(\frac{1}{r}\right)$$

$$\frac{d^2r}{dt^2} = \frac{d}{d\theta}\left(\frac{dr}{dt}\right)\frac{d\theta}{dt} = \frac{h}{r^2}\frac{d}{d\theta}\left[-h\frac{d}{d\theta}\left(\frac{1}{r}\right)\right] = -\frac{h^2}{r^2}\frac{d^2}{d\theta^2}\left(\frac{1}{r}\right)$$

などの関係を利用し，また $u = 1/r$ とおくと，第 1 式は

$$\frac{d^2u}{d\theta^2} + u = \frac{GM}{h^2}$$

と変形することができる．この非斉次 2 階微分方程式の解は容易に

$$u = \frac{GM}{h^2} + C\sin(\theta + \phi)$$

で与えられる．ただし，C と ϕ は積分定数である．いま，$\theta = 0$ で $u = u_0$, $r = r_0$, $du/d\theta = 0$ とすると，2 つの未定定数が定まり，

$$u = \frac{1}{r} = \frac{GM}{h^2} + \left(\frac{1}{r_0} - \frac{GM}{h^2}\right)\cos\theta = \frac{GM}{h^2}(1 + \varepsilon\cos\theta)$$

を得る．ここで，

$$\varepsilon = \frac{h^2}{r_0GM} - 1$$

とおいてある．得られた解 $r(\theta)$ は，$\varepsilon > 1$ のとき双曲線軌道，$\varepsilon = 1$ のとき放物線軌道，$\varepsilon < 1$ のとき楕円軌道を表し，$\varepsilon \to 0$ のときは半径 $r_0 = h^2/GM$ の円軌道を表す．また，周方向速度成分 (接線方向速度成分) は

$$v_\theta = r\frac{d\theta}{dt}$$

で表される．

例えばこの小球体を地球とし，ロケットが地球表面 $r = r_0 = R$ から速度 v_0 で双曲線軌道ないし放物線軌道を描いて宇宙へ飛び出すためには，$h = r_0 v_0$, $\varepsilon \geq 1$ より (R, M, G, g の値については p.5 参照)，

$$v_0 \geq \sqrt{\frac{2GM}{r_0}} = \sqrt{2gR} = 11.2 \text{ km/s}$$

の初速度を与えなければならない (これを**第 2 宇宙速度**と呼ぶ)．一方，地球表面付近で円軌道を描く衛星を打ち上げるためには，$h = r_0 v_0$, $\varepsilon = 0$ より，

$$v_0 = \sqrt{\frac{GM}{r_0}} = \sqrt{gR} = 7.9 \text{ km/s}$$

の速度が必要である．これを**第 1 宇宙速度**と呼ぶ． ■

例題 3.16 (電磁場)

図 3.17 に示すように，電荷 q[C] を持つ**荷電粒子**が電場 $\boldsymbol{E}$ [V/m] および磁場 $\boldsymbol{B}$ [T=Wb/m^2] の中を速度 $\boldsymbol{v}$ [m/s] で運動するとき，次の (A) と (B) の場合について軌道を調べよ．

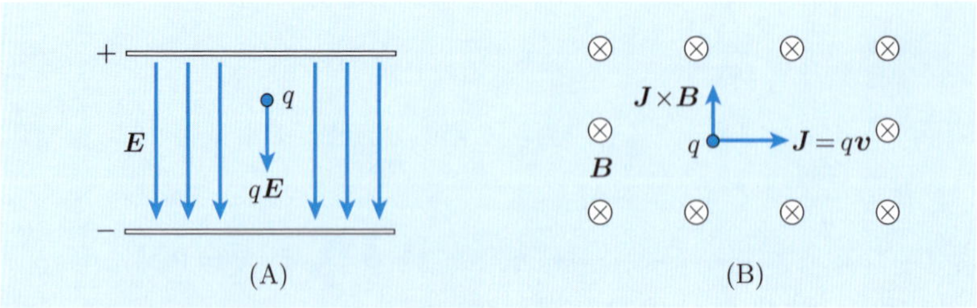

図 3.17

【解答】 荷電粒子に作用する電磁力は**静電力**と**ローレンツ力**であり，

$$\boldsymbol{f} = q\boldsymbol{E} + \boldsymbol{J} \times \boldsymbol{B}$$

$$\boldsymbol{J} = q\boldsymbol{v}$$

と表される．ここで，右辺第 1 項が静電力，第 2 項がローレンツ力であり，$\boldsymbol{J}$ は荷電粒子による電流である．

(A) 間隔 $2d$ で x 軸に平行に置かれている長さ l の 2 枚の電極板に y 方向の電場 $\boldsymbol{E} = E\boldsymbol{j}$ があり，磁場はないとする．いま荷電粒子 (電荷 q，質量 m) が

速度 $\boldsymbol{v} = v_0\boldsymbol{i}$ で電極間に飛び込んできたとすると，運動方程式は

$$m\frac{dv_x}{dt} = 0$$

$$m\frac{dv_y}{dt} = qE$$

と表される．これより，

$$v_x = v_0, \quad v_y = \frac{qE}{m}t$$

が得られ，軌道が y 方向に曲げられることがわかる．

(B)　直交する一様な電場 $\boldsymbol{E} = E\boldsymbol{i}$ と磁場 $\boldsymbol{B} = B\boldsymbol{j}$ の中を運動する荷電粒子 (電荷 q，質量 m) の速度を $\boldsymbol{v} = v_x\boldsymbol{i} + v_y\boldsymbol{j} + v_z\boldsymbol{k}$ とすると，運動方程式は

$$m\frac{dv_x}{dt} = qE - qBv_z$$

$$m\frac{dv_y}{dt} = 0$$

$$m\frac{dv_z}{dt} = qBv_x$$

である．第 2 式より，荷電粒子は y 方向に速度の変化を受けないので，ここでは $v_y = 0$ とする．第 1 式と第 3 式から v_x を消去すると

$$\frac{d^2v_z}{dt^2} + \left(\frac{qB}{m}\right)^2 v_z = \frac{q^2BE}{m^2}$$

を得る．この方程式の一般解は次節で述べるように

$$v_z = c_1\sin\omega_L t + c_2\cos\omega_L t + \frac{E}{B}, \quad \omega_L = \frac{qB}{m}$$

となる．ただし，c_1, c_2 は定数である．また，第 3 式より

$$v_x = c_1\cos\omega_L t - c_2\sin\omega_L t$$

を得る．また，両式から t を消去すると，

$$v_x^2 + \left(v_z - \frac{E}{B}\right)^2 = c_1^2 + c_2^2$$

を得る．したがって，いまの場合，荷電粒子は y 軸を向いている磁力線の周りに角振動数 ω_L (これを**ラーマー振動数**という) で円運動することがわかる．磁場がない場合 $(B = 0)$ には，x 方向に等加速度 qE/m を持つ運動だけが生じる．

■

3.3 振動現象

振動とは，ある物理量がその平均値の周りで時間的または空間的に増加と減少の変動を繰り返す現象を指す．振動には，規則的なものもまた不規則なものもあり，固体摩擦や粘性抵抗による減衰力の影響を受ける場合もある．ここでは，動力学現象の中の興味ある課題の 1 つとして，最も基本的な非減衰の微小振動を扱う．なお，振動が生じるためには，力学系の中に何らかの慣性力と復元力を持つ要素が不可欠である．

3.3.1 調和振動

図 3.18 に示すように，一端が固定されたばねに結合された質点が水平面上を運動する 1 自由度振動系を考える．

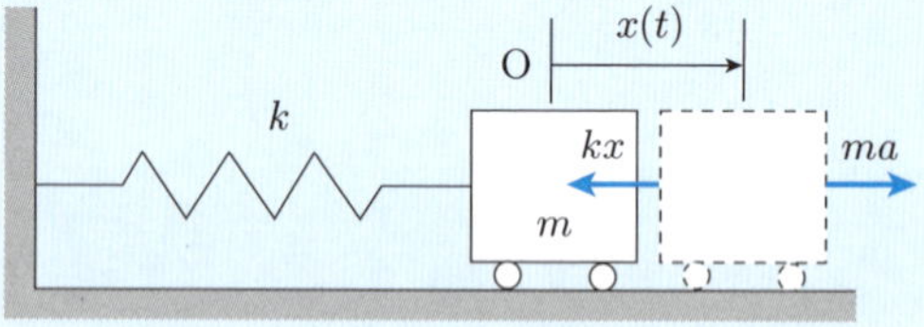

図 3.18　ばね - 質点の無減衰 1 自由度振動系

いま，質点の平衡位置を原点 O とし，水平方向に x 軸を設ける．任意の時刻 t において，平衡点 O からの変位を $x(t)$ とすると，質点には変位に比例するばねの復元力 $-kx(t)$ が作用するので，質点の運動方程式は

$$m\frac{d^2x(t)}{dt^2} = -kx(t)$$

すなわち，

$$m\frac{d^2x(t)}{dt^2} + kx(t) = 0 \tag{3.34}$$

で表される．この 2 階常微分方程式 (3.34) を解くために，A と λ を定数として指数関数型の解

$$x(t) = A\exp(\lambda t) \tag{3.35}$$

を仮定すると，

$$(m\lambda^2 + k)A\exp(\lambda t) = 0 \tag{3.36}$$

を得るが，$A = 0$ は意味のない解であるので，$A \neq 0$ とすると $m\lambda^2 + k = 0$ を満たさなければならない．よって，

$$\lambda = \pm i\sqrt{\frac{k}{m}} \tag{3.37}$$

を得る．ただし，$i = \sqrt{-1}$ は虚数単位である．したがって，解の重ね合わせの原理により，A_1 と A_2 を任意の複素定数として，一般解は

$$x(t) = A_1 \exp\left(i\sqrt{\frac{k}{m}}t\right) + A_2 \exp\left(-i\sqrt{\frac{k}{m}}t\right) \tag{3.38}$$

で表される．この複素解は，オイラーの公式 $\exp(\pm i\theta) = \cos\theta \pm i\sin\theta$ を用いると，実数表示で

$$x(t) = A\cos\left(\sqrt{\frac{k}{m}}t\right) + B\sin\left(\sqrt{\frac{k}{m}}t\right) \tag{3.39}$$

と表すこともできる．ただし，$A = A_1 + A_2$, $B = i(A_1 - A_2)$ である．またさらに，三角関数の合成公式を用いると式 (3.39) を

$$x(t) = C\sin\left(\sqrt{\frac{k}{m}}t + \phi\right) \tag{3.40}$$

$$C = \sqrt{A^2 + B^2}, \quad \phi = \tan^{-1}\frac{A}{B} \tag{3.41}$$

のように表すこともできるが，これは平衡点 O を中心とした周期運動を表し，**調和振動** (または**単振動**) と呼ばれる (図 3.19)．ここで，C は**振幅**，ϕ は**初期位相角**と呼ばれ，

$$\omega_n = \sqrt{\frac{k}{m}}\ [\mathrm{rad/s}], \quad \nu_n = \frac{\omega_n}{2\pi}\ [\mathrm{Hz}], \quad T_n = \frac{1}{\nu_n} = \frac{2\pi}{\omega_n}\ [\mathrm{s}] \tag{3.42}$$

はこの振動系の**固有角振動数**，**固有振動数**および**固有周期**と呼ばれる．

なお，上の各式に一対で現れた積分定数 $(A_1, A_2), (A, B), (C, \phi)$ などは $t = 0$ における 2 つの初期条件を与えることによって決定しなければならない．図 3.19 には $\omega_n = 4\pi$, $\phi = \pi/6$, $C = 1$ の場合を示している．

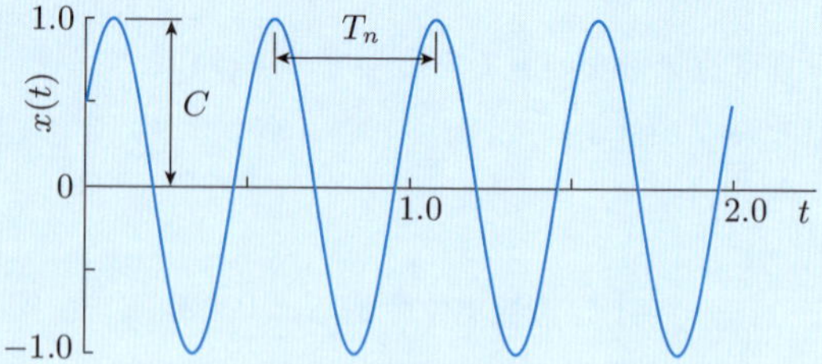

図 3.19 調和振動

例題 3.17

初期条件が

$$t = 0: \quad x = x_0, \quad \frac{dx}{dt} = v_0$$

であるとき，振幅と初期位相角を求めよ.

【解答】 $x(0) = C \sin\phi = x_0, \quad \dfrac{dx(0)}{dt} = \omega_n C \cos\phi = v_0$

より，

$$C = \sqrt{x_0^2 + \left(\frac{v_0}{\omega_n}\right)^2}, \quad \phi = \tan^{-1}\left(\frac{x_0\omega_n}{v_0}\right)$$

を得る. ■

例題 3.18

図 3.20 に示すように，鉛直面内にある半径 R の滑らかな円形面に沿って運動できる質量 m の小球が点 A から初速度 0 で静かに放されるときの運動を調べよ.

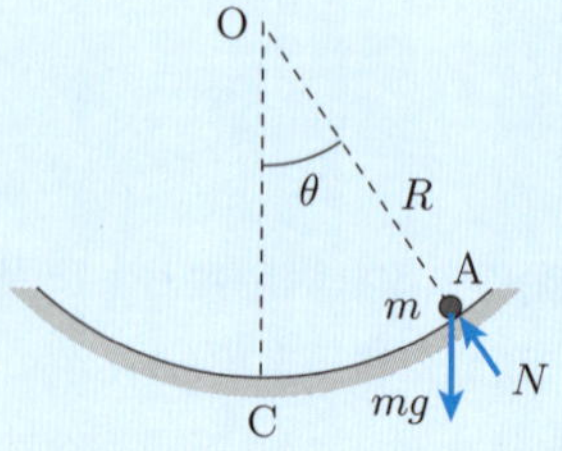

図 3.20

【解答】 小球は一定半径 R の円運動を行うので，極座標系を用いるのが都合がよい．面から小球に作用する反力を N とすると，半径方向および円周方向の運動方程式は，式 (3.12) を用いて，

$$-mR\left(\frac{d\theta}{dt}\right)^2 = mg\cos\theta - N,$$

$$mR\frac{d^2\theta}{dt^2} = -mg\sin\theta$$

で表される．ただし，半径が一定であることから，$r = R$, $dr/dt = d^2r/dt^2 = 0$ などを用いている．第 2 式より角度変化 $\theta(t)$ についての運動方程式

$$\frac{d^2\theta}{dt^2} + \frac{g}{R}\sin\theta = 0$$

が得られる．この運動方程式は非線形振動現象を示し，やや高度な取り扱いを要するのでここでは触れない．しかし，角度変化が十分小さいときには $\sin\theta \approx \theta$, $\cos\theta \approx 1$ と近似できるので，運動方程式は

$$\frac{d^2\theta}{dt^2} + \frac{g}{R}\theta = 0$$

と表すことができる．これは，重力を復元力として，小球が円形面の最下点 C を中心とする微小振動を行うことを示す．よって，固有振動数と一般解は

$$\omega_n = \sqrt{\frac{g}{R}}$$

$$\theta(t) = A_1\cos\omega_n t + A_2\sin\omega_n t$$

で表される．ここで，初期条件 $t = 0 : \theta = \theta_0$, $d\theta/dt = 0$ を適用すると，解は

$$\theta(t) = \theta_0\cos\sqrt{\frac{g}{R}}t$$

となる．なお，ここで得られた解 $\theta(t)$ を半径方向の運動方程式に用いることによって反力 N が求められる． ■

3.3.2 強制振動

前項では，はじめ平衡状態にあった質点が何らかの初期条件の下で振動を開始するが，振動中には質点の慣性力とばねまたは重力による復元力以外には何ら外力は作用しない場合，すなわち**自由振動**を考えた．ここでは，2 種類の様式の**強制振動**の現象を扱う．

(A) 力による強制振動

図 3.21 に示すように，質点が時間的に変動する外力 $f(t)$ を受けながら運動する 1 自由度系を考える．このとき，運動方程式は

$$m\frac{d^2x(t)}{dt^2} = -kx(t) + f(t) \tag{3.43}$$

と書けるので，両辺を m で割って整理すると

$$\frac{d^2x(t)}{dt^2} + \omega_n^2 x(t) = \frac{1}{m}f(t) \tag{3.44}$$

で表される．これを 1 自由度系の**強制振動方程式**と呼び，右辺を**強制項**という．

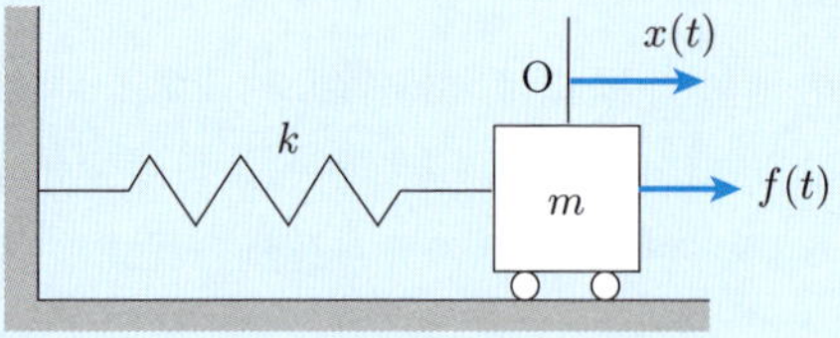

図 3.21　無減衰系の 1 自由度強制振動

振動系は外力 $f(t)$ の形に応じて様々な振動応答を示す．ここでは，実用的にも重要な**周波数応答**を調べるために，一定の振幅 f_0，一定の角振動数 Ω を持つ正弦関数で表される外力

$$f(t) = f_0 \sin \Omega t \tag{3.45}$$

が作用する場合を扱う．このとき，運動方程式 (3.44) は

$$\frac{d^2x(t)}{dt^2} + \omega_n^2 x(t) = \frac{f_0}{m}\sin \Omega t \tag{3.46}$$

で表される．これは非斉次 2 階常微分方程式であるので，一般解は右辺が 0 である場合の斉次解 $x_h(t)$ と，右辺の項の関数形に依存する特解 (非斉次解) $x_f(t)$ の和 $x(t) = x_h(t) + x_f(t)$ で表される．斉次解 $x_h(t)$ は先に得た自由振動解と同形であり，

$$x_h(t) = A\cos\omega_n t + B\sin\omega_n t \tag{3.47}$$

で表される．一方，特解については，C，D を定数として

$$x_f(t) = C\cos\Omega t + D\sin\Omega t \tag{3.48}$$

を仮定して，運動方程式 (3.46) に代入すると

$$C(\omega_n^2 - \Omega^2)\cos\Omega t + D(\omega_n^2 - \Omega^2)\sin\Omega t = \frac{f_0}{m}\sin\Omega t$$

と書けるので，左辺と右辺を比較することにより

$$C = 0, \quad D = \frac{1}{\omega_n^2 - \Omega^2}\frac{f_0}{m} \tag{3.49}$$

を得る (未定係数法)．すなわち，強制外力による振動変位は

$$x_f(t) = \frac{1}{\omega_n^2 - \Omega^2}\frac{f_0}{m}\sin\Omega t \tag{3.50}$$

で表される．

さて，この正弦関数型の強制力の振幅と同じ大きさの力 f_0 を静的に加えたとすると，ばねは $x_0 = f_0/k$ だけ変形する．そこで，強制振動の振幅との比

$$M = \left|\frac{x_f(t)}{x_0}\right| = \left|\frac{\omega_n^2}{\omega_n^2 - \Omega^2}\right| = \frac{1}{|1 - z^2|} \tag{3.51}$$

を**振幅倍率**と定義し，$z = \Omega/\omega_n$ を**振動数比**と呼ぶ．図 3.22 に示すように，外力の振動数によって振動振幅が大きく変化するが，$z = 1$ で $M \to \infty$ となって，振動は発散する．すなわち，外力の振動数 Ω が振動系の固有振動数 ω_n に近づくと，振動振幅が極めて大きくなる．このような現象は**共振** (または共鳴) と呼ばれ，機械や建造物では避けなければならない危険な現象である．一方，$z \to \infty$ では $M \to 0$ となるので，外力の振動数が高くなるにつれて，質点は外力の変動に追従できなくなることがわかる．また，式 (3.50) より，$0 < z < 1$ では外力の向きと質点の運動方向は一致する (これを同相という) が，$z > 1$ の

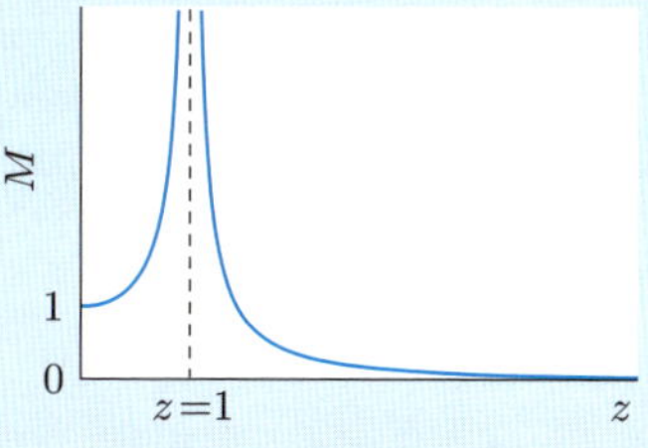

図 3.22 無減衰系の振幅倍率 (力による強制振動)

場合にはそれらが逆となる (これを逆相という) 興味ある現象も現れる．このような**位相差** (位相遅れ) が振動現象では重要な役割を担う．

ところで，質点が運動することにより，ばねの復元力を介して，ばねの支持部には

$$P(t) = kx_f = \frac{1}{\omega_n^2 - \Omega^2}\frac{kf_0}{m}\sin\Omega t = \frac{1}{1-z^2}f_0\sin\Omega t \tag{3.52}$$

だけの力が作用する．ここで，

$$T = \left|\frac{P(t)}{f_0}\right| = \frac{1}{|1-z^2|} \tag{3.53}$$

を**力の伝達率**と定義する．やはり，共振時 ($z \to 1$) には，支持部にも極めて大きな動的な力が作用することがわかる．

補足2　共振現象において，$\Omega \to \omega_n (z \to 1)$ のとき突然振幅が無限大になるのではないことに注意する必要がある．実際，$\Omega = \omega_n$ のとき基礎式 (3.46) は

$$\frac{d^2x(t)}{dt^2} + \Omega^2 x(t) = \frac{f_0}{m}\sin\Omega t \tag{3.54}$$

と表されるが，初期条件を $x(0) = \dot{x}(0) = 0$ とすると，この場合の解は

$$x(t) = \frac{f_0}{2m\Omega^2}(\sin\Omega t - \Omega t\cos\Omega t) \tag{3.55}$$

と表されることに注意しなければならない．したがって，時間に比例して振幅が急速に発散して共振状態に至ることがわかる (図3.23)．　□

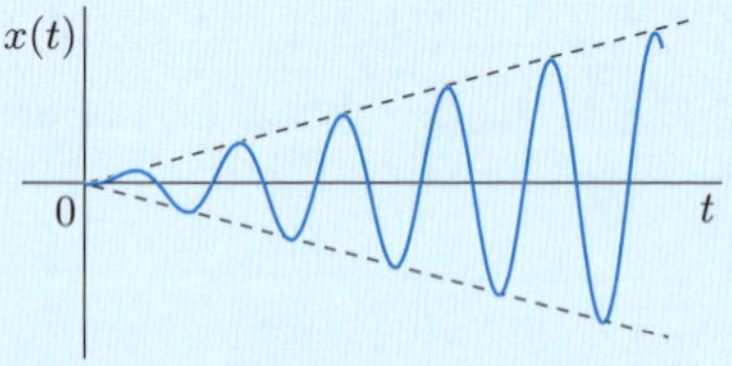

図3.23　共振時における振幅増加

(B)　変位による強制振動

ここでは，図3.24に示すように質点には直接外力が作用しない代わりに，ばねの支持台が $q(t)$ で表される運動を行うときに現れる振動現象を考える．これを変位による強制振動と呼ぶ．

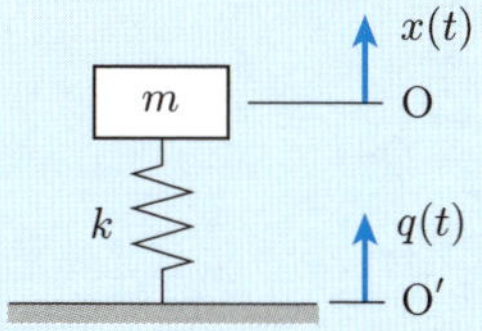

図 3.24 変位による強制振動

質点の平衡位置からの絶対変位を $x(t)$ とすれば，ばねの変形量は支持台との相対変位 $x(t)-q(t)$ となるので，運動方程式は

$$m\frac{d^2x(t)}{dt^2} = -k[x(t)-q(t)] \tag{3.56}$$

すなわち，

$$\frac{d^2x(t)}{dt^2} + \omega_n^2 x(t) = \omega_n^2 q(t) \tag{3.57}$$

で表される．したがって，強制変位 $q(t)$ が与えられれば，強制振動解 $x_f(t)$ が求められる．一方，支持台と質点の相対変位 $z(t)=x(t)-q(t)$ に着目すれば，式 (3.57) は

$$\frac{d^2z(t)}{dt^2} + \omega_n^2 z(t) = \frac{d^2q(t)}{dt^2} \tag{3.58}$$

と表すこともできる．すなわち，式 (3.58) は支持台の加速度運動が強制振動の原因となることを示している．

いま，周波数応答特性を調べるために，支持台の変位として一定の振幅 q_0，一定の角振動数 Ω を持つ正弦関数

$$q(t) = q_0 \sin \Omega t \tag{3.59}$$

を仮定すると，運動方程式 (3.58) は

$$\frac{d^2z(t)}{dt^2} + \omega_n^2 z(t) = -q_0\Omega^2 \sin \Omega t \tag{3.60}$$

で表される．式 (3.46) と式 (3.50) を利用すれば，この場合の強制振動解と振幅比は直ちに

$$z_f(t) = -\frac{\Omega^2}{\omega_n^2-\Omega^2} q_0 \sin \Omega t \tag{3.61}$$

で表される．また，振幅倍率は

$$M = \left|\frac{z_f(t)}{q_0}\right| = \left|\frac{\Omega^2}{\omega_n^2 - \Omega^2}\right| = \frac{z^2}{|1 - z^2|} \tag{3.62}$$

で表される (図 3.25)．この場合にも，力による強制振動と同様に，$z = 1$ で共振現象が現れることがわかる．したがって，機械や建築構造物の固有振動数と等しい周波数成分を持つ外乱が支持部に作用すると，その機械や建築構造物は激しく揺れることになる．

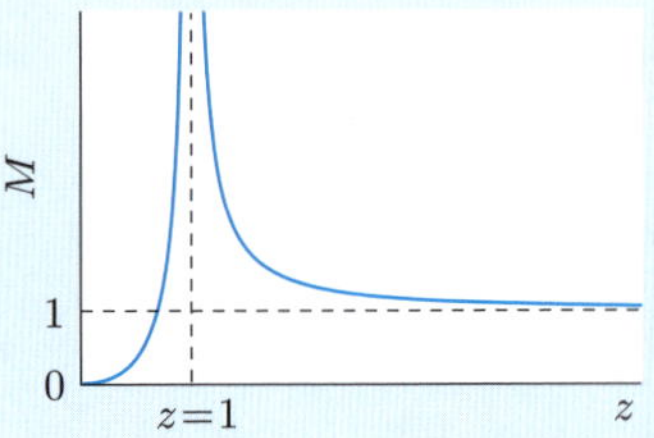

図 3.25 振幅倍率 (変位による強制振動)

ところで，この振動様式は，次のようにして機械式振動計や機械式地震計などに応用できる．

もし，$\omega_n \ll \Omega$ $(z \gg 1)$ となるように k と m を設定すれば，式 (3.61) より

$$z_f(t) \cong q_0 \sin \Omega t = q(t) \tag{3.63}$$

と近似できるので，強制変位 $z_f(t)$ を測定することによって支持台の変位 $q(t)$ を測定できる．逆に，$\omega_n \gg \Omega$ $(z \ll 1)$ となるように k と m を設定すれば

$$z_f(t) \cong -\frac{\Omega^2}{\omega_n^2} q_0 \sin \Omega t = \frac{1}{\omega_n^2}\frac{d^2q(t)}{dt^2} \tag{3.64}$$

と近似できるので，強制変位 $z_f(t)$ を測定することによって支持台の加速度に比例する量 $\ddot{q}(t)/\omega_n^2$ を測定できる．ただし，最近では機械式に代わって電子式の振動計や圧電素子による加速度センサーが用いられている．なお，実際の振動計測においては加速度センサーだけを用いることが多い．必要ならば，加速度波形を時間積分することによって，振動速度や振動変位を計算できる．

(C) 不釣合いによる強制振動

図 3.26 に示すように，全質量が M である電動モーターのローターに質量 m

の微小な偏心質量があって，ローターとともに軸Oの周りに半径 r，角速度 Ω の等速円運動をしている場合を考える．このモーター全体をばね定数 $k/2$ のばね2本で支持しているとき，強制振動が誘起される．ただし，図の横方向の運動はないとする．

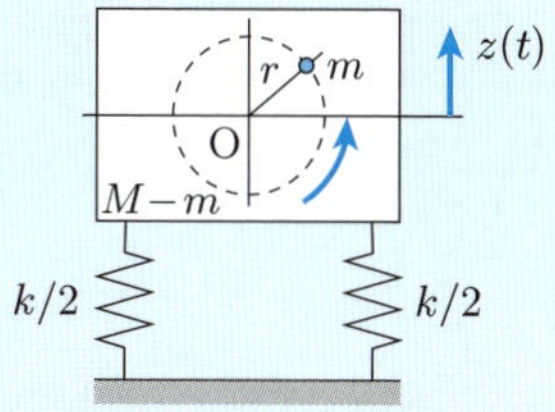

図 3.26　不釣合いによる強制振動

いま，モーター本体の上下方向変位を $z(t)$ とすれば，微小物体の上下方向変位は $z(t) + r\sin\Omega t$ で表されるので，運動方程式は

$$(M-m)\frac{d^2z}{dt^2} + m\frac{d^2}{dt^2}(z + r\sin\Omega t) + kz = 0 \tag{3.65}$$

すなわち，

$$\frac{d^2z}{dt^2} + \omega_n^2 z = -\frac{mr\Omega^2}{M}\sin\Omega t \tag{3.66}$$

$$\omega_n = \sqrt{\frac{k}{M}} \tag{3.67}$$

で表される．これは，式 (3.60) において $q_0 = +mr/M$ としたものと同形の変位型強制振動であるが，偏心した微小物体の遠心力が加振力となっているので，**不釣合い**による強制振動と呼ばれる．このような現象は，回転機械の正常な運転を阻害したり，破損を招く不都合な問題の1つであるが，一方では，振動ふるい機や振動型部品輸送機の加振装置などにも利用されている．

例題 3.19

質量 $m = 2.0\ \mathrm{kg}$ の質点，ばね定数 $k = 3.2\ \mathrm{kN/m}$ のばねからなる1自由度振動系について以下の問いに答えよ．

(1) 系の固有角振動数 ω_n，固有振動数 ν_n を求めよ．

(2) 角振動数が $\varOmega = 80.0\ \mathrm{rad/s}$ である強制外力が作用する場合の，振幅倍率 M を求めよ．

【解答】 式 (3.42) と (3.51) を用いる．

(1) $$\omega_n = \left(\frac{k}{m}\right)^{1/2} = \left(\frac{3200}{2}\right)^{1/2} = 40.0\ \mathrm{rad/s},$$

$$\nu_n = \frac{40.0}{2\pi} = 6.4\ \mathrm{Hz}$$

(2) $$z = \frac{\varOmega}{\omega_n} = \frac{80.0}{40.0} = 2.0,$$

$$M = \frac{1}{|1 - z^2|} = 0.33$$ ■

補足3 流体の粘性や固体間の摩擦などによる減衰力が作用する場合には，振動振幅が時間とともに減少し，固有振動数も減衰のない場合とは異なる．このような場合には「減衰振動」という現象を扱う必要がある．また，物体に作用する外力も時間とともに様々に変化するために,「過渡振動」や「不規則振動」などの非定常現象を扱う必要も出てくる．このような様々な振動現象について興味ある読者には巻末に示した参考書[11] などを参照してもらいたい． □

3.4 質点系の運動

2つ以上の質点 (または微小として扱える物体) からなる系を**質点系**と呼ぶ. 質点系を構成する質点は個々の運動を行うとともに, 互いに相互作用も及ぼし合うので, 1つの質点群としての協同的・集団的な運動も現れる.

3.4.1 質点系の重心

いま, 図 3.27 に示すように, n 個の質点からなる質点系 (質点群) において, i 番目の質点の質量を m_i, 位置ベクトルを $\boldsymbol{r}_i$ とし, 全質量を m とする. このとき, i 番目の質点に作用する重力は $m_i\boldsymbol{g}$, 原点 O に関する重力のモーメントは $\boldsymbol{M}_{\mathrm{O}i} = \boldsymbol{r}_i \times (m_i\boldsymbol{g})$ であるので, 質点群の全質量および質点群に作用する重力の合力と原点 O に関する合モーメントは

$$m = \sum_{i=1}^{n} m_i \tag{3.68}$$

$$\boldsymbol{R} = \sum_{i=1}^{n} m_i\boldsymbol{g} = m\boldsymbol{g} \tag{3.69}$$

$$\boldsymbol{M}_{\mathrm{O}} = \sum_{i=1}^{n} \boldsymbol{r}_i \times (m_i\boldsymbol{g}) \tag{3.70}$$

となる.

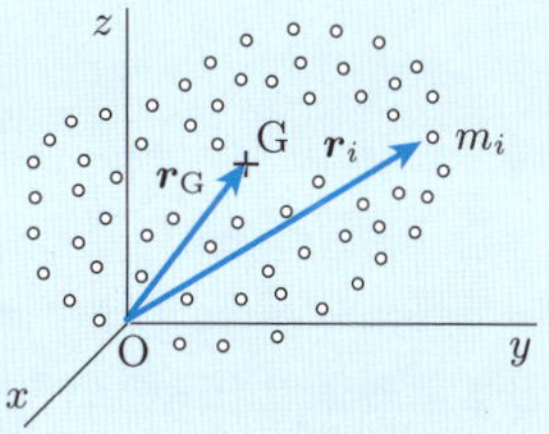

図 3.27 質点系およびその重心

一方, この質点群の全質量が集中したとみなせる点 G を**質点系の重心**と呼ぶが, 重心に作用する合力および力の合モーメントは質点群全体に作用する重力の合力および力の合モーメントと等価でなければならない. そこで, 重心 G の位置ベクトルを $\boldsymbol{r}_{\mathrm{G}}$ とすると, 原点 O に関する重力のモーメントは

$$\boldsymbol{M}_{\mathrm{O}} = \boldsymbol{r}_{\mathrm{G}} \times \boldsymbol{R} = m\boldsymbol{r}_{\mathrm{G}} \times \boldsymbol{g} \tag{3.71}$$

であるので，式 (3.70) と式 (3.71) を等置することにより

$$\left(m\boldsymbol{r}_{\mathrm{G}} - \sum_{i=1}^{n} m_i \boldsymbol{r}_i \right) \times \boldsymbol{g} = \boldsymbol{0} \tag{3.72}$$

でなければならない．したがって，重心の位置ベクトルは

$$\boldsymbol{r}_{\mathrm{G}} = \frac{1}{m} \sum_{i=1}^{n} m_i \boldsymbol{r}_i \tag{3.73}$$

で表される．

また，重心 G に対する i 番目の質点の相対位置ベクトルを $\boldsymbol{s}_i$ とすれば，

$$\boldsymbol{r}_i = \boldsymbol{r}_{\mathrm{G}} + \boldsymbol{s}_i \tag{3.74}$$

と書けるので，式 (3.73) に代入すれば

$$\boldsymbol{r}_{\mathrm{G}} = \frac{1}{m} \sum_{i=1}^{n} m_i (\boldsymbol{r}_{\mathrm{G}} + \boldsymbol{s}_i) = \boldsymbol{r}_{\mathrm{G}} + \frac{1}{m} \sum_{i=1}^{n} m_i \boldsymbol{s}_i \tag{3.75}$$

より，

$$\sum_{i=1}^{n} m_i \boldsymbol{s}_i = \boldsymbol{0} \tag{3.76}$$

が成り立つ．また，時間で微分することにより，相対速度ベクトルについても

$$\sum_{i=1}^{n} m_i \frac{d\boldsymbol{s}_i}{dt} = \boldsymbol{0} \tag{3.77}$$

が成り立つことがわかる．

例題 3.20

質量が m_1, m_2 である 2 個の質点の座標がそれぞれ (x_1, y_1), (x_2, y_2) である．この質点群の重心の位置を求めよ．

【解答】 $\boldsymbol{r}_i = [x_i, y_i]$, $\boldsymbol{r}_{\mathrm{G}} = [x_{\mathrm{G}}, y_{\mathrm{G}}]$ とすると

$$x_{\mathrm{G}} = \frac{m_1 x_1 + m_2 x_2}{m_1 + m_2}, \quad y_{\mathrm{G}} = \frac{m_1 y_1 + m_2 y_2}{m_1 + m_2}$$

である．また，$\boldsymbol{s}_1 = [s_{1x}, s_{1y}]$, $\boldsymbol{s}_2 = [s_{2x}, s_{2y}]$ とすると

$$s_{1x} = x_1 - x_G = \frac{m_2(x_1 - x_2)}{m_1 + m_2}, \quad s_{2x} = x_2 - x_G = \frac{m_1(x_2 - x_1)}{m_1 + m_2}$$

$$s_{1y} = y_1 - y_G = \frac{m_2(y_1 - y_2)}{m_1 + m_2}, \quad s_{2y} = y_2 - y_G = \frac{m_1(y_2 - y_1)}{m_1 + m_2}$$

であるので，確かに $m_1\boldsymbol{s}_1 + m_2\boldsymbol{s}_2 = 0$ が成り立つ．■

例題 3.21

質量が m_1, m_2, m_3 である 3 個の質点の座標がそれぞれ (x_1, y_1), (x_2, y_2), (x_3, y_3) である．この質点群の重心の位置を求めよ．

【解答】 $\boldsymbol{r}_i = [x_i, y_i]$, $\boldsymbol{r}_G = [x_G, y_G]$ とすると

$$x_G = \frac{m_1x_1 + m_2x_2 + m_3x_3}{m_1 + m_2 + m_3}, \quad y_G = \frac{m_1y_1 + m_2y_2 + m_3y_3}{m_1 + m_2 + m_3}$$

である．■

3.4.2 運動方程式

図 3.28 に示す質点群の第 i 番目の質点の速度ベクトルを $\boldsymbol{v}_i$, i 番目の質点に作用する力を $\boldsymbol{f}_i$ とし，j 番目の質点が i 番目の質点に及ぼす力を $\boldsymbol{f}_{ij}$ とすると，

$$m_i \frac{d\boldsymbol{v}_i}{dt} = \boldsymbol{f}_i + \sum_{j=1(j \neq i)}^{n} \boldsymbol{f}_{ij} \tag{3.78}$$

と書ける．したがって，$\boldsymbol{f}_i$ と $\boldsymbol{f}_{ij}$ がわかれば，運動方程式の解が得られるはずであるが，$n \geq 3$ の場合には多体問題といわれ，特殊な場合を除いて解析解は得られないことが知られている (ただし，ここではその詳細を省く).

ところで，式 (3.78) の両辺に対して i について和を作ると，

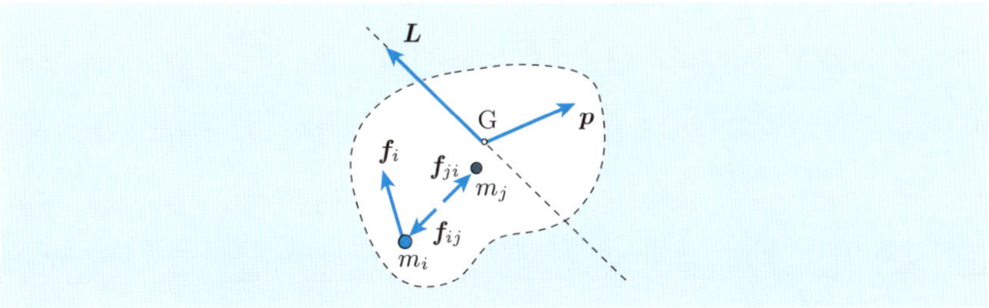

図 3.28　質点系の質点に作用する力および角運動量

$$\sum_{i=1}^{n} m_i \frac{d\boldsymbol{v}_i}{dt} = \sum_{i=1}^{n} \boldsymbol{f}_i + \sum_{i=1}^{n} \sum_{j=1(j\neq i)}^{n} \boldsymbol{f}_{ij} \tag{3.79}$$

となる．ところが，作用・反作用の原理から $\boldsymbol{f}_{ji} = -\boldsymbol{f}_{ij}$ であるので，右辺の最後の項は消去されて

$$\frac{d}{dt} \sum_{i=1}^{n} m_i \boldsymbol{v}_i = \sum_{i=1}^{n} \boldsymbol{f}_i \tag{3.80}$$

を得る．左辺は各質点の運動量の総和の時間変化を表すので，質点群の全運動量の時間変化率は各質点に作用する外力の総和に等しく，個々の質点間で及ぼし合う内力にはよらないことがわかる．よって，質点系についても，その重心の運動方程式は

$$\frac{d\boldsymbol{p}}{dt} = \sum_{i=1}^{n} \boldsymbol{f}_i \tag{3.81}$$

$$\boldsymbol{p} = \sum_{i=1}^{n} m_i \boldsymbol{v}_i \tag{3.82}$$

で表され，単一の質点に対するニュートンの第 2 法則に対応していることがわかる．

3.4.3 質点系の角運動量

角運動の定義 (3.16) および式 (3.74)〜(3.76) により，質点系の全角運動量は

$$\begin{aligned} \boldsymbol{L}_{\mathrm{O}} &= \sum_{i=1}^{n} \boldsymbol{r}_i \times \left(m_i \frac{d\boldsymbol{r}_i}{dt} \right) \\ &= \sum_{i=1}^{n} m_i (\boldsymbol{r}_{\mathrm{G}} + \boldsymbol{s}_i) \times \left(\frac{d\boldsymbol{r}_{\mathrm{G}}}{dt} + \frac{d\boldsymbol{s}_i}{dt} \right) \\ &= \boldsymbol{r}_{\mathrm{G}} \times \left(m \frac{d\boldsymbol{r}_{\mathrm{G}}}{dt} \right) + \sum_{i=1}^{n} \boldsymbol{s}_i \times \left(m_i \frac{d\boldsymbol{s}_i}{dt} \right) \end{aligned} \tag{3.83}$$

と書けるので，重心の運動の角運動量と重心に相対的な運動の角運動量からなることがわかる．

次に，式 (3.83) の両辺を時間 t で微分すると，

$$\frac{d\boldsymbol{L}_{\mathrm{O}}}{dt} = \frac{d\boldsymbol{r}_{\mathrm{G}}}{dt} \times \left(m \frac{d\boldsymbol{r}_{\mathrm{G}}}{dt} \right) + \boldsymbol{r}_{\mathrm{G}} \times \left(m \frac{d^2\boldsymbol{r}_{\mathrm{G}}}{dt^2} \right)$$
$$+ \sum_{i=1}^{n} \frac{d\boldsymbol{s}_i}{dt} \times \left(m_i \frac{d\boldsymbol{s}_i}{dt} \right) + \sum_{i=1}^{n} \boldsymbol{s}_i \times \left(m_i \frac{d^2\boldsymbol{s}_i}{dt^2} \right)$$

を得るが，右辺第 1 項と第 3 項はベクトル外積の性質によって消えるので，

$$\frac{d\boldsymbol{L}_{\mathrm{O}}}{dt} = \boldsymbol{r}_{\mathrm{G}} \times \left(m \frac{d^2\boldsymbol{r}_{\mathrm{G}}}{dt^2} \right) + \sum_{i=1}^{n} \boldsymbol{s}_i \times \left(m_i \frac{d^2\boldsymbol{s}_i}{dt^2} \right) \tag{3.84}$$

を得る．また，力 $\boldsymbol{f}_i$ によるモーメントの総和は $\boldsymbol{M}_{\mathrm{O}} = \sum_{i=1}^{n} \boldsymbol{r}_i \times \boldsymbol{f}_i$ であるので，

$$\frac{d\boldsymbol{L}_{\mathrm{O}}}{dt} = \sum_{i=1}^{n} \boldsymbol{r}_i \times \boldsymbol{f}_i \tag{3.85}$$

が質点系の回転運動を記述する基礎式となる．

最後に，質点の運動エネルギーについては次章で詳しく述べるが，質点系の運動エネルギーは，式 (3.77) も用いると

$$\begin{aligned}
K &= \frac{1}{2} \sum_{i=1}^{n} m_i \frac{d\boldsymbol{r}_i}{dt} \cdot \frac{d\boldsymbol{r}_i}{dt} \\
&= \frac{1}{2} \sum_{i=1}^{n} m_i \left(\frac{d\boldsymbol{r}_{\mathrm{G}}}{dt} + \frac{d\boldsymbol{s}_i}{dt} \right) \cdot \left(\frac{d\boldsymbol{r}_{\mathrm{G}}}{dt} + \frac{d\boldsymbol{s}_i}{dt} \right) \\
&= \frac{1}{2} \frac{d\boldsymbol{r}_{\mathrm{G}}}{dt} \cdot \frac{d\boldsymbol{r}_{\mathrm{G}}}{dt} \sum_{i=1}^{n} m_i + \frac{1}{2} \sum_{i=1}^{n} m_i \frac{d\boldsymbol{s}_i}{dt} \cdot \frac{d\boldsymbol{s}_i}{dt} + \frac{d\boldsymbol{r}_{\mathrm{G}}}{dt} \cdot \sum_{i=1}^{n} m_i \frac{d\boldsymbol{s}_i}{dt} \\
&= \frac{1}{2} m \frac{d\boldsymbol{r}_{\mathrm{G}}}{dt} \cdot \frac{d\boldsymbol{r}_{\mathrm{G}}}{dt} + \frac{1}{2} \sum_{i=1}^{n} m_i \frac{d\boldsymbol{s}_i}{dt} \cdot \frac{d\boldsymbol{s}_i}{dt} \qquad (3.86)
\end{aligned}$$

で表される．したがって，質点系の運動エネルギーは重心の運動エネルギーと個々の質点が持つ運動エネルギーからなることがわかる (式 (4.4) を参照)．

例題 3.22

質量がそれぞれ m_1, m_2 である 2 個の質点が互いに力を及ぼし合いながら運動するとき，2 質点の重心の運動および相対運動を調べよ．

【解答】 それぞれの質点の位置ベクトルを $\boldsymbol{r}_1$, $\boldsymbol{r}_2$，及ぼしあう力を $\boldsymbol{f}_{21}$, $\boldsymbol{f}_{12}$ $(= -\boldsymbol{f}_{21})$ とすると，運動方程式は

$$m_1\frac{d^2\boldsymbol{r}_1}{dt^2}=\boldsymbol{f}_{21},\quad m_2\frac{d^2\boldsymbol{r}_2}{dt^2}=\boldsymbol{f}_{12}=-\boldsymbol{f}_{21}$$

である．また，重心Gの位置ベクトルは，先の例題で求めたように，

$$m\boldsymbol{r}_{\mathrm{G}}=m_1\boldsymbol{r}_1+m_2\boldsymbol{r}_2,\quad m=m_1+m_2$$

で表されるので，運動方程式の両辺を足し合わせることにより，

$$m\frac{d^2\boldsymbol{r}_{\mathrm{G}}}{dt^2}=\boldsymbol{0}$$

となり，重心Gは等速度運動をする．また，相対位置ベクトル $\boldsymbol{r}_{2/1}=\boldsymbol{r}_2-\boldsymbol{r}_1$ については，上記の2つの運動方程式の差から

$$\mu\frac{d^2\boldsymbol{r}_{2/1}}{dt^2}=-\boldsymbol{f}_{21},\quad \mu=\frac{m_1m_2}{m_1+m_2}$$

が成り立つ．ここで，μ を**換算質量**と呼ぶこともある．もし，$\boldsymbol{f}_{21}$ の大きさが一定ならば，両質点は等加速度的に離れてゆくか，または近づいてくる．もし，$\boldsymbol{f}_{21}$ が万有引力のような中心力であれば，前節で述べた惑星運動と同様な振る舞いをする． ■

例題 3.23

図3.29に示すように，2つの質点 m_1 と m_2 $(m_1>m_2)$ は滑車を介してケーブルで結ばれている．図に示した位置から両質点を静かに放した時刻を $t=0$ として，時刻 $t=t$ における両質点の速度を求めよ．また，2質点系の重心の位置はどのように変化するか．

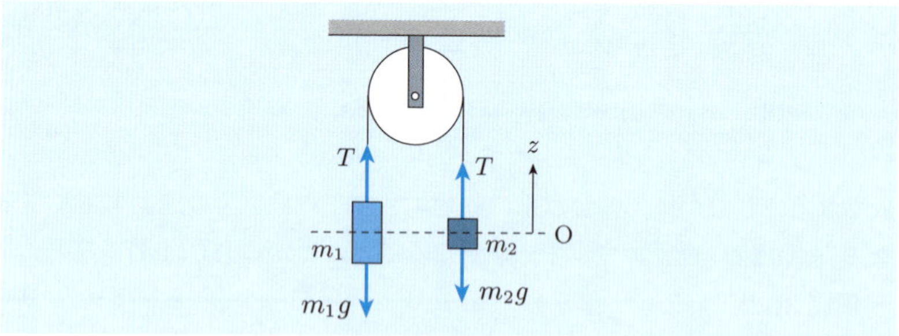

図 3.29

【解答】 両質点の初期の位置を原点とし，鉛直上向きに z 座標を設け，ケーブルの張力を T とすると，両質点の運動方程式は

$$m_1 \frac{d^2 z_1}{dt^2} = T - m_1 g$$

$$m_2 \frac{d^2 z_2}{dt^2} = T - m_2 g$$

$$z_1 = -z_2$$

と表される．よって，両式から T を消去すると

$$(m_1 + m_2)\frac{d^2 z_1}{dt^2} = m_2 g - m_1 g$$

より，

$$v_1(t) = -v_2(t) = \frac{dz_1}{dt} = \frac{m_2 - m_1}{m_1 + m_2} gt + c_1$$

$$z_1(t) = -z_2(t) = \frac{1}{2}\frac{m_2 - m_1}{m_1 + m_2} gt^2 + c_1 t + c_2$$

を得る．ただし，c_1, c_2 は定数である．ところが，$t = 0$ で $v_1 = v_2 = 0$ および $z_1 = z_2 = 0$ であるから $c_1 = 0$, $c_2 = 0$ となるので，

$$v_1(t) = -v_2(t) = \frac{m_2 - m_1}{m_1 + m_2} gt$$

$$z_1(t) = -z_2(t) = \frac{1}{2}\frac{m_2 - m_1}{m_1 + m_2} gt^2$$

となる．また，重心の位置は，

$$z_{\mathrm{G}}(t) = \frac{m_1 z_1(t) + m_2 z_2(t)}{m_1 + m_2} = -\frac{1}{2}\left(\frac{m_1 - m_2}{m_1 + m_2}\right)^2 gt^2$$

で表され，重心自体も加速度運動を行う． ■

例題 3.24

図 3.30 に示すように，ばね定数 k のコイルばねに結合された質量 m_1 および m_2 の 2 つの質点は水平軸方向に運動できる．両質点の平衡点からの変位量をそれぞれ $x_1(t)$, $x_2(t)$ として運動方程式を作れ．

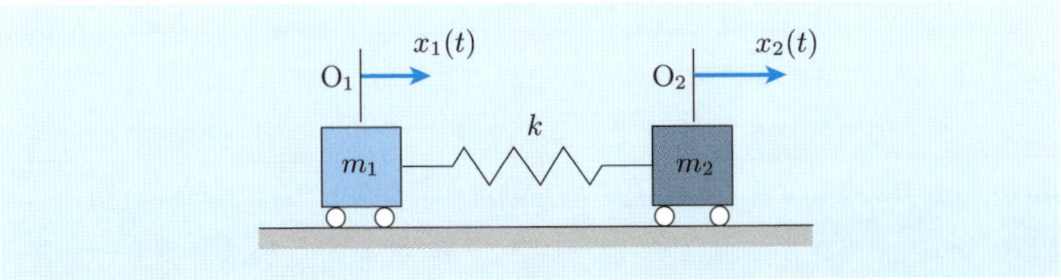

図 3.30

【解答】 ばねには両質点の相対変位量 $x_2 - x_1$ に比例する復元力が生じるので，それぞれの質点の運動方程式は

$$m_1 \frac{d^2 x_1}{dt^2} = k(x_2 - x_1)$$

$$m_2 \frac{d^2 x_2}{dt^2} = -k(x_2 - x_1)$$

と表すことができるので，整理すると

$$m_1 \frac{d^2 x_1}{dt^2} + kx_1 - kx_2 = 0$$

$$m_2 \frac{d^2 x_2}{dt^2} + kx_2 - kx_1 = 0$$

が得られる．明らかに，両式の左辺第3項を介して2つの運動方程式は連立方程式となっていることがわかる．また，両式の辺々を加えると，

$$\frac{d^2}{dt^2}(m_1 x_1 + m_2 x_2) = \frac{d^2 x_{\mathrm{G}}}{dt^2} = 0$$

となるので，重心 G は等速度運動をするか，あるいは静止状態を続ける． ■

例題 3.25

図 3.31 に示すように，先端部の曲がり角 θ，断面積 S のスプリンクラーから噴射される水の速度が v であるとき，スプリンクラーの回転角速度を求めよ．ただし，スプリンクラーの質量は無視し，水の密度を ρ とする．

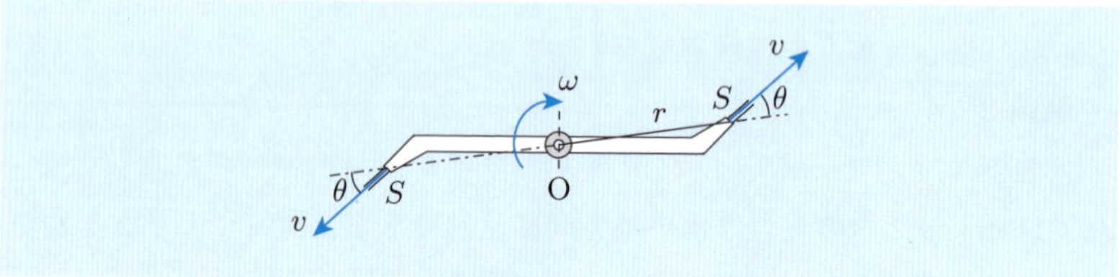

図 3.31

【解答】 単位時間当たりに噴射される噴流の質量は $q = 2\rho Sv$ である．また，スプリンクラーの角速度を ω とすると，噴流とスプリンクラー出口の相対速度は $v\sin\theta - \omega r$ である．よって，噴流の角運動量の時間変化率は $2\rho Sv(v\sin\theta - \omega r)r$ で表される．一方，スプリンクラーの中心部に流入する水は力のモーメントを発生しないので角運動量は保存される．すなわち，

$$\left|\frac{dL}{dt}\right| = 2\rho Sv(v\sin\theta - \omega r)r = 0$$

より，$\omega = v\sin\theta/r$ を得る． ■

3.4.4 小球の衝突現象

2 質点系の代表的な問題として小球の衝突を考える．実在物体の衝突現象は，衝突時の物体の変形を考慮しなければならないために単純ではない．しかし，球形の小物体の低速衝突では，反発係数という概念を導入することによって簡略な取り扱いがなされる．

(1) 直衝突 まず最初に，図 3.32 に示すように，2 つの小球が一直線上で衝突をする場合を考える．2 球間には作用と反作用以外に外力は作用しないので，2 球の全運動量が保存される．ただし，一直線上での衝突においては，いずれの速度ベクトルも同一単位ベクトルで表すことができるのでそれらのスカラー成分だけを扱かえばよい．すなわち，一直線上の衝突では，小球 A および B の質量を $m_{\rm A}$, $m_{\rm B}$，衝突前の速度を $\boldsymbol{v}_{\rm A}$, $\boldsymbol{v}_{\rm B}$，衝突後の速度を $\boldsymbol{v}'_{\rm A}$, $\boldsymbol{v}'_{\rm B}$ とすると，スカラー式

$$m_{\rm A}v_{\rm A} + m_{\rm B}v_{\rm B} = m_{\rm A}v'_{\rm A} + m_{\rm B}v'_{\rm B} \tag{3.87}$$

が成り立つ．ところが，2 つの未知量 $v'_{\rm A}$, $v'_{\rm B}$ を決定するためには，もう 1 つの独立な補助方程式が必要である．

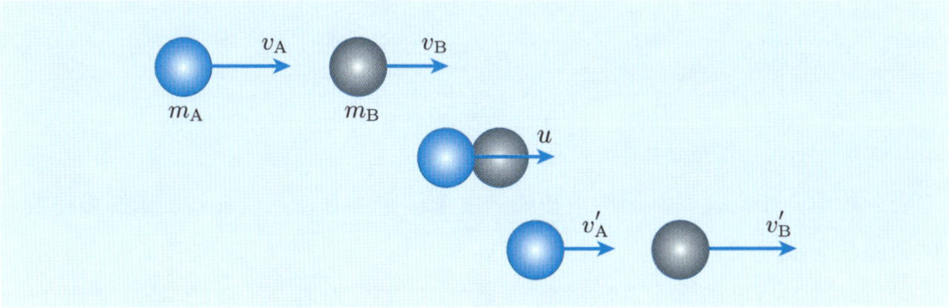

図 3.32 2 つの小球の直衝突

さて，2 つの小球は衝突によって変形がはじまり，最大変形に達した後で再び変形が回復して元の球形に戻った時点で両球が離れてゆくと考えられる．したがって，小球 A では変形の進行期間に小球 B から受ける力積 I_1 による運動量変化と変形の回復期間に受ける力積 I_2 による運動量変化が連続的に生じると

考えられる．すなわち，両球が接触したまま変形する期間に小球 A および B が持つ速度を u とすると，運動量と力積の関係は

$$m_{\mathrm{A}}v_{\mathrm{A}} - I_1 = m_{\mathrm{A}}u \tag{3.88}$$

$$m_{\mathrm{A}}u - I_2 = m_{\mathrm{A}}v'_{\mathrm{A}} \tag{3.89}$$

で表される．ただし，力積 I_1，I_2 および速度 u の具体的な関数形は必ずしも明らかではなく，これを正確に求めること自体が衝突問題の難しい点である．しかし，力積の比

$$e = \frac{I_2}{I_1} \tag{3.90}$$

を**反発係数** (または跳ね返り係数という) と定義すれば

$$e = \frac{u - v'_{\mathrm{A}}}{v_{\mathrm{A}} - u} \tag{3.91}$$

と表される．小球 B についても同様にして，

$$e = \frac{v'_{\mathrm{B}} - u}{u - v_{\mathrm{B}}} \tag{3.92}$$

と表される．式 (3.91) と式 (3.92) から未定の u を消去すると，反発係数は

$$e = \frac{v'_{\mathrm{B}} - v'_{\mathrm{A}}}{v_{\mathrm{A}} - v_{\mathrm{B}}} \tag{3.93}$$

で表される．したがって，もし反発係数 e が既知であれば，式 (3.87) と式 (3.93) の 2 式によって衝突前後の速度変化の関係は

$$v'_{\mathrm{A}} = v_{\mathrm{A}} - \frac{m_{\mathrm{B}}}{m_{\mathrm{A}} + m_{\mathrm{B}}}(1 + e)(v_{\mathrm{A}} - v_{\mathrm{B}}) \tag{3.94}$$

$$v'_{\mathrm{B}} = v_{\mathrm{B}} + \frac{m_{\mathrm{A}}}{m_{\mathrm{A}} + m_{\mathrm{B}}}(1 + e)(v_{\mathrm{A}} - v_{\mathrm{B}}) \tag{3.95}$$

で表される．また逆に，衝突前後の速度を測定することによって未知の物質の反発係数を決定できる．

反発係数の値は衝突する物質や形状によって異なるが，鉛球–鉛球で約 0.20，鋼球–鋼球で約 0.55，ガラス球–ガラス球や象牙球–象牙球で約 0.95 である．なお，$e = 1$ の場合を**完全弾性衝突**，$0 < e < 1$ の場合を**非弾性衝突**，$e = 0$ の場合を**完全非弾性衝突**と呼ぶ．$e = 0$ の場合には，2 つの小球は衝突時に一体化するとみなせる．また，衝突時の塑性変形や摩擦などに伴うエネルギー損失があるので，ほとんどの場合に非弾性衝突 ($0 < e < 1$) となる．したがって，完全

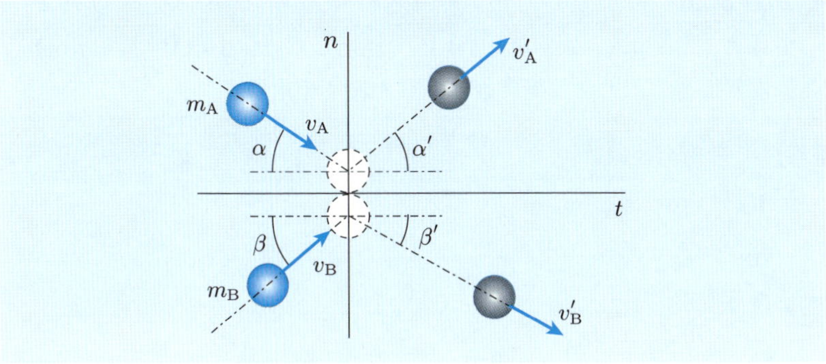

図 3.33 2 つの小球の斜め衝突

弾性衝突 $(e = 1)$ の場合を除いてエネルギー保存則は成り立たない．

(2) 斜め衝突 質量が m_A および m_B である 2 つの小球がそれぞれ速度 $\boldsymbol{v}_A$ および $\boldsymbol{v}_B$ で斜めに衝突し，衝突後の速度がそれぞれ $\boldsymbol{v}'_A$ および $\boldsymbol{v}'_B$ となったとする．ただし，簡単のために，2 球間の摩擦は無視する．この場合にも，2 球間には接触力以外に何ら外力が作用しないので，全運動量は保存される．

いま，図 3.33 に示すように，直交する 2 つの軸 t 軸および n 軸を設け，両者が衝突前後に t 軸となす角度を α, α' および β, β' とする．

まず，摩擦がないために t 方向の運動量変化はないので，

$$m_A(\boldsymbol{v}_A)_t = m_A(\boldsymbol{v}'_A)_t, \quad m_B(\boldsymbol{v}_B)_t = m_B(\boldsymbol{v}'_B)_t \tag{3.96}$$

すなわち，

$$v_A \cos\alpha = v'_A \cos\alpha', \quad v_B \cos\beta = v'_B \cos\beta' \tag{3.97}$$

の 2 式が成り立つ．一方，n 軸方向の成分については，先に述べた直衝突過程と同じであるので，式 (3.94) と式 (3.95) から

$$v'_A \sin\alpha' = v_A \sin\alpha - \frac{m_B}{m_A + m_B}(1+e)(v_A \sin\alpha - v_B \sin\beta) \tag{3.98}$$

$$v'_B \sin\beta' = v_B \sin\beta + \frac{m_A}{m_A + m_B}(1+e)(v_A \sin\alpha - v_B \sin\beta) \tag{3.99}$$

の 2 式で表される．以上の 4 式 (3.97)～(3.99) から全ての未知量が決定できる．

例題 3.26

小球 A (質量 m_{A}) が速度 $v_{\mathrm{A}} = V$ で静止している小球 B (質量 m_{B}) に非弾性直衝突するとき，衝突後の両球の速度を求めよ．

【解答】 この衝突現象は

$$m_{\mathrm{A}}V = m_{\mathrm{A}}v'_{\mathrm{A}} + m_{\mathrm{B}}v'_{\mathrm{B}}$$

$$v'_{\mathrm{B}} - v'_{\mathrm{A}} = eV$$

と表されるので，

$$v'_{\mathrm{A}} = \frac{m_{\mathrm{A}} - em_{\mathrm{B}}}{m_{\mathrm{A}} + m_{\mathrm{B}}}V, \quad v'_{\mathrm{B}} = \frac{m_{\mathrm{A}}}{m_{\mathrm{A}} + m_{\mathrm{B}}}(1+e)V$$

を得る． ■

例題 3.27

野球やゴルフなど球技用の公式ボールには反発係数の大きさに規定があり，所定の高さから大理石ブロックの床などに落下させる試験が行われる．いま，ボールを高さ $h = 1.5\,\mathrm{m}$ から落下させたところ高さ $h' = 1.0\,\mathrm{m}$ まで跳ね返った．このボールの反発係数を求めよ．

【解答】 自由落下であるので，衝突前後のボールの速度は $v = -\sqrt{2gh}$, $v' = \sqrt{2gh'}$ で表され，床の速度は 0 であるので，反発係数は

$$e = -\frac{v'}{v} = \sqrt{\frac{h'}{h}} = 0.82$$

となる． ■

例題 3.28

図 3.34 に示すように，摩擦のない水平な床面に質量 m の小球を斜め衝突させる際の速度変化と角度変化を求めよ．ただし，床と小球の間の反発係数を e とし，重力は無視する．

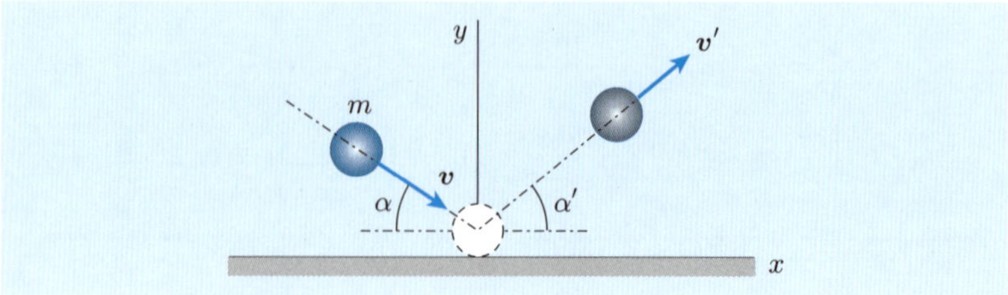

図 3.34

【解答】 式 (3.97)～(3.99) で $m_A = m$, $m_B = \infty$, $v_A = v$, $v'_A = v'$, $v_B = v'_B = 0$ とおき，y 軸方向の速度は符号が変わることに注意すると，

$$v' \cos\alpha' = v\cos\alpha, \quad v'\sin\alpha' = ev\sin\alpha$$

より，

$$v' = v(\cos^2\alpha + e^2\sin^2\alpha)^{1/2}, \quad \tan\alpha' = e\tan\alpha$$

を得る．$e = 1$ の場合には $v' = v$, $\alpha' = \alpha$ となる． ■

3.4.5 質量が変化する物体の運動

質量が変化する物体の場合には，力積の概念を用いて都合よく運動を解析できる場合もある．ここでは 2 つの例を用いて簡単に触れておく．

例題 3.29

図 3.35 に示すように，本体の質量が M [kg] であるロケットが質量 m [kg] の燃料を積載して垂直上向きに打ち上げられる．ロケットエンジンは一定の燃料消費率 μ [kg/s]，ロケットに対する相対速度 u [m/s] で燃焼ガスを噴射する．発射時刻を $t = 0$ として，時刻 t [s] におけるロケットの速度 v [m/s] を求めよ．また，燃料を使い切った時点での速度を求めよ．ただし，重力加速度は一定とする．

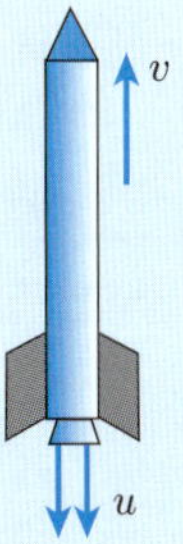

図 3.35

【解答】 発射される直前 ($t = 0$) のロケット全体の質量は $M + m$ であり，発射後 t だけ経った時点での質量は $M + m - \mu t$ である．任意の時刻 t から $t + \Delta t$ の間に作用する重力による力積，ロケットの運動量変化および噴射される燃焼ガスの運動量変化の関係は

$$[M+m-\mu(t+\Delta t)](v+\Delta v)-(M+m-\mu t)v-(\mu\Delta t)(u-v)$$
$$=-(M+m-\mu t)g\Delta t$$

で表される．2 次の微小量 $\Delta v\Delta t$ を無視し，両辺を Δt で割って $\Delta t\to 0$ とすると，微分方程式

$$\frac{dv}{dt}=\frac{\mu u}{M+m-\mu t}-g$$

が得られる．この変数分離型の 1 階微分方程式は容易に積分できるので，ロケットの速度は，$t=0$ で $v=0$ として，

$$v(t)=u\ln\frac{M+m}{M+m-\mu t}-gt$$

で表される．また，燃料を使い切る時刻 $t_f=m/\mu$ において，最終速度は

$$v(t_f)=u\ln\left[1+\frac{m}{M}\right]-\frac{mg}{\mu}$$

となる．明らかに，ロケット本体に対する初期燃料の質量比が大きいほど，また噴射速度 (すなわち燃焼速度) が大きい燃料ほど高い速度が得られることがわかる． ■

例題 3.30

図 3.36 に示すように，滑らかな机の端に置かれた全長 l [m]，単位長さ当たりの質量 ρ [kg/m] の鎖が，机の端から b [m] だけ垂れ下がった状態から初速度 0 で滑り落ちるとする．鎖が机から離れるときの速度を求めよ．

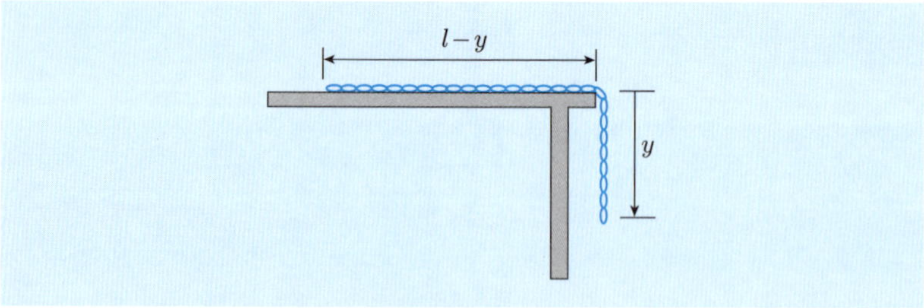

図 3.36

【解答】 時刻 t において，机から垂れ下がった鎖の長さを $y(t)$，速度を $v(t)$ とすると，微小時間 Δt の間に働く重力による力積と運動量変化の関係式は

$$\rho l(v+\Delta v)-\rho lv=\rho gy\Delta t$$

で表される．したがって，$\Delta t \to 0$ において微分方程式

$$\frac{dv}{dt} = \frac{g}{l}y$$

を得る．ここで，$v = dy/dt$ を用いると，上式は 2 階常微分方程式

$$\frac{d^2y}{dt^2} - \kappa^2 y = 0, \quad \kappa = \sqrt{\frac{g}{l}}$$

に変換できるが，この一般解は直ちに

$$y(t) = Ae^{\kappa t} + Be^{-\kappa t}$$

で表される．ただし，A と B は積分定数である．初期条件は $t=0 : y=b,\ dy/dt=0$ で表されるので，

$$y(t) = \frac{b}{2}(e^{\kappa t} + e^{-\kappa t}) = b\cosh(\kappa t)$$

$$v(t) = \frac{\kappa b}{2}(e^{\kappa t} - e^{-\kappa t}) = \kappa b\sinh(\kappa t)$$

を得る．また，公式 $\cosh^2(\kappa t) - \sinh^2(\kappa t) = 1$ より $v^2 = \kappa^2(y^2 - b^2)$ となる．よって，$y = l$ となるときに鎖は机から離れ，そのときの速度は $v = \kappa\sqrt{l^2 - b^2}$ となる． ■

3章の問題

1 質点に作用している3つの力 $\boldsymbol{f}_1 = \boldsymbol{i} + 2\boldsymbol{j} - 3\boldsymbol{k}$, $\boldsymbol{f}_2 = -2\boldsymbol{i} - 4\boldsymbol{j} + 2\boldsymbol{k}$, $\boldsymbol{f}_3 = a\boldsymbol{i} + b\boldsymbol{j} + c\boldsymbol{k}$ の合力ベクトルを求め，静的平衡条件を満たすために必要な a, b, c の値を決定せよ．

2 質量が 10.0 kg である質点に2つの力 $\boldsymbol{f}_1 = \boldsymbol{i} + 2\boldsymbol{j} - 3\boldsymbol{k}$, $\boldsymbol{f}_2 = -2\boldsymbol{i} - 4\boldsymbol{j} + 2\boldsymbol{k}$ (力の単位はともにN) が同時に作用するとき，質点に生じる加速度ベクトル $\boldsymbol{a}$ を求めよ．また，2つの力が同時に作用し始めてから 5.0 s 経過したときの質点速度の大きさと移動した距離を求めよ．

3 ばね定数がそれぞれ k_1, k_2 である2本のコイルばねを直列に結合して，その両端に力 f を加えたとき，ばね全体の伸びが x であった．このとき，関係式 $f = kx$ が成り立つことを示せ．ただし，$1/k = 1/k_1 + 1/k_2$ であり，k は直列ばねの等価ばね定数と呼ばれる (図 3.37).

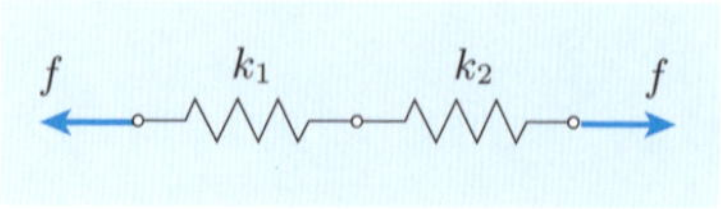

図 3.37

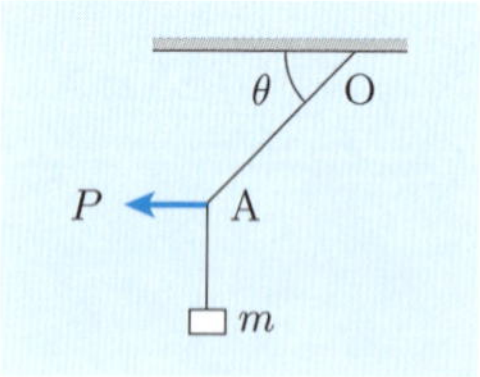

図 3.38

4 図 3.38 に示すように，質量 m の物体が吊り下げられたケーブルの上端Oが天井に固定されている．いま，ケーブルの1点Aに水平方向の力 P を加えてケーブルが天井から θ だけ傾いた位置で保持するために必要な力 P の大きさを求めよ．

5 図 3.39 に示すように，長さが l, ばね定数が k である2本のばねを間隔 l で天井から吊り下げてから結合点Oに質量 m の質点を静かに付加すると，2本のばねのなす角度が θ となった．θ が満たすべき関係式を求めよ．

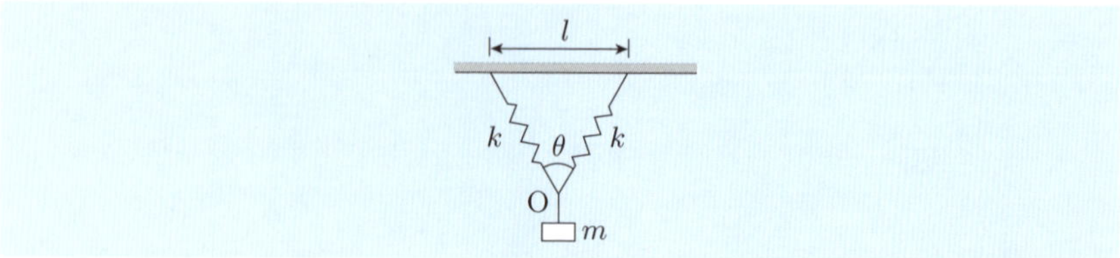

図 3.39

6 水平面に置かれた丈夫な板の上に質量 $m = 10.0$ kg の物体を載せておく．面の静止摩擦係数は $\mu_s = 0.4$ である．いま，板を徐々に傾けてゆくと水平面との角度が θ となったとき物体は滑り始めた．角度 θ を求めよ．

7 図 3.40 に示すように，垂直のガイド面に沿って滑ることのできる物体 A (質量 m_{A}) をくさび B (質量 m_{B}) を用いて移動させる．(a) 物体 A を上昇させるのに必要な力 P_1 および (b) 物体 A を下降させるの必要な力 P_2 を求めよ．ただし，全ての接触面の静止摩擦係数を μ とする．

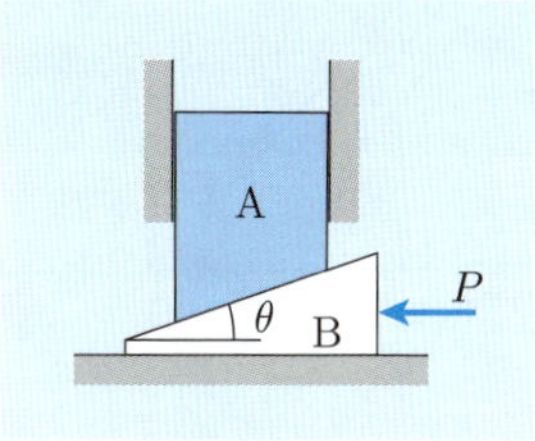

図 3.40

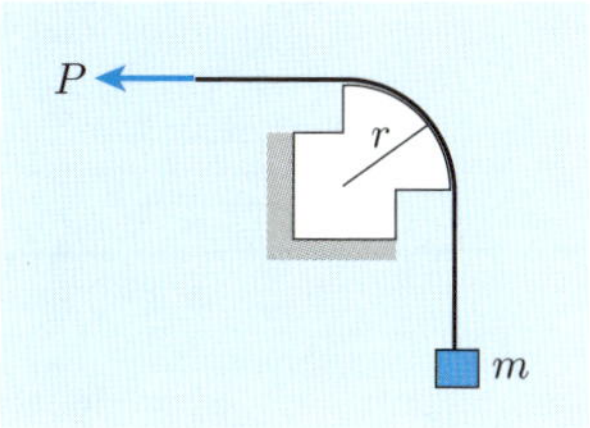

図 3.41

8 図 3.41 に示すように，半径 r の 1/4 円柱面に掛けたベルトを介して質量 m の物体 A を持ち上げるのに必要な水平力 P の大きさを求めよ．ただし，円柱面は台に固定されており，円柱面とベルト間の静止摩擦係数は μ である．

9 図 3.42 に示すように，動摩擦係数が μ である水平面に置かれた質量 m_{A} の物体 A と鉛直方向に運動できる質量 m_{B} の物体 B は滑車 O を介してケーブルで結合されている．両物体が重力によって運動を開始した直後の加速度を求めよ．

10 鉄道や高速道路のカーブでは車両が高速走行できるように内側と外側で高低差が付けられている．このような構造を**カント**またはバンクと呼ぶ．図 3.43 に示すように，曲率半径 ρ のカーブを一定速度 v で走行する電車 (質量 m) が線路から浮き上

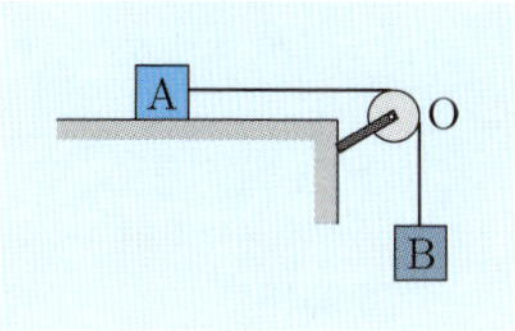

図 3.42

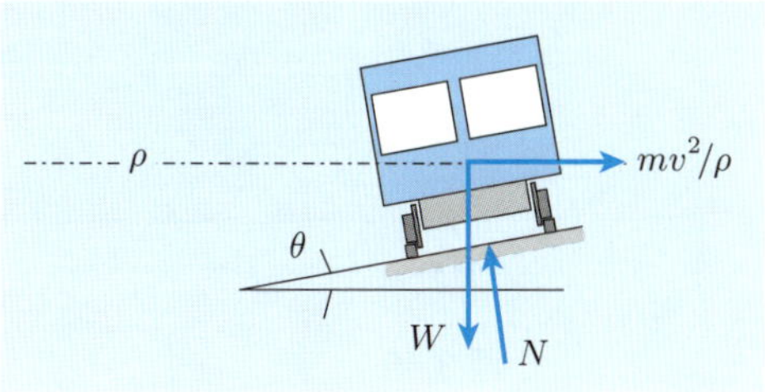

図 3.43

がらないための条件を求めよ．

11 図 3.44 (a),(b) に示すように，密度 ρ，断面積 S の噴流が速度 v で固定壁面に垂直に衝突した後，壁面に沿って流れる．このとき壁面が受ける力の大きさを，(a) 垂直の壁面と (b) 曲面の壁についてそれぞれ求めよ．ただし，重力や摩擦力は無視する．

(ヒント) 壁面に作用する力と運動量変化に着目する．

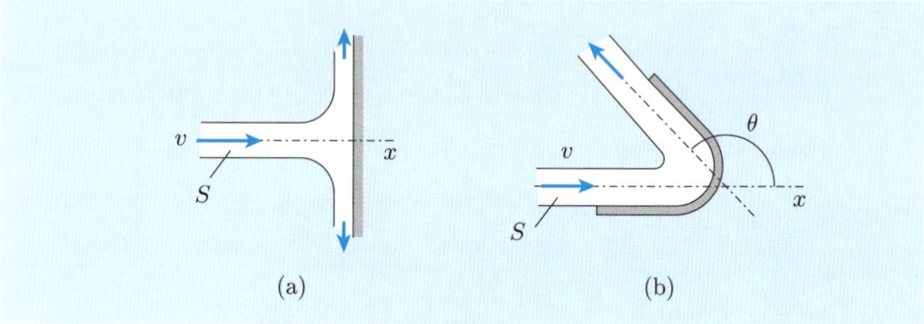

図 3.44

12 図 3.45 に示すように，同じ質量 m を持つ 3 つの小球 A, B, C が水平面内に配置されている．全て完全弾性衝突するとして，速度 v_A で打ち出された小球 A が小球 B に衝突した後で小球 C に衝突するために v_A, θ, ϕ が満たすべき条件を求めよ．ただし，球の大きさは無視する．

13 **円錐振子** 天井から長さ l の糸で吊り下げられた質量 m の質点が水平面内で半径 r，角速度 ω の等速円運動をするとき，糸と鉛直線とのなす角度 θ を求めよ．これを円錐振子という (図 3.46)．

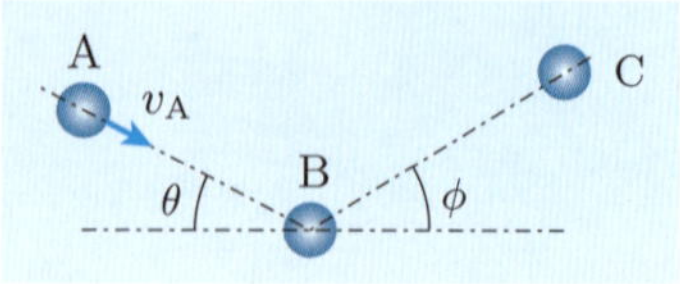

図 3.45

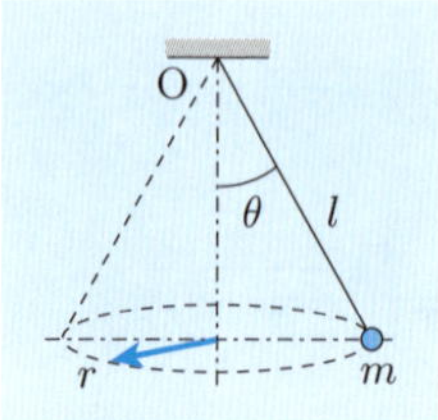

図 3.46

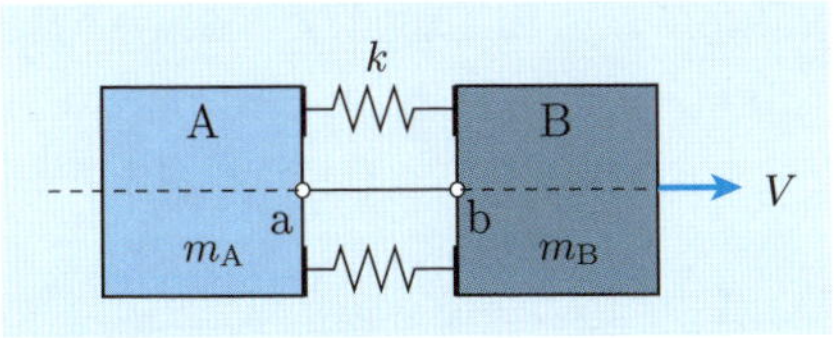

図 3.47

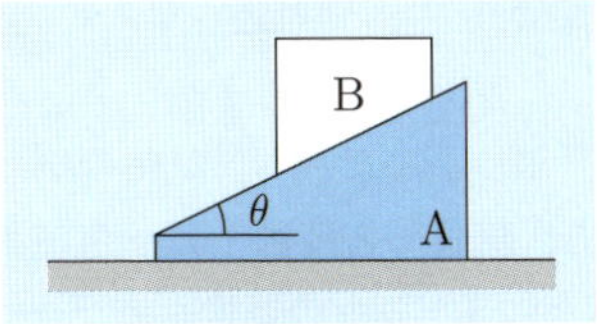

図 3.48

14 図 3.47 に示すように，質量が m_A および m_B である 2 つの小物体 A と B の間に挟まれた 2 本のばね (ばね定数 k) をともに δ だけ圧縮して糸 ab で留めている．両物体 A と B が一体で水平方向に速度 V で飛んでいる途中で急に糸を切断したとき，A と B の速度および 2 物体の重心の速度を求めよ．なお，ばねは両物体と結合されてはいない．

15 図 3.48 に示すように，滑らかな水平面の上を運動できるある物体 A の斜面に沿って別の物体 B が滑らかに運動できる．いま，両物体が図に示した位置から静かに放されたとき，両物体の加速度を求めよ．ただし，物体 A の質量を m_A，物体 B の質量を m_B，斜面の角度を θ とする．

16 図 3.49 に示すように，質量 M のコンテナ内に質量 m の荷物を積載して，ケーブルによって容器ごと一定加速度 a で引き上げる．ケーブルの張力 T およびコンテナ床の反力 R を求めよ．

17 速い速度 v で気体中を運動する物体には，速度の 2 乗に比例する抵抗 $f = C_D \rho S v^2$ が働くことが知られている．ここで，C_D は物体の形状に依存する抵抗係数，ρ は気体の密度，S は運動方向に垂直な物体の断面積である．いま，高度 $z = H$ から初速度 0 で自由落下する物体が $z = h$ に達したときの速度を求めよ．

18 図 3.50 に示すように，容積が V_0 である高圧容器に断面積 S，長さ L の丈夫な円管が接合され，接合部には開閉弁が付けられている．いま，円管の端 $(x = 0)$ に

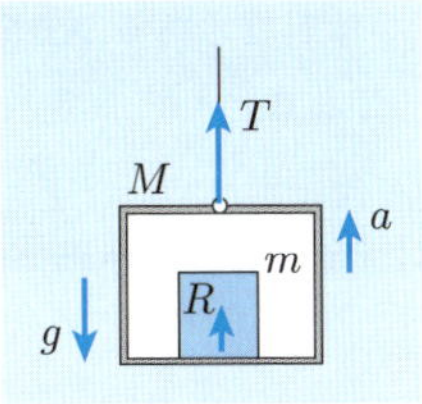

図 3.49

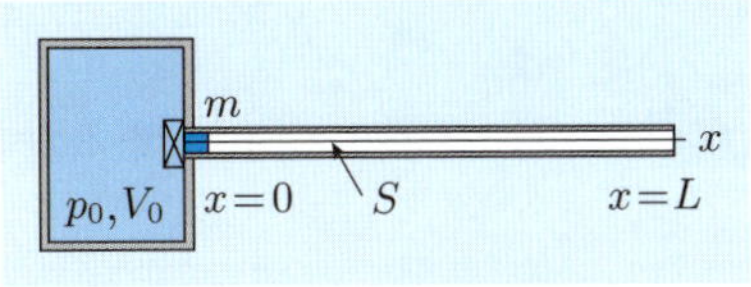

図 3.50

質量 m の円柱型弾丸を入れた後で容器内に圧力 p_0 の気体を封入する．弁を急に開放して弾丸を発射するとき，弾丸が管出口 $(x = L)$ に到達したときの弾丸の速度 v を求めよ．ただし，気体の圧力 p と体積 V の間には $pV =$ (一定) の関係が成り立ち，気体の密度は十分小さいとする．

(ヒント) 弾丸の速度を座標 x の関数とせよ．

19 図 3.51 に示すように，床の上に設置されたばね定数 k のばねには質量 M の皿が付けられている．いま，皿の上方 $z = h$ から質量 m の物体が自由落下して皿に衝突するとき，ばねの最大圧縮量を求めよ．また，衝突後の物体の運動を調べよ．ただし，皿と物体は完全非弾性衝突する $(e = 0)$.

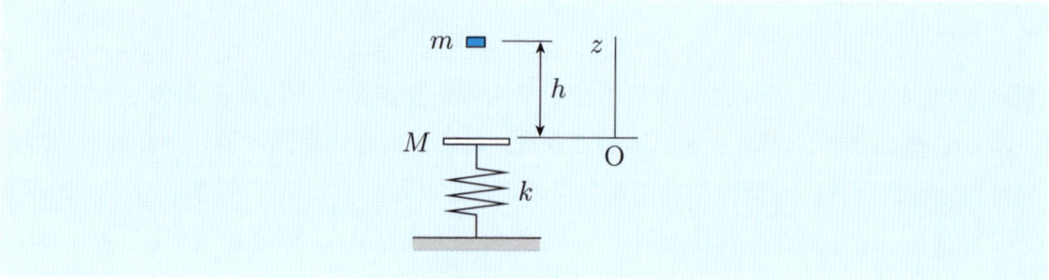

図 3.51

20 例題 3.24 において，X_1, X_2, ω を未定の定数として，指数関数型の解

$$x_1(t) = X_1 \exp(i\omega t), \quad x_2(t) = X_2 \exp(i\omega t)$$

を仮定することにより，

$$x_1(t) = X_{11} + X_{12}t + X_{13}\sin\omega t + X_{14}\cos\omega t$$

$$x_2(t) = X_{11} + X_{12}t + \frac{m_1}{m_2}(X_{13}\sin\omega t + X_{14}\cos\omega t)$$

$$\omega = \sqrt{\frac{m_1 + m_2}{m_1 m_2}k}$$

の形の解が得られることを確かめよ．ただし，$X_{11} \sim X_{14}$ は定数である．また，初期条件を $t = 0$ で $x_1 = -C$, $dx_1/dt = 0$, $x_2 = C$, $dx_2/dt = 0$ として，定数 $X_{11} \sim X_{14}$ を決定せよ．

注意 2 これはやや高度の問題であるので省略してもよい．

4 エネルギー原理

物質は様々な形でエネルギーを蓄積することができる．力学的エネルギーは力のする仕事によって物体に供給され，逆にエネルギーを有する物体は別の物体に仕事をすることができる．しかし，物体間の摩擦抵抗や流体による粘性抵抗など種々の原因によるエネルギー散逸が起こるため，仕事の全てを力学的エネルギーに変換できない．同様に，物体が持つ力学的エネルギーの全てを他の物体への仕事に変換できない．

一方，エネルギー散逸のない力学系は保存系と呼ばれる．そこでは，ポテンシャルエネルギーという概念が導入され，エネルギー保存則が導かれる．

キーワード

保存力と非保存力　力のする仕事
運動エネルギー　ポテンシャル
エネルギー保存則　エネルギー散逸

4.1 仕事と運動エネルギー

まず，質点の運動に着目する．いま，摩擦力や粘性減衰力が作用しないとすると，質量 m の質点の運動方程式は

$$m\frac{d\boldsymbol{v}}{dt} = \boldsymbol{f} \tag{4.1}$$

と表される．この式の両辺に速度ベクトル $\boldsymbol{v}$ を内積すると

$$m\boldsymbol{v}\cdot\frac{d\boldsymbol{v}}{dt} = \boldsymbol{f}\cdot\boldsymbol{v}$$

と書けるが，これは容易に

$$\frac{1}{2}m\frac{d}{dt}(\boldsymbol{v}\cdot\boldsymbol{v}) = \boldsymbol{f}\cdot\boldsymbol{v} \tag{4.2}$$

と変形できる．初期条件を $t=0$ で $\boldsymbol{r}=\boldsymbol{r}_0$，$\boldsymbol{v}=\boldsymbol{v}_0$ として，式 (4.2) の両辺に dt を掛けて項別に積分すると

$$\frac{1}{2}m\int_{v_0}^{v} d(v^2) = \int_0^t \boldsymbol{f}\cdot\boldsymbol{v}dt = \int_{\boldsymbol{r}_0}^{\boldsymbol{r}} \boldsymbol{f}\cdot d\boldsymbol{r}$$

すなわち，

$$\frac{1}{2}mv^2 - \frac{1}{2}mv_0^2 = \int_{\boldsymbol{r}_0}^{\boldsymbol{r}} \boldsymbol{f}\cdot d\boldsymbol{r} \tag{4.3}$$

を得る．ただし，上式を導く際に $\boldsymbol{v}\cdot\boldsymbol{v} = v^2$，$\boldsymbol{v}dt = d\boldsymbol{r}$ などの関係式を用いている．ここで現れた量

$$K = \frac{1}{2}mv^2 \tag{4.4}$$

を質点の**運動エネルギー**と定義し，右辺の積分

$$W = \int_{\boldsymbol{r}_0}^{\boldsymbol{r}} \boldsymbol{f}\cdot d\boldsymbol{r} \tag{4.5}$$

を**力のする仕事**と定義する．

式 (4.3) は，力のする仕事と質点の持つ運動エネルギーの増加量が等しいことを示している．すなわち，

$$\Delta K = W \tag{4.6}$$

である．なお，定義からもわかるように，運動エネルギーおよび仕事はともにスカラー量であって，ジュール (J=Nm) の単位を持つ．また，式 (4.2) と (4.5)

から直接得られるように，単位時間当たりの仕事

$$P = \frac{dW}{dt} = \boldsymbol{f} \cdot \boldsymbol{v} \tag{4.7}$$

は**仕事率**または**動力**と呼ばれ，ワット (W=J/s) の単位を持つ．

もし，力ベクトルと位置ベクトルが直角座標成分

$$\boldsymbol{f} = f_x \boldsymbol{i} + f_y \boldsymbol{j} + f_z \boldsymbol{k} \tag{4.8}$$

$$\boldsymbol{r} = x\boldsymbol{i} + y\boldsymbol{j} + z\boldsymbol{k} \tag{4.9}$$

で表されるとすると，力のする仕事は

$$W = \int_C \boldsymbol{f} \cdot d\boldsymbol{r} = \int_C (f_x dx + f_y dy + f_z dz) \tag{4.10}$$

と表される．ただし，積分記号の添え字 C は**経路積分**であることを示し，一般に仕事は質点の運動経路 $C : \boldsymbol{r}_0 \to \boldsymbol{r}$ に依存する．なお，式 (4.10) からわかるように，力ベクトル $\boldsymbol{f}$ と変位ベクトル $\boldsymbol{r}$ が直交する場合には，力のする仕事 W は常に 0 である．

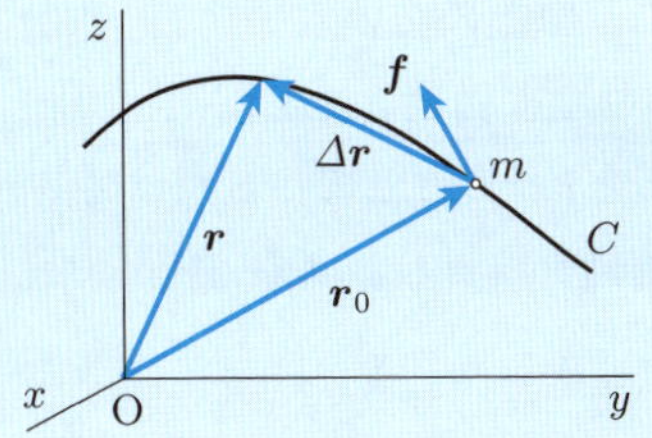

図 4.1　質点の運動経路と力のする仕事

例 1　質量 m の質点が高さ $z = h$ から初速度 0 で $z = 0$ まで自由落下する場合，鉛直上向きに z 座標をとると，重力のする仕事と質点の運動エネルギーの関係式は

$$\Delta K = \frac{1}{2}mv^2 - 0, \quad W = \int_C (-mg\boldsymbol{k}) \cdot (dz\boldsymbol{k}) = \int_h^0 (-mg)dz = mgh$$

と表されるので，$\Delta K = W$ より $z = 0$ における質点の速さは $v = \sqrt{2gh}$ となる．逆に，質量 m を同じ高さ h だけ持ち上げるためには，上で求めた仕事と同じ大きさの仕事を必要とする．　□

例2　ばね定数 k，自然長 l のコイルばねの一端を固定し，他端に力 f を加えて x だけ伸ばすとき復元力は $f=-kx$ と表される．したがって，ばねの長さ方向に x 座標をとると，引張り力のする仕事は

$$W=\int_C (kx\boldsymbol{i})\cdot(dx\boldsymbol{i})=\int_0^x (kx)dx=\frac{1}{2}kx^2$$

で表される．このとき，ばねは弾性ポテンシャル (または位置エネルギーと呼ばれる) という形でエネルギーを蓄えたことになる．ばねが圧縮された場合も同様である (4.2.1 を参照)．□

例3　ばね定数 k，自然長 l のコイルばねの一端を固定して滑らかな水平面に置く．その後，他端に質量 m の質点を押し付けて h だけ圧縮した状態から初速度 0 で放す．ばねが自然長 l まで回復したとき，ばねの復元力のする仕事と質点の運動エネルギーの関係は

$$\varDelta K=\frac{1}{2}mv^2-0,\quad W=\int_0^h kxdx=\frac{1}{2}kh^2$$

と表されるので，$\varDelta K=W$ より質点の速さは $v=h\sqrt{k/m}$ となる．□

例題 4.1

図 4.2 に示すように，摩擦のない水平面 $(x<0)$ を速度 V で運動していた質点 (質量 m) が動摩擦係数 μ_k の水平面 $(0<x)$ に突入する．原点 $x=0$ を通過した時刻を $t=0$ として，質点は時刻 $t=\tau$ で点 $x=s$ に達して停止した．この運動を解析し，摩擦力のした仕事を求めよ．

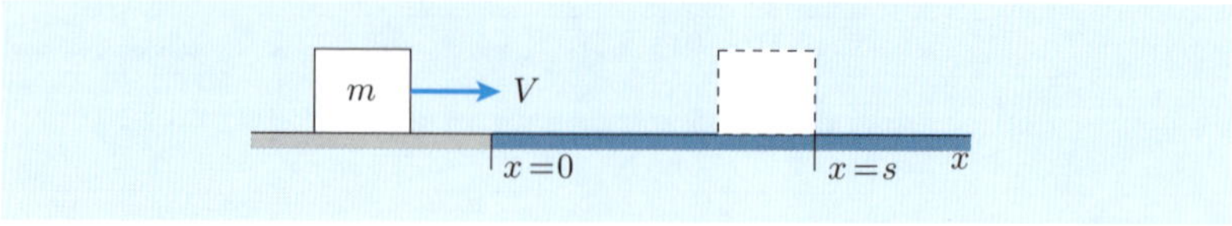

図 4.2

【解答】　質点に作用する力は重力 $-mg$，垂直抗力 N，摩擦力 $-\mu_k N$ であるが，面に垂直な方向の運動はないとすると，$N-mg=0$ でなければならない．したがって，面に沿う x 方向の運動方程式は

$$m\frac{dv}{dt}=-\mu_k mg$$

と表される．よって，初期条件 $t=0;\ v=V$ を考慮して，時間 t で積分すると

$$v = V - \mu_k g t$$

を得る．したがって，時刻 $\tau = V/(\mu_k g)$ で質点は停止する．また，移動距離は

$$s = \int_0^\tau v dt = \tau \left(V - \frac{1}{2}\mu_k g \tau \right) = \frac{V\tau}{2}$$

となる．また，この間に摩擦力のした仕事は

$$W = \mu_k m g s = \frac{1}{2}\mu_k m g V \tau = \frac{1}{2} m V^2$$

となる．すなわち，もし摩擦がなければ ($\mu_k = 0$) 質点の運動エネルギーは一定に保たれる．しかし，摩擦のある場合には，質点の速度は時間とともに減少し，はじめに持っていた運動エネルギーが摩擦力のする仕事に消費され，完全に消費されたとき質点は停止する．このように運動エネルギーの一部が固体の摩擦力や流体の粘性抵抗力によって熱エネルギーに変換されることを**エネルギー散逸**という．具体的には，物を強くこすると発熱するように，固体や流体の温度上昇という形で熱エネルギーに変換されるが，この熱エネルギーをそのままの形で力学エネルギーに再変換することはできない． ■

例題 4.2

前章の例題 3.26 において，衝突によって散逸される運動エネルギーを求めよ．

【解答】 衝突前後の運動エネルギーは

$$K_0 = \frac{1}{2} m_A V^2$$

$$K' = \frac{1}{2} m_A {v'_A}^2 + \frac{1}{2} m_B {v'_B}^2 = \frac{1}{2} \frac{m_A (m_A + e^2 m_B)}{m_A + m_B} V^2$$

と表されるので，エネルギー損失は

$$\Delta K = K_0 - K' = \frac{1}{2} \frac{m_A m_B}{m_A + m_B} (1 - e^2) V^2$$

となる．一方，完全弾性衝突 ($e = 1$) の場合にはエネルギー散逸はない． ■

例題 4.3

図 4.3 に示すように，質点が力 $\boldsymbol{f} = x^2 y\boldsymbol{i} + xy^2\boldsymbol{j}$ を受けながら $(\mathrm{O}; x, y)$ 面内を原点 O から点 P まで移動した．次のような 2 種類の経路に沿って運動するとき，力のした仕事を定義に従って求めよ．

(A) 直線 $y = x$ に沿って O から P まで運動する経路．

(B) x 軸に沿って O から Q に移動し，次いで直線 $x = 1$ に沿って Q から P まで運動する経路．

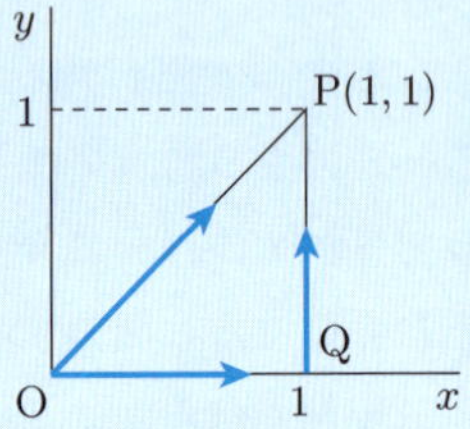

図 4.3

【解答】 (A) 直線 OP に沿って運動する場合，$y = x$, $dy = dx$, $dz = 0$ であるので，力のする仕事は

$$W_{\mathrm{O}\to\mathrm{P}} = \int_{\mathrm{O}\to\mathrm{P}} (x^2 y dx + xy^2 dy) = \int_0^1 (x^3 dx + x^3 dx) = \frac{1}{2}$$

(B) 直線 OQ に沿って運動する場合には，$y = 0$, $dy = 0$, $dz = 0$ であり，直線 QP に沿って運動する場合には $x = 1$, $dx = 0$, $dz = 0$ であるので，力のする仕事は

$$W_{\mathrm{O}\to\mathrm{Q}} = \int_{\mathrm{O}\to\mathrm{Q}} (x^2 y dx + xy^2 dy) = 0$$

$$W_{\mathrm{Q}\to\mathrm{P}} = \int_{\mathrm{Q}\to\mathrm{P}} (x^2 y dx + xy^2 dy) = \int_0^1 y^2 dy = \frac{1}{3}$$

$$W_{\mathrm{O}\to\mathrm{P}} = W_{\mathrm{O}\to\mathrm{Q}} + W_{\mathrm{Q}\to\mathrm{P}} = \frac{1}{3}$$

で与えられる．

よって，始点と終点が同じでも，仕事は運動の経路によって異なることがわかる． ■

4.2 エネルギー保存則

固体の摩擦や流体の粘性抵抗などのエネルギー散逸がない場合には，力のする仕事は全て質点の運動エネルギーに変換できる．この場合に限り，力のする仕事はポテンシャルという形で系のエネルギーとして蓄積することができる．

4.2.1 保存力とポテンシャル

力 $\boldsymbol{f}$ が，あるスカラー関数 $U(x,y,z)$ の勾配ベクトル

$$\boldsymbol{f}(x,y,z) = -\boldsymbol{\nabla} U(x,y,z) \tag{4.11}$$

で表されるとき，力 $\boldsymbol{f}$ は**保存力**であるという．スカラー関数 $U(x,y,z)$ は座標だけの関数であり，**ポテンシャル**（また**位置エネルギー**）と呼ばれる．ただし，

$$\boldsymbol{\nabla} = \frac{\partial}{\partial x}\boldsymbol{i} + \frac{\partial}{\partial y}\boldsymbol{j} + \frac{\partial}{\partial z}\boldsymbol{k} \tag{4.12}$$

はハミルトン演算子（またはナブラという）である．したがって，力 $\boldsymbol{f}$ の直角座標成分は

$$f_x = -\frac{\partial U}{\partial x}, \quad f_y = -\frac{\partial U}{\partial y}, \quad f_z = -\frac{\partial U}{\partial z} \tag{4.13}$$

によって表される．またこのとき，力の成分とポテンシャルは全微分形式

$$-dU = f_x dx + f_y dy + f_z dz \tag{4.14}$$

で表される．ただし，式 (4.13) または式 (4.14) の関係式が成り立つためには，**非回転の条件**

$$\boldsymbol{\nabla} \times \boldsymbol{f} = \boldsymbol{0} \tag{4.15}$$

を満たさなければならない（下記 補足1 を参照）．なお，ベクトル $\boldsymbol{f}$ の成分を用いると，式 (4.15) は

$$\frac{\partial f_z}{\partial y} - \frac{\partial f_y}{\partial z} = 0, \quad \frac{\partial f_x}{\partial z} - \frac{\partial f_z}{\partial x} = 0, \quad \frac{\partial f_y}{\partial x} - \frac{\partial f_x}{\partial y} = 0 \tag{4.16}$$

と表される．一方，ポテンシャルを持たない力は**非保存力**と呼ばれる．固体摩擦力や液体の粘性減衰力などは代表的な非保存力である．

補足1　非回転の条件

微分可能なスカラー関数 $\phi(x,y,z)$ およびベクトル関数 $\boldsymbol{g}(x,y,z)$ に対して，

$$\boldsymbol{f} = \boldsymbol{\nabla}\phi \tag{4.17}$$

を $\phi(x, y, z)$ の**勾配ベクトル**と呼び，

$$\boldsymbol{h} = \boldsymbol{\nabla} \times \boldsymbol{g} \tag{4.18}$$

を $\boldsymbol{g}(x, y, z)$ の**回転ベクトル**と呼ぶ．もし，

$$\boldsymbol{h} = \boldsymbol{\nabla} \times \boldsymbol{g} = \boldsymbol{0} \tag{4.19}$$

が成り立つとき，ベクトル関数 $\boldsymbol{g}$ は**非回転ベクトル**であり，**保存的なベクトル**であるという．一方，任意のスカラー関数 ϕ に対して

$$\boldsymbol{\nabla} \times (\boldsymbol{\nabla}\phi) = \boldsymbol{0} \tag{4.20}$$

が恒等的に成り立つことは容易に確かめられる．したがって，スカラーポテンシャル $\phi = U$ によって導かれるベクトル $\boldsymbol{f} = \boldsymbol{\nabla}U$ は保存的なベクトルであり，非回転の条件 $\boldsymbol{\nabla} \times \boldsymbol{f} = \boldsymbol{\nabla} \times (\boldsymbol{\nabla}U) = \boldsymbol{0}$ が常に成り立つことがわかる．これを非回転の条件という． □

例4　**重力のポテンシャル**

鉛直上向きに z 軸を取るとすると，質量 m に作用する重力は $-mg\boldsymbol{k}$ である．したがって，重力が z 座標だけに依存するポテンシャル $U(z)$ で表されるとすると，

$$-mg = -\frac{dU}{dz}$$

と書けるが，これはすぐに積分できて

$$U(z) = mgz + c \tag{4.21}$$

で表される．ただし，c は積分定数である． □

例5　**ばねに蓄えられるポテンシャル**

自然長 l，ばね定数 k の線形ばねが軸方向に x だけ伸ばされたとき，その復元力は $f_x = -kx$ である．よって，

$$-kx = -\frac{dU}{dx}$$

と書けるが，これはすぐに積分できて

$$U(x) = \frac{1}{2}kx^2 + c \tag{4.22}$$

を得る．ただし，c は積分定数である．ばねが圧縮されるときも同じである． □

注意1 上の2例とも，ポテンシャル U には積分定数 c が現れるが，ポテンシャルの基準点を設けることによってこの定数を決めることができる．例えば，重力ポテンシャル (4.21) において，地表面 $z=0$ をポテンシャルの基準点 $U=0$ とすると，$c=0$ と決定される．また，ポテンシャルから力を計算する際には，微分 ∇U によって積分定数 c は自動的に消える．すなわち，運動の解析ではポテンシャルの差 ΔU が意味を持つ． □

例題 4.4

力 $\boldsymbol{f}(x,y)=y\boldsymbol{i}+x\boldsymbol{j}$ は保存力であることを示せ．また，ポテンシャル $U(x,t)$ を求めよ．

【解答】 $\partial f_y/\partial x=\partial f_x/\partial y(=1)$ であることから，非回転の条件を満たしているのでこの力は保存力である．次に，力とポテンシャルの関係式

$$\frac{\partial U(x,y)}{\partial x}=-y$$

$$\frac{\partial U(x,y)}{\partial y}=-x$$

の第1式を積分すると $U(x,y)=-xy+c_1(y)$，第2式を積分すると $U(x,y)=-xy+c_2(x)$ が得られる．ただし，$c_1(y)$ と $c_2(x)$ は未知の関数である．しかし，両式が等しいためには c_1 と c_2 はともに等しい定数でなければならない $(c_1=c_2=c)$．よって，ポテンシャルは

$$U(x,y)=-xy+c \quad .$$

と表される．もし，ポテンシャルの基準を $x=0,\ y=0$ で $U(0,0)=0$ とすると，$c=0$ となる．

さて，質点が点 $\mathrm{P}(x_\mathrm{P},y_\mathrm{P},z_\mathrm{P})$ から点 $\mathrm{Q}(x_\mathrm{Q},y_\mathrm{Q},z_\mathrm{Q})$ まで運動する間に保存力のする仕事は，式 (4.10) と式 (4.14) を適用すると，

$$W=\int_{C:\mathrm{P}\to\mathrm{Q}}(f_x dx+f_y dy+f_z dz)=-\int_{C:\mathrm{P}\to\mathrm{Q}} dU(x,y,z)$$

すなわち，

$$W=-[U(x_\mathrm{Q},y_\mathrm{Q},z_\mathrm{Q})-U(x_\mathrm{P},y_\mathrm{P},z_\mathrm{P})]=-\Delta U \tag{4.23}$$

と表される．したがって，保存力のする仕事 W は運動の経路 C にはよらずに，始点 $\mathrm{P}(x_\mathrm{P},y_\mathrm{P},z_\mathrm{P})$ と終点 $\mathrm{Q}(x_\mathrm{Q},y_\mathrm{Q},z_\mathrm{Q})$ におけるポテンシャルの差だけで表さ

れることがわかる． ■

4.2.2 エネルギー保存則

上で示したように，保存系において仕事とポテンシャルの関係式および仕事と運動エネルギーの関係式が

$$W = \Delta K = K(x_Q, y_Q, z_Q) - K(x_P, y_P, z_P) \tag{4.24}$$

$$W = -\Delta U = -[U(x_Q, y_Q, z_Q) - U(x_P, y_P, z_P)] \tag{4.25}$$

で与えられるので，$\Delta K = -\Delta U$，すなわち

$$K(x_Q, y_Q, z_Q) + U(x_Q, y_Q, z_Q) = K(x_P, y_P, z_P) + U(x_P, y_P, z_P)$$

が成り立つ．ところが，点 P と点 Q はともに任意の点であるので，運動エネルギー K とポテンシャル U の和 E (**全エネルギー**と呼ぶ) は全ての位置で常に一定に保たれることを示している．すなわち，

$$K + U = E \tag{4.26}$$

が成り立つ．これを**エネルギー保存則**という．

なお，運動エネルギー K，ポテンシャル U および全エネルギー E は全て非負の値を持つスカラー量であるので，それらの最大値は明らかに $K_{\max} = U_{\max} = E$ の関係を持つことがわかる．また，$K \geq 0$, $E - U \geq 0$ を満たす領域でのみ運動が可能であることも明らかである．

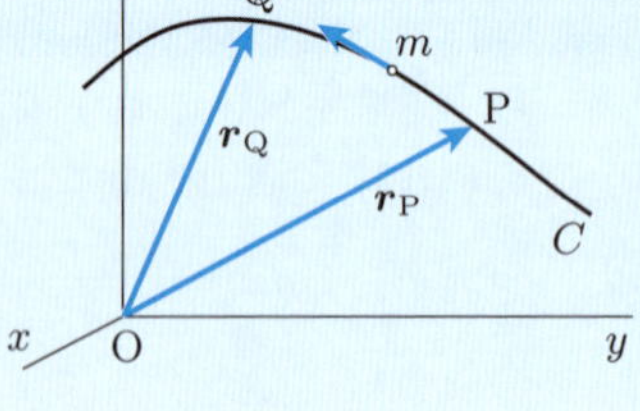

図 4.4

例題 4.5

平面力 $\boldsymbol{f} = xy^2\boldsymbol{i} + x^2y\boldsymbol{j}$ は保存力であることを示し，そのポテンシャルを求めよ．また，この力を受ける質点が，直線経路 $y = x$ に沿って原点 O から点 P まで運動したとき，力のした仕事 W を求めよ．

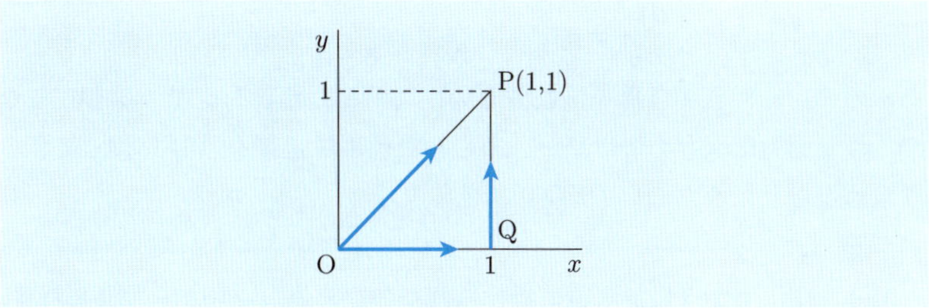

図 4.5

【解答】 $\dfrac{\partial f_y}{\partial x} = 2xy, \quad \dfrac{\partial f_x}{\partial y} = 2xy$

であるので，任意の位置で非回転の条件を満たす．よって，この力は保存力である．次に，

$$\frac{\partial U(x,y)}{\partial x} = -f_x = -xy^2$$

を積分することにより

$$U(x,y) = -\frac{1}{2}x^2y^2 + c_1(y)$$

が得られる．ただし，$c_1(y)$ は y の未定関数である．そこで，$U(x,y)$ を y で微分すると，

$$-\frac{\partial U(x,y)}{\partial y} = x^2y - \frac{dc_1(y)}{dy}$$

となるが，これは $f_y = x^2y$ に等しくなければならないので，c_1 は定数でなければならない．もし原点 O をポテンシャルの基準とすると，$c_1 = 0$ となる．次に，力のした仕事は，式 (4.23) を適用することにより

$$W = -\Delta U = -[U(1,1) - U(0,0)] = \frac{1}{2}$$

となる．なお，仕事の定義 (4.10) に従って積分を行っても，経路を O → Q → P としても，同じ結果が得られる．　■

例題 4.6

平面力 $\boldsymbol{f} = x^2 y\boldsymbol{i} + xy^2\boldsymbol{j}$ が保存力であるかどうか調べよ．また，この力を受ける質点が，図 4.5 に示したものと同じ直線経路 $y = x$ に沿って原点 O から点 P まで運動したとき，力のした仕事 W を求めよ．

【解答】 $\dfrac{\partial f_y}{\partial x} = y^2, \quad \dfrac{\partial f_x}{\partial y} = x^2$

であるので，非回転の条件を満たさない．よって，ポテンシャルは存在しないのでこの平面力は保存力ではない．力のした仕事は定義 (4.10) に従って積分により求めなければならない (例題 4.3 を参照)． ■

例題 4.7

図 4.6 に示すように，滑車に掛けられた伸び縮みしないケーブルの両端に付けられた小物体 A (質量 m_A) と B (質量 m_B) を同じ高さから自由落下させる．$m_\mathrm{A} < m_\mathrm{B}$ とし，物体 B が h だけ落下した位置での速度を求めよ．ただし，滑車やケーブルの質量は無視する．

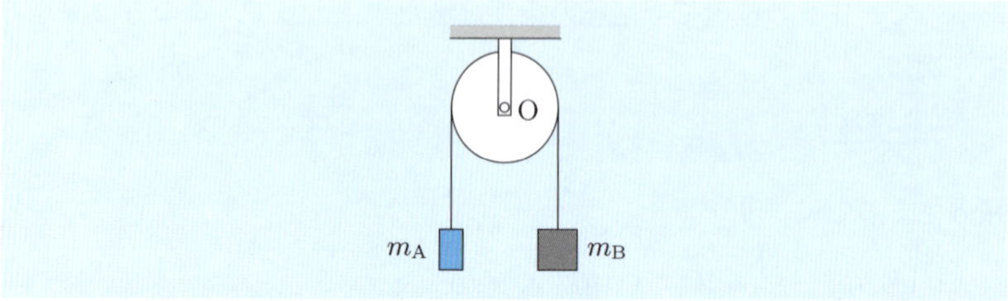

図 4.6

【解答】 はじめの位置 O をポテンシャルの基準点とすると，エネルギー保存則は

$$\frac{1}{2}m_\mathrm{A}v^2 + \frac{1}{2}m_\mathrm{B}v^2 + m_\mathrm{A}gh - m_\mathrm{B}gh = 0$$

と書けるので，

$$v = \left(2gh\frac{m_\mathrm{B} - m_\mathrm{A}}{m_\mathrm{A} + m_\mathrm{B}}\right)^{1/2}$$

を得る． ■

例題 4.8

図 4.7 に示すように，半径 r の滑らかな円柱面の頂点 A から質点 (質量 m) を静かに放すとしばらく円柱面を滑った後で点 B で円柱面から離れる．点 B の位置を求めよ．

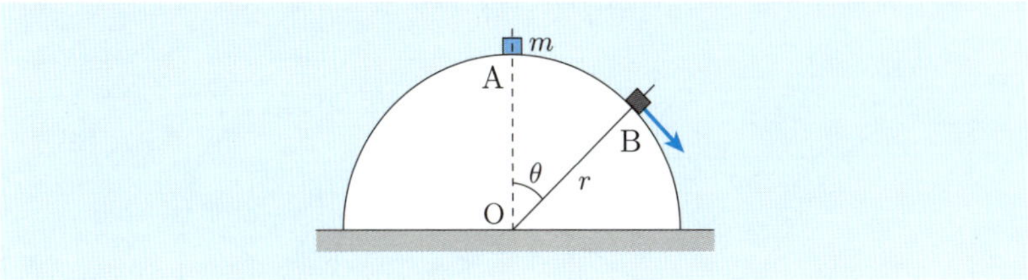

図 4.7

【解答】 質点が円柱面に沿って運動しているとすれば，線分 OB が鉛直軸 OA となす角度を θ とすると，エネルギー保存則

$$\frac{1}{2}mv^2 - mgr(1-\cos\theta) = 0$$

より，点 B における質点の速さは

$$v = \sqrt{2gr(1-\cos\theta)}$$

となる．ところが，質点が円柱面上にある限り，質点には重力，向心力および円柱面からの垂直抗力が作用しているはずである．すなわち，径方向の力の釣合い式より，垂直抗力 N は

$$N = mg\cos\theta - m\frac{v^2}{r} = mg(3\cos\theta - 2)$$

で表される．したがって，質点が円柱面から離れるのはちょうど $N=0$ となる位置である．よって，

$$\theta = \cos^{-1}\left(\frac{2}{3}\right)$$

において質点は $v=\sqrt{2gr/3}$ で円柱面から飛び出してから自由落下する． ■

例題 4.9

図 4.8 に示すように，高さ H の斜面から初速度 0 で滑ってきた質量 m の質点が滑らかな凸面に差し掛かった．ただし，凸面の高さを h，頂点 C での曲率半径を ρ とする．質点が凸面から離れずに乗り越えることができるためには曲率半径はどれだけでなければならないか．

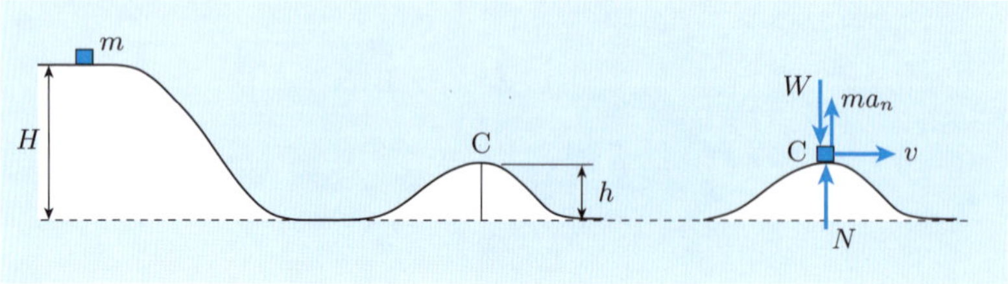

図 4.8

【解答】 凸面の頂点 C における速度を v とすると，エネルギー保存則

$$\frac{1}{2}mv^2 + mgh = mgH$$

より，

$$v = \sqrt{2g(H-h)}$$

を得る．ところで，質点が凸面から離れないためには頂点 C で凸面から受ける抗力 N が条件

$$N = mg - m\frac{v^2}{\rho} > 0$$

を満たさなければならないので，

$$\rho > \frac{v^2}{g} = 2(H-h)$$

でなければならない．■

例題 4.10

自然長 l，ばね定数 k のばねの上端を固定し，下端に質量 m の質点を吊り下げる．以下の問いに答えよ．

(1)　質点をばねに取り付けてから静かに離したときのばねの伸び量を求めよ．

(2)　質点をばねに取り付けてから急に質点を落下させたときのばねの最大伸び量を求めよ．

【解答】 (1)　ばねの伸び量を δ とすると，重力とばねの復元力が釣合うので，

$$\delta = \frac{mg}{k}$$

(2)　重力のポテンシャルの減少分がばねのポテンシャルと運動エネルギーに変換されるので，ばねの伸び量が z であるときの質点の速度を v とすると，エネルギー保存則は

$$\frac{1}{2}mv^2 + \frac{1}{2}kz^2 = mgz$$

と書ける．最大伸びの位置 $z = z_{\max}$ で再び $v = 0$ となるので

$$z_{\max} = \frac{2mg}{k}$$

となる．よって，急に質点を落下させたときのばねの伸びは静的な伸びの 2 倍となる．これは質点の慣性によるものである．■

例題 4.11

図 4.9 に示すように，斜面の最下端に自然長 l，ばね定数 k のばねの一端を固定し，他端に質量 m の小物体を静かに乗せるとばねが δ だけ圧縮された位置で静止する．この状態からさらにばねを s だけ圧縮して (図の O 点) 急に放すとき，小物体は斜面に沿って撃ち出される．ばねが自然長まで回復した時点で小物体の得る速度を求めよ．

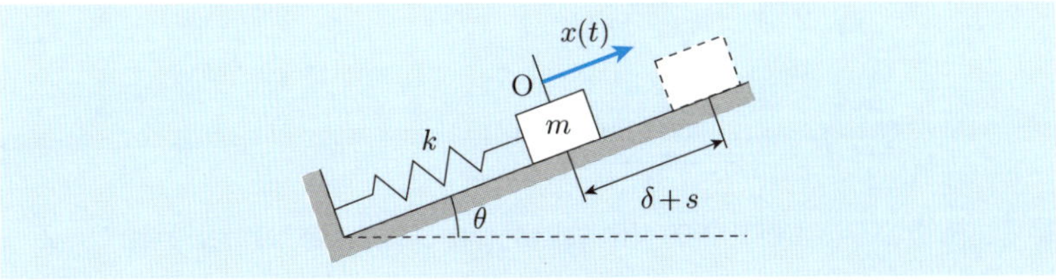

図 4.9

【解答】 小物体が静止していた位置を原点Oとし，斜面に沿って座標 x を設け，重力のポテンシャルの基準点を原点Oとする．まず，力の釣り合いより

$$\delta = \frac{mg}{k}\sin\theta$$

である．次に，ばねが自然長に回復した時点における小物体の速度を v とすると，エネルギー保存則は

$$\frac{1}{2}k(\delta+s)^2 = \frac{1}{2}mv^2 + mg(\delta+s)\sin\theta$$

で表される．よって，

$$v = (\delta+s)^{1/2}\left(\frac{k}{m}(\delta+s) - 2g\sin\theta\right)^{1/2}$$

となる．ただし，$\delta + s > mg\sin\theta/k$ でなければならない．■

例題 4.12

ポテンシャルが座標 x の関数 $U = U(x)$ で表されるとき，$t = 0$ で $x = x_0$ にあった質量 m の質点が $x = x_1$ に移動するために要する時間 τ を求めよ．

【解答】 全エネルギーを E，時刻 t における質点の速度を v とすると，エネルギー保存則 (4.26) より速度は

$$v = \sqrt{\frac{2}{m}[E - U(x)]}$$

で表される．また，速度は $v = dx/dt$ で表されるので，上式は

$$dt = \sqrt{\frac{m}{2}}\frac{dx}{\sqrt{E - U(x)}}$$

と変形できる．したがって，$t = 0$ で $x = x_0$，$t = \tau$ で $x = x_1$ として両辺を項別積分すると

$$\int_0^\tau dt = \sqrt{\frac{m}{2}}\int_{x_0}^{x_1}\frac{dx}{\sqrt{E - U(x)}}$$

より

$$\tau = \sqrt{\frac{m}{2}}\int_{x_0}^{x_1}\frac{dx}{\sqrt{E - U(x)}}$$

を得る．もし，$U(x)$ の具体的な関数形がわかれば右辺の積分が実行できる．■

例題 4.13

第3章で述べたばね–質点の1自由度振動系において，初期条件を $t=0$ で $x=x_0$，$v=dx/dt=0$ として，質点の位置 $x(t)$ と速度 $v(t)$ の関係を調べよ．また，ポテンシャル $U(x)$ と速度 v の関係を調べよ．

【解答】 この場合，エネルギー保存則 $K+U=E$ は

$$\frac{1}{2}mv^2+\frac{1}{2}kx^2=E$$

と書けるが，容易に

$$\frac{x^2}{\left(\sqrt{2E/k}\right)^2}+\frac{v^2}{\left(\sqrt{2E/m}\right)^2}=1$$

と変形できる．これは図 4.10 (a) に示すように，(x,v) 平面 (これを**位相平面**と呼ぶ) における楕円を表す方程式であり，質点はこの楕円に沿って運動することを示している．楕円の大きさと形は質量 m，ばね定数 k，全エネルギー E によって変化する．ここで与えられた初期条件に対しては，質点は図中の点 $\mathrm{P}(x=x_0,\ v=0)$ から出発して楕円上を時計方向に回転し，1周期ごとに点Pを通過する周期運動 (振動) を行うことがわかる．

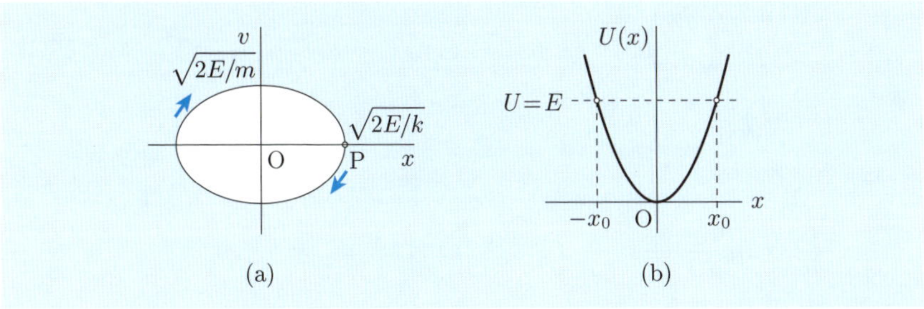

図 4.10 (a) ポテンシャル，(b) 位相平面

一方，ポテンシャルは放物線 $U(x)=(1/2)kx^2$ で表され (図 4.10 (b))，初期条件によって全エネルギーは $E=(1/2)kx_0^2$ で表されるので，点 x での速度は

$$v=\pm\sqrt{\frac{k}{m}[x_0^2-x^2]}$$

で表される．明らかに，$E-U\geq 0$ すなわち $-x_0\leq x\leq x_0$ が運動可能な領域である．したがって，質点は $t=0$，$x=x_0$ から $v=0$ で運動を開始し，放

物線に沿って左方向に運動する．$x=0$ を通過するとき速度は最大となるが，$x=-x_0$ で再び $v=0$ となって運動方向が逆転し，$t=T$ で出発点に戻る．このような運動を繰り返すことにより周期運動が生じる．なお，周期 T は，例題4.12に示した積分を適用すると，

$$T = 4\sqrt{\frac{m}{k}}\int_0^{x_0}\frac{dx}{\sqrt{x_0^2 - x^2}} = 2\pi\sqrt{\frac{m}{k}}$$

で表される．これは調和振動の周期 (3.42) にほかならない． ■

4.2.3 エネルギー法

保存系では，任意の時刻でエネルギー保存則 $K+U=E$ が成り立つので，両辺を時間 t で微分すると

$$\frac{dK}{dt} + \frac{dU}{dt} = 0 \tag{4.27}$$

が成り立つ．この関係式を用いて系の運動方程式を導く方法を**エネルギー法**と呼ぶ．また，明らかに $K_{\max} = U_{\max}$ が成り立つ．

例6 図4.11 (a) に示すようなばね–質点系において，平衡位置Oからの質点の変位を $x(t)$ とすれば，運動エネルギーとばねのポテンシャルは

$$K = \frac{1}{2}m\left(\frac{dx}{dt}\right)^2$$

$$U = \frac{1}{2}kx^2$$

で表されるので，

$$\frac{dK}{dt} = m\frac{d^2x}{dt^2}\frac{dx}{dt}$$

$$\frac{dU}{dt} = kx\frac{dx}{dt}$$

より

$$\frac{dK}{dt} + \frac{dU}{dt} = \left(m\frac{d^2x}{dt^2} + kz\right)\frac{dx}{dt} = 0$$

でなければならない．よって，$dx/dt \neq 0$ とすると運動方程式

$$m\frac{d^2x}{dt^2} + kx = 0$$

が得られる．これらはもちろん，第3章で導いた式 (3.34) と同一である． □

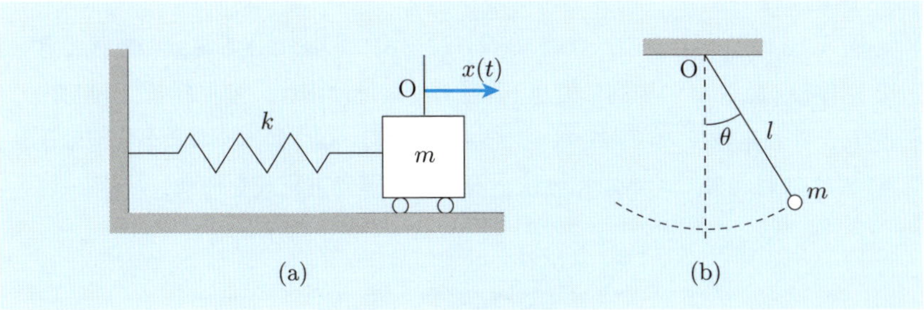

図 4.11　例6，例7

例7　図 4.11 (b) に示すような鉛直面内で運動する振り子において糸の振れ角を θ とすれば，運動エネルギーと重力のポテンシャルは

$$K = \frac{1}{2}m\left(l\frac{d\theta}{dt}\right)^2, \quad U = mgl(1-\cos\theta)$$

と表されるので，

$$\frac{dK}{dt} + \frac{dU}{dt} = \left(ml^2\frac{d^2\theta}{dt^2} + mgl\sin\theta\right)\frac{d\theta}{dt} = 0$$

でなければならない．よって，$d\theta/dt \neq 0$ とすると，運動方程式

$$\frac{d^2\theta}{dt^2} + \frac{g}{l}\sin\theta = 0$$

が得られる．これは非線形方程式であるが，振れ角が十分小さいときには $\sin\theta \approx \theta$ と近似できるので，よく知られた単振子の運動方程式

$$\frac{d^2\theta}{dt^2} + \frac{g}{l}\theta = 0$$

が得られる．これは固有角振動数が

$$\omega_n = \sqrt{\frac{g}{l}}$$

である調和振動である．　□

なお，第 3.3 節で示したように，例6 では調和振動解 $x(t) = C\sin(\omega t + \phi)$ が存在し，$K_{\max} = m\omega^2C^2/2$，$U_{\max} = kC^2/2$ であるので，$K_{\max} = U_{\max}$ より固有角振動数 $\omega = \sqrt{k/m}$ が直ちに得られる．例7 でも同様である．このような手法をエネルギー法と呼ぶこともある．

例題 4.14

図 4.12 に示すように，点 O の周りに自由に回転できる質量の無視できる剛体棒 (長さ l) の先端に質点 (質量 m) が付けられ，途中の点 A は自由長 l_0，ばね定数 k のばねで水平に支持されている．剛体棒の微小な回転運動 $\theta(t)$ に対して，エネルギー法を適用して運動方程式を作れ．

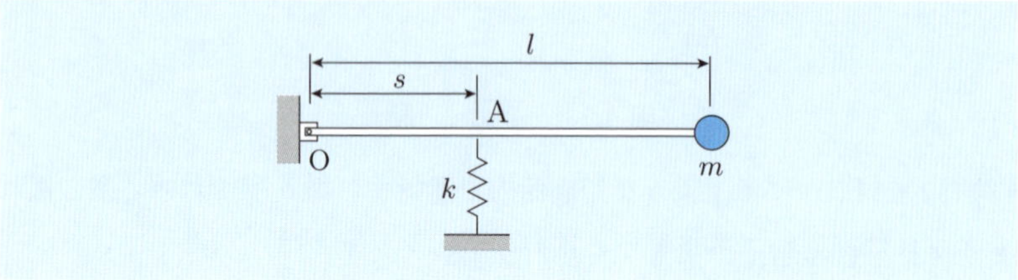

図 4.12

【解答】 ばねが自由長 l_0 から δ だけ圧縮された状態で剛体棒は水平に保たれている．したがって，力のモーメントのつり合いは $k\delta s = mgl$ で表される．図の位置から θ だけ反時計方向に回転したとすると，質点の運動エネルギー K および質点の位置エネルギーとばねのポテンシャルエネルギーの和 U は

$$K = \frac{1}{2}m\left(l\frac{d\theta}{dt}\right)^2$$

$$U = mgl\sin\theta + \frac{1}{2}k(\delta - s\sin\theta)^2$$

と表されるので，

$$\frac{dK}{dt} + \frac{dU}{dt} = ml^2\frac{d\theta}{dt}\frac{d^2\theta}{dt^2} + \{mgl\cos\theta - ks(\delta - s\sin\theta)\cos\theta\}\frac{d\theta}{dt} = 0$$

より，$d\theta/dt \neq 0$ として，

$$ml^2\frac{d^2\theta}{dt^2} + ks^2\theta = 0$$

を得る．ただし，$\theta \ll 1$ であるので，$\cos\theta \approx 1, \sin\theta \approx \theta$ と近似している．■

注意2 ここで導入した単純なエネルギー法は 1 自由度の保存系にだけ適用できる．さらに複雑な多自由度の力学系や非保存系に対しては，第 7 章で述べるラグランジュ方程式などを用いる必要がある．□

4章の問題

1 質点が力 $\boldsymbol{f} = x^2y\boldsymbol{i} + xy^2\boldsymbol{j}$ を受けながら放物線軌道 $y = x^2$ に沿って原点 $(0,0)$ から点 $(1,1)$ まで運動するとき，力のする仕事を定義に従って求めよ．もし，軌道が3次曲線 $y = x^3$ である場合には，先と同じ2点間を運動する際の力のする仕事はどれだけか．

2 質量 m の小物体が地表からの高さ h から速度 v に比例する抵抗力 $f = cv$ を受けながら自由落下する．ただし，c は定数である．落下開始から地表に達するまでに抵抗力がした仕事を求めよ．また，そのときの小物体の速度を求めよ．

3 質量 m の物体が水平面から θ だけ傾いた動摩擦係数 μ の斜面に沿って初速度0で距離 b だけ滑り落ちたとき (図4.13)，重力のする仕事 W_1 と摩擦力のする仕事 W_2 および物体の得た速度を求めよ．

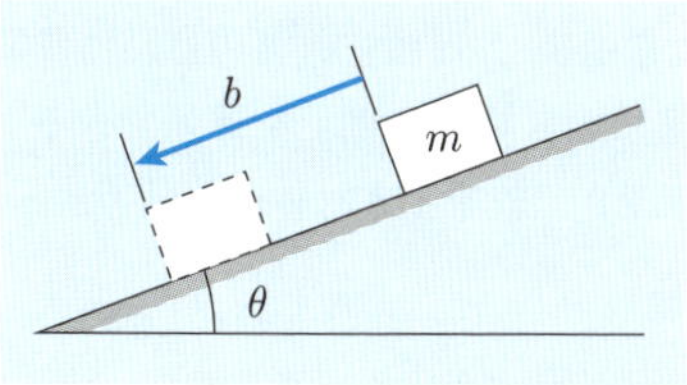

図 4.13

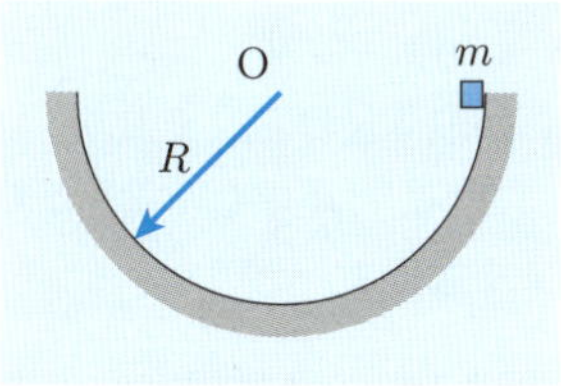

図 4.14

4 質量 m の小物体が半径 R，動摩擦係数 μ の半円形面の最上部から円形面に沿って初速度0で滑り落ちる (図4.14)．小物体が円形面の底に達するまでに重力のする仕事 W_1，摩擦力のする仕事 W_2 および物体の得る速度を求めよ．また，小物体が円形面の底を通過できるために必要な条件を求めよ．

5 力 $\boldsymbol{f} = (x\boldsymbol{i}+y\boldsymbol{j})(x^2+y^2)$ は保存力であることを示せ．また，ポテンシャル $U(x,y)$ を求めよ．

6 質点が力 $\boldsymbol{f} = (x\boldsymbol{i}+y\boldsymbol{j})/(x^2+y^2)$ を受けながら (x,y) 平面を運動する．この力は保存力であるか，非保存力であるかを調べよ．また，この質点が放物線軌道 $y = x^2$ に沿って原点 $(0,0)$ から点 $(1,1)$ まで運動するとき，力のした仕事を求めよ．

7 一端が固定された長さ l，ばね定数 k のばねの他端に質量 m_{B} の小球Bが付けられて滑らかな水平面上で静止している．小球Bに対して質量 m_{A} の小球Aが速度

v_A で完全弾性直衝突するとき，ばねの最大圧縮量を求めよ．ただし，ばねが押しつぶされることはないとする．

8 長さ l のロープで吊り下げられている質量 M の砂袋に水平方向から質量 m の弾丸を速度 v で撃ち込んだら弾丸は砂袋内で止まった (図 4.15)．ロープの最大振れ角 θ を求めよ．

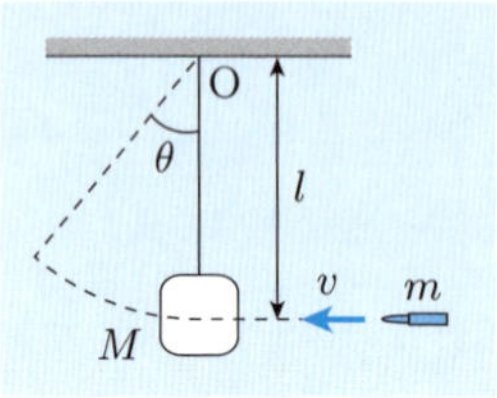

図 4.15

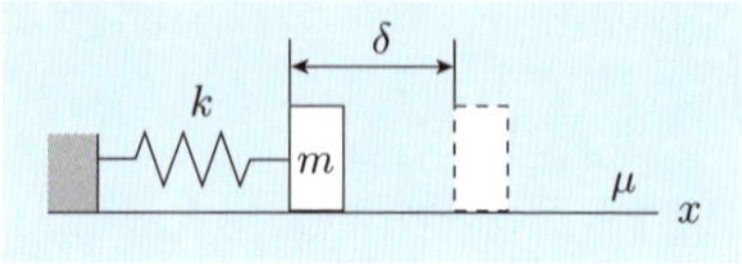

図 4.16

9 図 4.16 に示すように，一端が固定された自由長 l，ばね定数 k のばねに質量 m の物体が取り付けられており，物体は動摩擦係数 μ の水平面上を運動できる．いま，ばねを δ だけ圧縮した状態から物体を初速度 0 で放すとき物体が移動できる最大距離 s を求めよ．

10 図 4.17 に示すように，先端に質量 m の小物体が付いた長さ l の細い剛体棒の下端はピン支持され，下端から c の位置にある点は 2 本のばね (ばね定数 $k/2$) によって支えられている．これを**倒立振り子**と呼ぶ．棒の質量は無視できるとして，以下の問いに答えよ．

(1) 棒の変位角を $\theta(t)$ として，エネルギー法を用いて運動方程式を作れ．

(2) 固有角振動数を求め，安定に振動できる条件を調べよ．

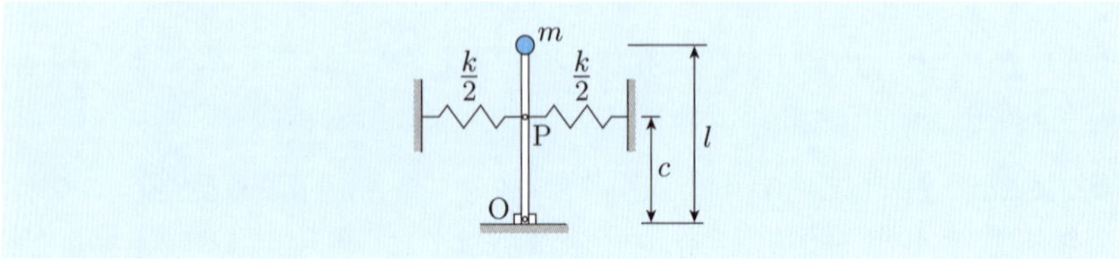

図 4.17

5 剛体の運動学

剛体は質点に無い固有の大きさと形状を持っているために，質点とは異なる運動形態が現れる．しかし，著しい特徴として，剛体の運動はその中にとった任意の着目点の並進運動とその点を通る軸の周りの回転運動に分解できる．その際には，剛体中にとった任意の 2 点間の相対運動の概念が重要な役割を担う．なお，剛体運動では，剛体中の任意の着目点が 1 つの 2 次元平面内だけを運動し，かつその回転軸の向きが変化しない平面運動と，着目点が 3 次元空間内を運動し，回転軸の向きも変化するような空間運動に分けて扱うのがわかりやすい．

この章では，視覚的にも理解のしやすい平面運動を詳しく説明した後で空間運動について概説する．

キーワード

剛体　平面運動と空間運動
並進運動と回転運動　相対運動　角速度
角加速度

5.1 剛体の平面運動

図5.1に示すように，$(\mathrm{O}; x, y)$ 面内を運動する剛体の中に任意の着目点Pおよび Q をとり，それぞれの位置ベクトルを $\boldsymbol{r}_{\mathrm{P}}$ および $\boldsymbol{r}_{\mathrm{Q}}$ とする．このとき，点Pに対する点Qの相対位置ベクトルは

$$\boldsymbol{r}_{\mathrm{Q/P}} = \boldsymbol{r}_{\mathrm{Q}} - \boldsymbol{r}_{\mathrm{P}} \tag{5.1}$$

と表されるが，剛体は変形しない物体であるので，2点間の距離 $r_{\mathrm{Q/P}} = |\boldsymbol{r}_{\mathrm{Q/P}}|$ は常に一定であり，その向きだけが変化する．

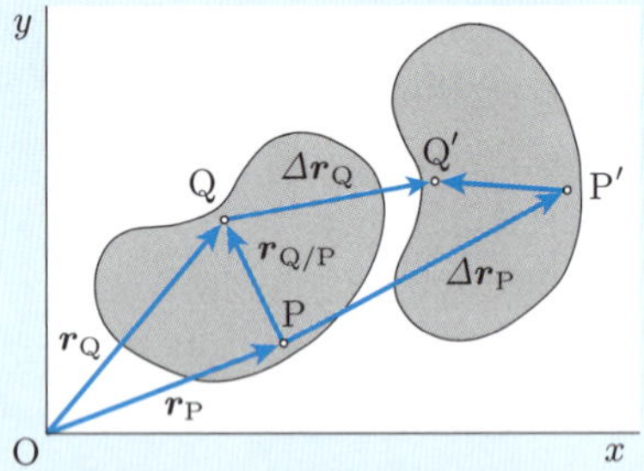

図 5.1　剛体の運動

いま，微小時間 Δt の間の運動によって点P, QがそれぞれP′, Q′に移ったとすると，P′, Q′の位置ベクトルは

$$\boldsymbol{r}_{\mathrm{P'}} = \boldsymbol{r}_{\mathrm{P}} + \Delta\boldsymbol{r}_{\mathrm{P}} \tag{5.2}$$

$$\boldsymbol{r}_{\mathrm{Q'}} = \boldsymbol{r}_{\mathrm{Q}} + \Delta\boldsymbol{r}_{\mathrm{Q}} \tag{5.3}$$

と表されるので，運動後の点P′と点Q′相対位置ベクトルは

$$\begin{aligned}\boldsymbol{r}_{\mathrm{Q'/P'}} &= \boldsymbol{r}'_{\mathrm{Q}} - \boldsymbol{r}'_{\mathrm{P}} \\ &= \boldsymbol{r}_{\mathrm{Q/P}} + (\Delta\boldsymbol{r}_{\mathrm{Q}} - \Delta\boldsymbol{r}_{\mathrm{P}})\end{aligned} \tag{5.4}$$

と表される．

5.1.1 純粋な並進運動と純粋な回転運動

剛体中に任意に取った2点PとQの位置は時間とともに変化するが，その相対位置ベクトル $\boldsymbol{r}_{\mathrm{Q/P}}$ の大きさと向きがともに変化しない運動，すなわち，

$$\Delta\boldsymbol{r}_{\mathrm{P}} = \Delta\boldsymbol{r}_{\mathrm{Q}} \tag{5.5}$$

が常に成り立つ運動を**純粋な並進運動**と呼ぶ．このときはもちろん $\boldsymbol{r}_{\mathrm{Q'/P'}} = \boldsymbol{r}_{\mathrm{Q/P}}$ である．したがって，式 (5.5) の両辺を時間で微分することにより，速度と加速度について

$$\boldsymbol{v}_{\mathrm{P}} = \boldsymbol{v}_{\mathrm{Q}} \tag{5.6}$$

$$\boldsymbol{a}_{\mathrm{P}} = \boldsymbol{a}_{\mathrm{Q}} \tag{5.7}$$

が成り立つ．

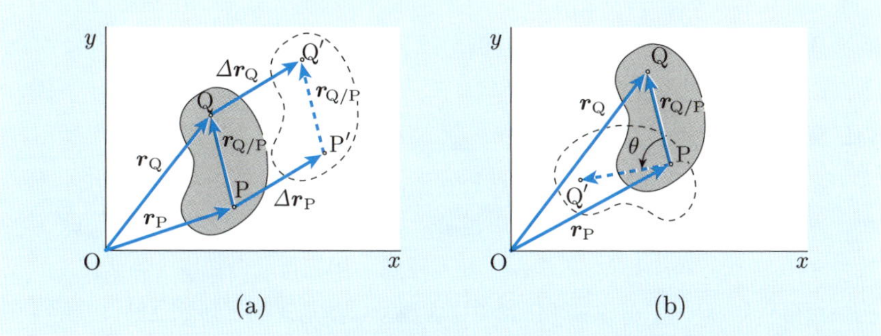

図 5.2 (a) 純粋な並進運動と (b) 純粋な回転運動

一方，ある 1 つの着目点 P が空間に固定されていて，剛体が固定点 P を通る軸の周りに回転する場合には，他の任意点 Q には点 P を中心とする半径が一定の円運動だけが許される．このような運動を点 P の周りの**純粋な回転運動**と呼ぶ．いま，点 P を通る z 軸を回転軸とし，その周りの純粋な回転運動の角速度を $\boldsymbol{\omega}$ とすれば，点 P に対する点 Q の相対速度は式 (2.22) により

$$\boldsymbol{v}_{\mathrm{Q/P}} = \boldsymbol{\omega} \times \boldsymbol{r}_{\mathrm{Q/P}} \tag{5.8}$$

で表される．ただし，角速度 $\boldsymbol{\omega}$ は z 軸 (すなわち $\boldsymbol{k}$ 軸) と同じ向きを持つベクトルであり，その大きさは，回転角を θ として，$\omega = d\theta/dt$ である．また，式 (5.8) の両辺を時間で微分することにより，点 P に対する点 Q の相対加速度は

$$\begin{aligned}\boldsymbol{a}_{\mathrm{Q/P}} &= \frac{d\boldsymbol{\omega}}{dt} \times \boldsymbol{r}_{\mathrm{Q/P}} + \boldsymbol{\omega} \times \frac{d}{dt}\boldsymbol{r}_{\mathrm{Q/P}} \\ &= \boldsymbol{\alpha} \times \boldsymbol{r}_{\mathrm{Q/P}} + \boldsymbol{\omega} \times \boldsymbol{v}_{\mathrm{Q/P}} \\ &= \boldsymbol{\alpha} \times \boldsymbol{r}_{\mathrm{Q/P}} + \boldsymbol{\omega} \times (\boldsymbol{\omega} \times \boldsymbol{r}_{\mathrm{Q/P}}) \end{aligned} \tag{5.9}$$

で表される．ただし，$\boldsymbol{\alpha} = d\boldsymbol{\omega}/dt$ は角加速度であり，やはり z 軸 (すなわち $\boldsymbol{k}$ 軸) と同じ向きを持つベクトルである．したがって，z 軸方向の回転軸を持つ平面運動の場合，角速度と角加速度はそれぞれ

$$\boldsymbol{\omega} = \omega \boldsymbol{k} = \frac{d\theta}{dt}\boldsymbol{k}, \quad \boldsymbol{\alpha} = \alpha \boldsymbol{k} = \frac{d\omega}{dt}\boldsymbol{k} = \frac{d^2\theta}{dt^2}\boldsymbol{k} \tag{5.10}$$

で表される．

5.1.2 並進と回転を伴う平面運動

もし，剛体中の任意の2点PとQが同じ平面 (例えば (x, y) 平面) 内だけで並進運動し，(x, y) 面に垂直な軸 (例えば z 軸) の周りで回転運動が行われるとき，これは**一般的な平面運動**と呼ばれる．さて，図5.3に示すように，剛体中の任意の着目点Pが P' に，点Qが Q' に移動するような任意の運動を考える．まず，点Pが点 P' に移るように純粋な並進運動をすると点Qは点 Q'' に移るが，続いて点 P' を中心とする回転運動をさせることによって点 Q'' を Q' に一致させることができる (もちろん，並進運動と回転運動の順序を換えても同じ結果が得られる)．すなわち，任意の平面運動は並進運動と回転運動に分解することができることがわかる．

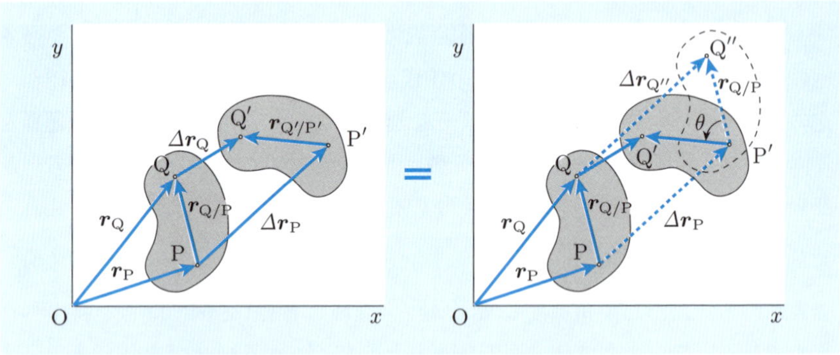

図5.3 並進と回転を伴う平面運動

したがって，剛体の一般的な平面運動において，その中の任意の2点PとQの**相対位置ベクトル**，**相対速度ベクトル**および**相対加速度ベクトル**は関係式

$$\boldsymbol{r}_{Q/P} = (x_Q - x_P)\boldsymbol{i} + (y_Q - y_P)\boldsymbol{j} \tag{5.11}$$

$$\boldsymbol{v}_Q = \boldsymbol{v}_P + \boldsymbol{v}_{Q/P} = \boldsymbol{v}_P + \boldsymbol{\omega} \times \boldsymbol{r}_{Q/P} \tag{5.12}$$

$$\boldsymbol{a}_Q = \boldsymbol{a}_P + \boldsymbol{a}_{Q/P} = \boldsymbol{a}_P + \boldsymbol{\alpha} \times \boldsymbol{r}_{Q/P} + \boldsymbol{\omega} \times (\boldsymbol{\omega} \times \boldsymbol{r}_{Q/P}) \tag{5.13}$$

で表される．もし，$\boldsymbol{\omega} = \boldsymbol{0}$, $\boldsymbol{\alpha} = \boldsymbol{0}$ が同時に成り立つときは，剛体運動は純粋な並進運動となり，$\boldsymbol{v}_P = \boldsymbol{0}$, $\boldsymbol{a}_P = \boldsymbol{0}$ が同時に成り立つ場合には，点Pの周りの純粋な回転運動となる．

注意　上述のように着目点Pは任意にとることができるが，多くの場合に重心Gを着目点とし，重心の並進運動と重心周りの回転運動を扱うのが便利である．以下では，特に断らない限り，剛体の重心Gを着目点とするとき，$\boldsymbol{r}_{P/G}$ や $\boldsymbol{r}_{Q/G}$ などを簡単に $\boldsymbol{r}_P$ や $\boldsymbol{r}_Q$ のように表すこともある．

ところで，図5.4に示すように，平面運動している剛体の任意の2点A，Bの速度ベクトル $\boldsymbol{v}_A$ と $\boldsymbol{v}_B$ それぞれの垂線は1点Cで交わるので，点AとBはCを中心としてそれぞれ半径 $\overline{CA} = r_{CA}$ および $\overline{CB} = r_{CB}$，角速度 ω の円運動をしているとみなせる．すなわち，

$$v_A = r_{CA}\omega, \quad v_B = r_{CB}\omega \tag{5.14}$$

である．このような点Cを**瞬間中心**と呼ぶ．ただし，瞬間中心Cは不動点ではなく，剛体の運動とともに平面内を移動し，**セントロード**と呼ばれる軌跡を描く．もし，純粋な並進運動だけをしている場合には，$\boldsymbol{v}_A = \boldsymbol{v}_B$ であるために瞬間中心は無限遠点となる．　□

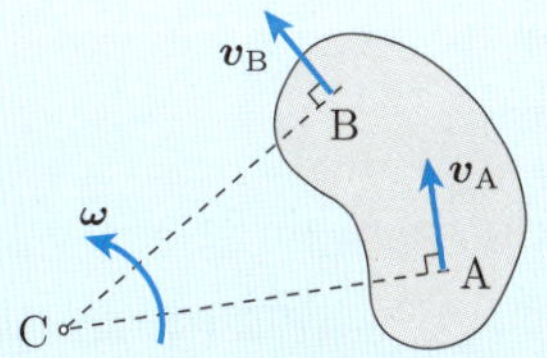

図5.4　瞬間中心

例題 5.1

図 5.5 に示すように，長さ $l = r_\mathrm{A} + r_\mathrm{B}$ の細い剛体棒が O を通る軸の周りに角速度 ω，角加速度 α で反時計方向に純粋な回転運動をしている．図示の位置で，棒端 A の速度と加速度を求めよ．また，点 A に対する点 B の相対速度と相対加速度を求めよ．

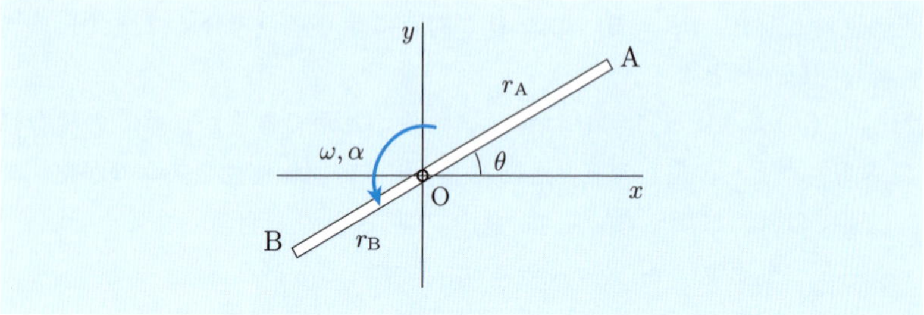

図 5.5

【解答】 図に示すような座標系をとるとき，剛体棒の運動は原点 O を中心とした z 軸周りの純粋な回転運動であることから，$\boldsymbol{v}_\mathrm{O} = \boldsymbol{0}$，$\boldsymbol{a}_\mathrm{O} = \boldsymbol{0}$ であり，また $\boldsymbol{r}_\mathrm{A} = r_\mathrm{A}\cos\theta\boldsymbol{i} + r_\mathrm{A}\sin\theta\boldsymbol{j}$，$\boldsymbol{r}_\mathrm{B} = -r_\mathrm{B}\cos\theta\boldsymbol{i} - r_\mathrm{B}\sin\theta\boldsymbol{j}$，$\boldsymbol{\omega} = \omega\boldsymbol{k}$，$\boldsymbol{\alpha} = \alpha\boldsymbol{k}$ と表すことができる．よって，

$$
\begin{aligned}
\boldsymbol{v}_\mathrm{A} &= \boldsymbol{\omega} \times \boldsymbol{r}_\mathrm{A} \\
&= (\omega\boldsymbol{k}) \times (r_\mathrm{A}\cos\theta\boldsymbol{i} + r_\mathrm{A}\sin\theta\boldsymbol{j}) \\
&= -r_\mathrm{A}\omega\sin\theta\boldsymbol{i} + r_\mathrm{A}\omega\cos\theta\boldsymbol{j} \\
\boldsymbol{a}_\mathrm{A} &= \boldsymbol{\alpha} \times \boldsymbol{r}_\mathrm{A} + \boldsymbol{\omega} \times (\boldsymbol{\omega} \times \boldsymbol{r}_\mathrm{A}) \\
&= \boldsymbol{\alpha} \times \boldsymbol{r}_\mathrm{A} + \boldsymbol{\omega} \times \boldsymbol{v}_\mathrm{A} \\
&= (\alpha\boldsymbol{k}) \times (r_\mathrm{A}\cos\theta\boldsymbol{i} + r_\mathrm{A}\sin\theta\boldsymbol{j}) + (\omega\boldsymbol{k}) \times [r_\mathrm{A}\omega(-\sin\theta\boldsymbol{i} + \cos\theta\boldsymbol{j})] \\
&= (-r_\mathrm{A}\alpha\sin\theta - r_\mathrm{A}\omega^2\cos\theta)\boldsymbol{i} + (r_\mathrm{A}\alpha\cos\theta - r_\mathrm{A}\omega^2\sin\theta)\boldsymbol{j}
\end{aligned}
$$

を得る．また，同様にして，

$$
\begin{aligned}
\boldsymbol{v}_\mathrm{B} &= r_\mathrm{B}\omega\sin\theta\boldsymbol{i} - r_\mathrm{B}\omega\cos\theta\boldsymbol{j} \\
\boldsymbol{a}_\mathrm{B} &= (r_\mathrm{B}\alpha\sin\theta + r_\mathrm{B}\omega^2\cos\theta)\boldsymbol{i} - (r_\mathrm{B}\alpha\cos\theta - r_\mathrm{B}\omega^2\sin\theta)\boldsymbol{j}
\end{aligned}
$$

を得る．したがって，相対速度と相対加速度は

$$\boldsymbol{v}_{\mathrm{B/A}} = l\omega\sin\theta\boldsymbol{i} - l\omega\cos\theta\boldsymbol{j}$$

$$\boldsymbol{a}_{\mathrm{B/A}} = (l\alpha\sin\theta + l\omega^2\cos\theta)\boldsymbol{i} - (l\alpha\cos\theta - l\omega^2\sin\theta)\boldsymbol{j}$$

で表される．ただし，$l = r_{\mathrm{A}} + r_{\mathrm{B}}$ である． ■

例題 5.2

図 5.6 に示すように，半径 R の円板が水平面上を滑りなしに一定の速さ V で転がり運動をしている．円板の回転角速度を求めよ．

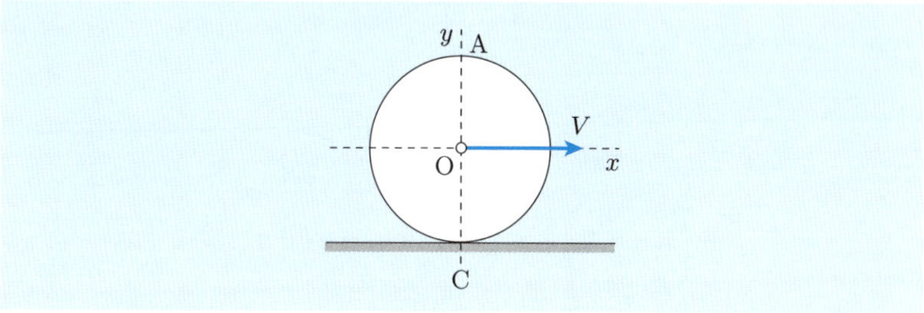

図 5.6

【解答】 円板の中心点 O の速度は $\boldsymbol{v}_{\mathrm{O}} = V\boldsymbol{i}$ である．円板の角速度を $\boldsymbol{\omega} = \omega\boldsymbol{k}$ とすると，水平面との接触点 C の速度は

$$\boldsymbol{v}_{\mathrm{C}} = \boldsymbol{v}_{\mathrm{O}} + \boldsymbol{v}_{\mathrm{C/O}} = V\boldsymbol{i} + (\omega\boldsymbol{k}) \times (-R\boldsymbol{j}) = (V + R\omega)\boldsymbol{i}$$

で表される．ところが，点 C は常に静止した面上にあるので，$\boldsymbol{v}_{\mathrm{C}} = \boldsymbol{0}$ でなければならない．よって，$V + R\omega = 0$ より $\omega = -V/R$ であるので，円板は時計方向に回転する．なお，円板上端の点 A の速度は $2V\boldsymbol{i}$ であることは容易に確かめられる．また，明らかに点 C は瞬間中心であり，その軌跡 (セントロード) は水平面上の直線である． ■

例題 5.3

図 5.7 に示すように，滑らかな水平の床と垂直の壁に立て掛けた長さ l の細い剛体棒 AB の下端 A が右向きに一定の速度 $v_{\mathrm{A}} = V$ で動いている．図示した位置で剛体棒の上端 B の速度および重心 G の周りの角速度と角加速度を求めよ．ただし，剛体棒は床や壁から離れることはないとする．

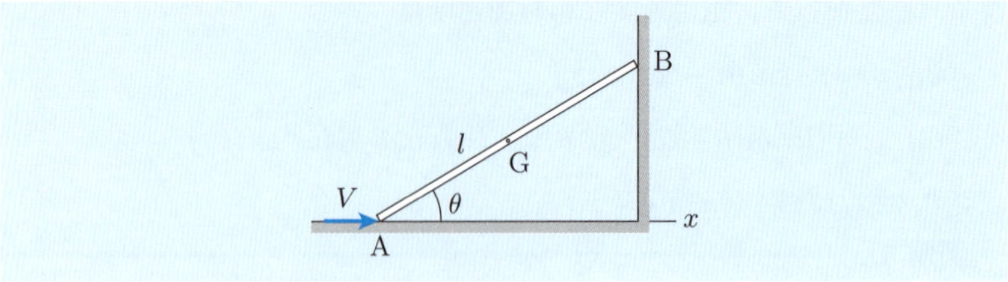

図 5.7

【解答】 重心 G の速度を $\boldsymbol{v}_{\mathrm{G}} = v_x\boldsymbol{i} + v_y\boldsymbol{j}$，角速度を $\boldsymbol{\omega} = \omega\boldsymbol{k}$ とするとき，点 A および B の速度は

$$\begin{aligned}
\boldsymbol{v}_{\mathrm{A}} &= \boldsymbol{v}_{\mathrm{G}} + \boldsymbol{v}_{\mathrm{A/G}} = \boldsymbol{v}_{\mathrm{G}} + \boldsymbol{\omega} \times \boldsymbol{r}_{\mathrm{A/G}} \\
&= v_x\boldsymbol{i} + v_y\boldsymbol{j} + (\omega\boldsymbol{k}) \times \frac{l}{2}(-\cos\theta\boldsymbol{i} - \sin\theta\boldsymbol{j}) \\
&= \left(v_x + \frac{1}{2}l\omega\sin\theta\right)\boldsymbol{i} + \left(v_y - \frac{1}{2}l\omega\cos\theta\right)\boldsymbol{j} \\
\boldsymbol{v}_{\mathrm{B}} &= \boldsymbol{v}_{\mathrm{G}} + \boldsymbol{v}_{\mathrm{B/G}} = \boldsymbol{v}_{\mathrm{G}} + \boldsymbol{\omega} \times \boldsymbol{r}_{\mathrm{B/G}} \\
&= v_x\boldsymbol{i} + v_y\boldsymbol{j} + (\omega\boldsymbol{k}) \times \frac{l}{2}(\cos\theta\boldsymbol{i} + \sin\theta\boldsymbol{j}) \\
&= \left(v_x - \frac{1}{2}l\omega\sin\theta\right)\boldsymbol{i} + \left(v_y + \frac{1}{2}l\omega\cos\theta\right)\boldsymbol{j}
\end{aligned}$$

と表される．ところが，点 A の速度 $\boldsymbol{v}_{\mathrm{A}} = V\boldsymbol{i}$ は既知であり，点 B の速度は $\boldsymbol{v}_{\mathrm{B}} = v_{\mathrm{B}}\boldsymbol{j}$ (ただし，v_{B} は未知) と表されるので，

$$\begin{aligned}
V\boldsymbol{i} &= \left(v_x + \frac{1}{2}l\omega\sin\theta\right)\boldsymbol{i} + \left(v_y - \frac{1}{2}l\omega\cos\theta\right)\boldsymbol{j} \\
v_{\mathrm{B}}\boldsymbol{j} &= \left(v_x - \frac{1}{2}l\omega\sin\theta\right)\boldsymbol{i} + \left(v_y + \frac{1}{2}l\omega\cos\theta\right)\boldsymbol{j}
\end{aligned}$$

を満足しなければならない．これより，

$$v_x + \frac{1}{2}l\omega\sin\theta = V$$

$$v_y - \frac{1}{2}l\omega\cos\theta = 0$$

$$v_x - \frac{1}{2}l\omega\sin\theta = 0$$

$$v_y + \frac{1}{2}l\omega\cos\theta = v_{\mathrm{B}}$$

となる．したがって，

$$\omega = \frac{V}{l\sin\theta}, \quad v_{\mathrm{B}} = \frac{\cos\theta}{\sin\theta}V$$

である．次に，重心 G の加速度を $\boldsymbol{a}_{\mathrm{G}} = a_x\boldsymbol{i} + a_y\boldsymbol{j}$，角加速度を $\boldsymbol{\alpha} = \alpha\boldsymbol{k}$ とすれば，上と同様な計算によって，点 A および B の加速度は

$$\begin{aligned}\boldsymbol{a}_{\mathrm{A}} &= \boldsymbol{a}_{\mathrm{G}} + \boldsymbol{a}_{\mathrm{A/G}} \\ &= \boldsymbol{a}_{\mathrm{G}} + \boldsymbol{\alpha} \times \boldsymbol{r}_{\mathrm{A/G}} + \boldsymbol{\omega} \times (\boldsymbol{\omega} \times \boldsymbol{r}_{\mathrm{A/G}}) \\ &= \left(a_x + \frac{1}{2}l\alpha\sin\theta + \frac{1}{2}l\omega^2\cos\theta\right)\boldsymbol{i} + \left(a_y - \frac{1}{2}l\alpha\cos\theta + \frac{1}{2}l\omega^2\sin\theta\right)\boldsymbol{j} \\ \boldsymbol{a}_{\mathrm{B}} &= \boldsymbol{a}_{\mathrm{G}} + \boldsymbol{a}_{\mathrm{B/G}} \\ &= \boldsymbol{a}_{\mathrm{G}} + \boldsymbol{\alpha} \times \boldsymbol{r}_{\mathrm{B/G}} + \boldsymbol{\omega} \times (\boldsymbol{\omega} \times \boldsymbol{r}_{\mathrm{B/G}} \\ &= \left(a_x - \frac{1}{2}l\alpha\sin\theta - \frac{1}{2}l\omega^2\cos\theta\right)\boldsymbol{i} + \left(a_y + \frac{1}{2}l\alpha\cos\theta - \frac{1}{2}l\omega^2\sin\theta\right)\boldsymbol{j}\end{aligned}$$

で表される．ただし，先に求めたように，$\omega = V/l\sin\theta$ である．ところが，$\boldsymbol{a}_{\mathrm{A}} = \boldsymbol{0}$, $\boldsymbol{a}_{\mathrm{B}} = a_{\mathrm{B}}\boldsymbol{j}$ (a_{B} は未知) でなければならないので，

$$a_x + \frac{1}{2}l\alpha\sin\theta + \frac{1}{2}l\omega^2\cos\theta = 0$$

$$a_y - \frac{1}{2}l\alpha\cos\theta + \frac{1}{2}l\omega^2\sin\theta = 0$$

$$a_x - \frac{1}{2}l\alpha\sin\theta - \frac{1}{2}l\omega^2\cos\theta = 0$$

$$a_y + \frac{1}{2}l\alpha\cos\theta - \frac{1}{2}l\omega^2\sin\theta = a_{\mathrm{B}}$$

である．よって，

$$\alpha = -\frac{V^2}{l^2}\frac{\cos\theta}{\sin^3\theta}, \quad a_{\mathrm{B}} = -\frac{V^2}{l}\frac{1}{\sin^3\theta}$$

を得る．また明らかに，図 5.8 に示す点 C が瞬間中心である．

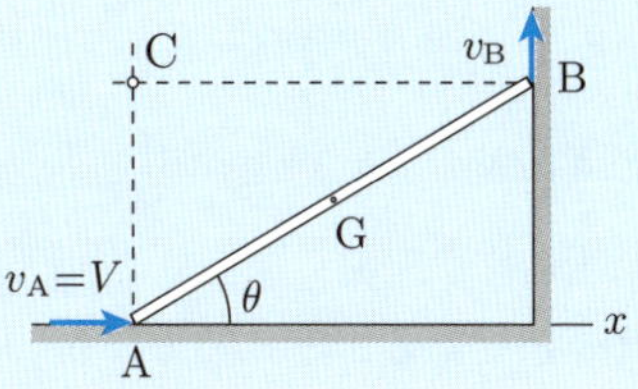

図 5.8　瞬間中心

いまの場合，点Cの座標は

$$x_C = -l\cos\theta, \quad y_C = l\sin\theta \quad (0 \le \theta \le \pi/2)$$

であるので，瞬間中心Cのセントロードは，壁と床の交点を中心とする半径 l の円軌道 $x_C^2 + y_C^2 = l^2$ の一部である． ■

例題 5.4

図5.9に示すように，細い剛体棒AB（長さ l_1）の一端Aはピストンにピン結合され，他端Bは別の細い剛体棒BC（長さ l_2）とピン結合されている．一方，剛体棒BCは固定軸Cの周りに回転できる．いま，ピストンがシリンダー内を速度 v_A，加速度 a_A で水平方向に運動するとき，図の位置における剛体棒ABおよびBCの角速度 ω_{AB}，ω_{BC} および角加速度 α_{AB}，α_{BC} を求めよ．

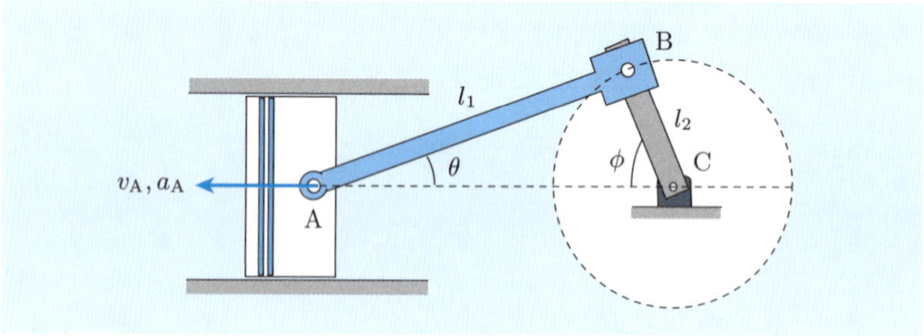

図 5.9

【解答】 点A，点Bおよび点Cの相対位置ベクトルは

$$\boldsymbol{r}_{B/A} = l_1\cos\theta\boldsymbol{i} + l_1\sin\theta\boldsymbol{j}$$

$$\boldsymbol{r}_{C/B} = l_2\cos\phi\boldsymbol{i} - l_2\sin\phi\boldsymbol{j}$$

で表されるので，$\boldsymbol{\omega}_{AB} = \omega_{AB}\boldsymbol{k}$ と $\boldsymbol{\omega}_{BC} = \omega_{BC}\boldsymbol{k}$ を未知の角速度ベクトルとすると，点A，点Bおよび点Cの速度の関係は，

$$\boldsymbol{v}_B = \boldsymbol{v}_A + \boldsymbol{\omega}_{AB} \times \boldsymbol{r}_{B/A} = \boldsymbol{v}_A + l_1\omega_{AB}(-\sin\theta\boldsymbol{i} + \cos\theta\boldsymbol{j})$$

$$\boldsymbol{v}_C = \boldsymbol{v}_B + \boldsymbol{\omega}_{BC} \times \boldsymbol{r}_{C/B} = \boldsymbol{v}_B + l_2\omega_{BC}(\sin\phi\boldsymbol{i} + \cos\phi\boldsymbol{j})$$

と書ける．ただし，v_A は既知である．ところが，$\boldsymbol{v}_C = \boldsymbol{0}$ でなければならないので

$$\boldsymbol{v}_{\mathrm{B}}=-(v_{\mathrm{A}}+l_1\omega_{\mathrm{AB}}\sin\theta)\boldsymbol{i}+l_1\omega_{\mathrm{AB}}\cos\theta\boldsymbol{j}$$

$$\begin{aligned}\boldsymbol{0}&=\boldsymbol{v}_{\mathrm{B}}+l_2\omega_{\mathrm{BC}}(\sin\phi\boldsymbol{i}+\cos\phi\boldsymbol{j})\\&=(-v_{\mathrm{A}}-l_1\omega_{\mathrm{AB}}\sin\theta+l_2\omega_{\mathrm{BC}}\sin\phi)\boldsymbol{i}+(l_1\omega_{\mathrm{AB}}\cos\theta+l_2\omega_{\mathrm{BC}}\cos\phi)\boldsymbol{j}\end{aligned}$$

を得る．したがって，ω_{AB} と ω_{BC} についての連立代数方程式

$$-v_{\mathrm{A}}-l_1\omega_{\mathrm{AB}}\sin\theta+l_2\omega_{\mathrm{BC}}\sin\phi=0$$

$$l_1\omega_{\mathrm{AB}}\cos\theta+l_2\omega_{\mathrm{BC}}\cos\phi=0$$

より，

$$\omega_{\mathrm{AB}}=-\frac{v_{\mathrm{A}}}{l_1}\frac{\cos\phi}{\sin(\theta+\phi)},\quad \omega_{\mathrm{BC}}=\frac{v_{\mathrm{A}}}{l_2}\frac{\cos\theta}{\sin(\theta+\phi)}$$

を得る．ただし，$l_1\sin\theta=l_2\sin\phi$ である．

全く同様にして，角加速度を $\boldsymbol{\alpha}_{\mathrm{AB}}=\alpha_{\mathrm{AB}}\boldsymbol{k}$，$\boldsymbol{\alpha}_{\mathrm{BC}}=\alpha_{\mathrm{BC}}\boldsymbol{k}$ とおいて

$$\boldsymbol{a}_{\mathrm{B}}=\boldsymbol{a}_{\mathrm{A}}+\boldsymbol{\alpha}_{\mathrm{AB}}\times\boldsymbol{r}_{\mathrm{B/A}}+\boldsymbol{\omega}_{\mathrm{AB}}\times(\boldsymbol{\omega}_{\mathrm{AB}}\times\boldsymbol{r}_{\mathrm{B/A}})$$

$$\boldsymbol{a}_{\mathrm{C}}=\boldsymbol{a}_{\mathrm{B}}+\boldsymbol{\alpha}_{\mathrm{BC}}\times\boldsymbol{r}_{\mathrm{C/B}}+\boldsymbol{\omega}_{\mathrm{BC}}\times(\boldsymbol{\omega}_{\mathrm{BC}}\times\boldsymbol{r}_{\mathrm{C/B}})$$

などの関係式および点 A と点 C における条件 $\boldsymbol{a}_{\mathrm{A}}=-a_{\mathrm{A}}\boldsymbol{i}$ (a_{A} は既知) と $\boldsymbol{a}_{\mathrm{C}}=\boldsymbol{0}$ に注意すると

$$\boldsymbol{a}_{\mathrm{B}}=-(a_{\mathrm{A}}+\alpha_{\mathrm{AB}}l_1\sin\theta+\omega_{\mathrm{AB}}^2l_1\cos\theta)\boldsymbol{i}+(\alpha_{\mathrm{AB}}l_1\cos\theta-\omega_{\mathrm{AB}}^2l_1\sin\theta)\boldsymbol{j}$$

$$\boldsymbol{0}=\boldsymbol{a}_{\mathrm{B}}+(\alpha_{\mathrm{BC}}l_2\sin\phi-\omega_{\mathrm{BC}}^2l_2\cos\phi)\boldsymbol{i}+(\alpha_{\mathrm{BC}}l_2\cos\phi+\omega_{\mathrm{BC}}^2l_2\sin\phi)\boldsymbol{j}$$

と書けるので，$\boldsymbol{a}_{\mathrm{B}}$ を消去すると α_{AB} と α_{BC} についての連立代数方程式

$$\alpha_{\mathrm{AB}}l_1\sin\theta-\alpha_{\mathrm{BC}}l_2\sin\phi=-a_{\mathrm{A}}-\omega_{\mathrm{AB}}^2l_1\cos\theta-\omega_{\mathrm{BC}}^2l_2\cos\phi$$

$$\alpha_{\mathrm{AB}}l_1\cos\theta+\alpha_{\mathrm{BC}}l_2\cos\phi=\omega_{\mathrm{AB}}^2l_1\sin\theta-\omega_{\mathrm{BC}}^2l_2\sin\phi$$

が得られる．よって，

$$\alpha_{\mathrm{AB}}=-\frac{a_{\mathrm{A}}\cos\phi}{l_1\sin(\theta+\phi)}-\frac{\omega_{\mathrm{AB}}^2\cos(\theta+\phi)}{\sin(\theta+\phi)}-\frac{l_2\omega_{\mathrm{BC}}^2}{l_1\sin(\theta+\phi)}$$

$$\alpha_{\mathrm{BC}}=\frac{a_{\mathrm{A}}\cos\theta}{l_2\sin(\theta+\phi)}+\frac{l_1\omega_{\mathrm{AB}}^2}{l_2\sin(\theta+\phi)}+\frac{\omega_{\mathrm{BC}}^2\cos(\theta+\phi)}{\sin(\theta+\phi)}$$

となる．ただし，ω_{AB} と ω_{BC} は先に求めた角速度である．　■

5.2 剛体の空間運動

すでに述べたように，剛体の運動は剛体上の任意の点 O の並進運動とその点の周りの回転運動の合成によって表される．点 O の並進運動は質点の運動と同じであるので，ここでは並進運動は無視して点 O の周りの回転運動だけを考える．

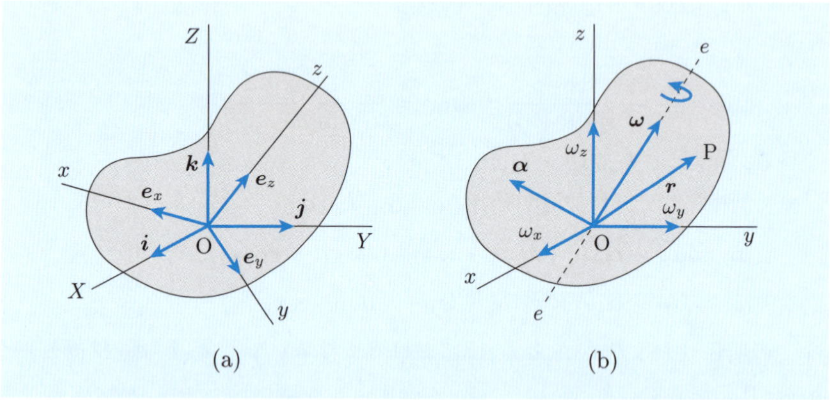

図 5.10　空間に固定した座標と剛体とともに回転する座標

まず最初に，図 5.10 (a) に示すように，点 O を原点とする空間に固定した直角座標系を $(\mathrm{O}; X, Y, Z)$ とし，その各軸方向の定単位ベクトルを $\boldsymbol{i}, \boldsymbol{j}, \boldsymbol{k}$ とする．また，原点 O を共有し，剛体に固定した直角座標系を $(\mathrm{O}; x, y, z)$ とし，その各軸方向の単位ベクトルを $\boldsymbol{e}_x, \boldsymbol{e}_y, \boldsymbol{e}_z$ とする．いま，x 軸，y 軸，z 軸の方向余弦をそれぞれ $(l_x,\ m_x,\ n_x)$, $(l_y,\ m_y,\ n_y)$, $(l_z,\ m_z,\ n_z)$, とすると，2 組の単位ベクトルの関係は

$$\boldsymbol{e}_x = l_x\boldsymbol{i} + m_x\boldsymbol{j} + n_x\boldsymbol{k} \tag{5.15}$$

$$\boldsymbol{e}_y = l_y\boldsymbol{i} + m_y\boldsymbol{j} + n_y\boldsymbol{k} \tag{5.16}$$

$$\boldsymbol{e}_z = l_z\boldsymbol{i} + m_z\boldsymbol{j} + n_z\boldsymbol{k} \tag{5.17}$$

で表される．行列表示によると

$$\begin{bmatrix} \boldsymbol{e}_x \\ \boldsymbol{e}_y \\ \boldsymbol{e}_z \end{bmatrix} = [R] \begin{bmatrix} \boldsymbol{i} \\ \boldsymbol{j} \\ \boldsymbol{k} \end{bmatrix} \tag{5.18}$$

と表される．ここで

$$[R] = \begin{bmatrix} l_x & m_x & n_x \\ l_y & m_y & n_y \\ l_z & m_z & n_z \end{bmatrix} \tag{5.19}$$

は**回転変換行列**と呼ばれる．同様にして，

$$\begin{bmatrix} \boldsymbol{i} \\ \boldsymbol{j} \\ \boldsymbol{k} \end{bmatrix} = [R]^{-1} \begin{bmatrix} \boldsymbol{e}_x \\ \boldsymbol{e}_y \\ \boldsymbol{e}_z \end{bmatrix} \tag{5.20}$$

と表される．ここで，$[R]^{-1}$ は $[R]$ の逆行列である．なお，$\boldsymbol{e}_x, \boldsymbol{e}_y, \boldsymbol{e}_z$ は互いに直交する単位ベクトルであるから

$$l_x^2 + m_x^2 + n_x^2 = 1 \tag{5.21}$$

$$l_y^2 + m_y^2 + n_y^2 = 1 \tag{5.22}$$

$$l_z^2 + m_z^2 + n_z^2 = 1 \tag{5.23}$$

$$l_x l_y + m_x m_y + n_x n_y = 0 \tag{5.24}$$

$$l_y l_z + m_y m_z + n_y n_z = 0 \tag{5.25}$$

$$l_z l_x + m_z m_x + n_z n_x = 0 \tag{5.26}$$

などの関係を満たさなければならない．

次に，剛体が原点 O を通る任意の軸 e-e の周りに角速度 $\boldsymbol{\omega}$ で回転するとすれば (図 5.10 (b)),

$$\boldsymbol{\omega} = \omega_x \boldsymbol{e}_x + \omega_y \boldsymbol{e}_y + \omega_z \boldsymbol{e}_z \tag{5.27}$$

と表すことができる．また，角加速度 $\boldsymbol{\alpha}$ は

$$\begin{aligned}\boldsymbol{\alpha} &= \frac{d\boldsymbol{\omega}}{dt}\\ &= \frac{d\omega_x}{dt}\boldsymbol{e}_x + \frac{d\omega_y}{dt}\boldsymbol{e}_y + \frac{d\omega_z}{dt}\boldsymbol{e}_z + \omega_x\frac{d\boldsymbol{e}_x}{dt} + \omega_y\frac{d\boldsymbol{e}_y}{dt} + \omega_z\frac{d\boldsymbol{e}_z}{dt} \quad (5.28)\end{aligned}$$

で表される．右辺の前 3 項は角速度の大きさの変化を，後の 3 項は角速度の向きの変化を表す．

したがって，剛体の任意の点 P の位置ベクトルを $\boldsymbol{r} = r_x\boldsymbol{e}_x + r_y\boldsymbol{e}_y + r_z\boldsymbol{e}_z$ とすると，点 P の速度ベクトルと加速度ベクトルは，すでに述べたように

$$\begin{aligned}&\boldsymbol{v} = \boldsymbol{\omega}\times\boldsymbol{r}\\ &\boldsymbol{a} = \boldsymbol{\alpha}\times\boldsymbol{r} + \boldsymbol{\omega}\times(\boldsymbol{\omega}\times\boldsymbol{r}) \quad (5.29)\end{aligned}$$

と表される．もちろん，r_x, r_y, r_z は一定である．なお，回転座標系と固定座標系の変換には式 (5.18) を用いる．

例題 5.5

図 5.11 に示すように，垂直の固定軸 z の周りに一定の角速度 Ω_z で回転している平板に沿って細いアーム OA (長さ L) が O を中心として x 軸の周りに一定の角速度 Ω_x で回転している．図に示した位置で，アームの先端 A の速度 $\boldsymbol{v}_\mathrm{A}$ と加速度 $\boldsymbol{a}_\mathrm{A}$ を求めよ．

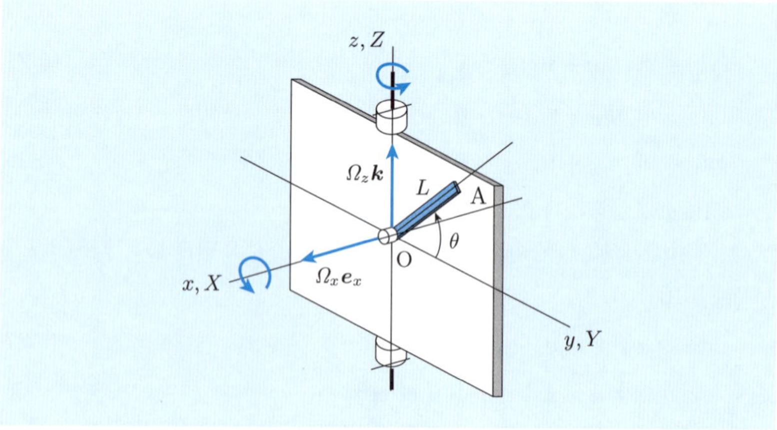

図 5.11

【解答】 平板に固定された z 軸と空間に固定された Z 軸を共通にとり ($\boldsymbol{e}_z = \boldsymbol{k}$)，($x, y$) 面を平板上にとる．また，$x$ 軸が X 軸となす角度 (すなわち，z 軸周りの回転角) を $\phi(t)$ とすると (図には，ちょうど $\phi(t) = 0$ となった瞬間を示す)，

$$\omega_x = \Omega_x = \text{const.}, \quad \omega_y = 0, \quad \omega_z = \Omega_z = \frac{d\phi}{dt} = \text{const.}$$

$$\boldsymbol{e}_x = \cos\phi\boldsymbol{i} + \sin\phi\boldsymbol{j}, \quad \boldsymbol{e}_y = -\sin\phi\boldsymbol{i} + \cos\phi\boldsymbol{j}, \quad \boldsymbol{e}_z = \boldsymbol{k}$$

$$\frac{d\boldsymbol{e}_x}{dt} = \frac{d\phi}{dt}\boldsymbol{e}_y = \Omega_z\boldsymbol{e}_y, \quad \frac{d\boldsymbol{e}_y}{dt} = -\frac{d\phi}{dt}\boldsymbol{e}_x = -\Omega_z\boldsymbol{e}_x, \quad \frac{d\boldsymbol{e}_z}{dt} = \boldsymbol{0}$$

であることに注意すると，角速度 $\boldsymbol{\omega}$，角加速度 $\boldsymbol{\alpha}$ およびアーム先端 A の位置ベクトルは

$$\boldsymbol{\omega} = \Omega_x\boldsymbol{e}_x + \Omega_z\boldsymbol{k}$$

$$\boldsymbol{\alpha} = \frac{d\boldsymbol{\omega}}{dt} = \Omega_x\frac{d\boldsymbol{e}_x}{dt} = \Omega_x\frac{d\phi}{dt}\boldsymbol{e}_y = \Omega_x\Omega_z\boldsymbol{e}_y$$

$$\boldsymbol{r}_{\mathrm{A}} = L\cos\theta\boldsymbol{e}_y + L\sin\theta\boldsymbol{k}$$

で表される．よって，図示の位置では $\phi = 0$ であるから，

$$\boldsymbol{v}_{\mathrm{A}} = -\Omega_z L\cos\theta\boldsymbol{e}_x - \Omega_x L\sin\theta\boldsymbol{e}_y + \Omega_x L\cos\theta\boldsymbol{k}$$

$$\boldsymbol{a}_{\mathrm{A}} = 2\Omega_x\Omega_z L\sin\theta\boldsymbol{e}_x - (\Omega_x^2 + \Omega_z^2)L\cos\theta\boldsymbol{e}_y - \Omega_x^2 L\sin\theta\boldsymbol{k}$$

を得る．■

例題 5.6

図 5.12 に示すように，半径 r の薄い円板が長さ l の細い棒 OA の先端についた短い軸 A の周りに一定角速度 ω で回転している．また同時に，棒 OA は固定軸 O の周りに一定角速度 Ω で回転している．図に示した位置で，円板上の点 P の速度と加速度を求めよ．

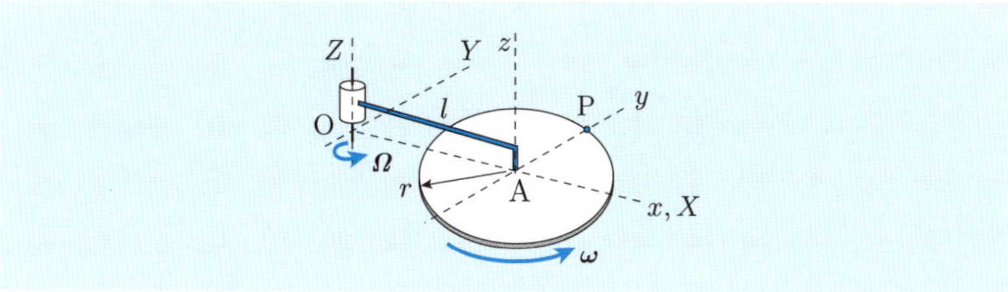

図 5.12

【解答】 点 O を原点とする固定座標系 $(\mathrm{O}; X, Y, Z)$ および点 A を原点として円板とともに回転する座標系 $(\mathrm{A}; x, y, z)$ を用いる．また，z 軸と Z 軸は共通軸であり，(x, y) 面と (X, Y) 面は平行であるとする．このとき，$\boldsymbol{\omega} = \omega \boldsymbol{k}$, $\boldsymbol{\Omega} = \Omega \boldsymbol{k}$ である．いま，x 軸がちょうど X 軸と重なったとき，点 P が y 軸上にあるとする．したがって，相対運動を考慮すると，点 P の速度ベクトルは

$$\begin{aligned}\boldsymbol{v}_{\mathrm{P}} &= \boldsymbol{v}_{\mathrm{A}} + \boldsymbol{v}_{\mathrm{P/A}} \\ &= (\Omega \boldsymbol{k}) \times (l \boldsymbol{i}) + (\omega \boldsymbol{e}_z) \times (r \boldsymbol{e}_y) \\ &= \Omega l \boldsymbol{j} - \omega r \boldsymbol{e}_x \\ &= -\omega r \boldsymbol{i} + \Omega l \boldsymbol{j} \end{aligned} \tag{5.30}$$

で表される．また，加速度ベクトルは

$$\begin{aligned}\boldsymbol{a}_{\mathrm{P}} &= \boldsymbol{a}_{\mathrm{A}} + \boldsymbol{a}_{\mathrm{P/A}} \\ &= (\Omega \boldsymbol{k}) \times \{(\Omega \boldsymbol{k}) \times (l \boldsymbol{i})\} + (\omega \boldsymbol{e}_z) \times \{(\omega \boldsymbol{e}_z) \times (r \boldsymbol{e}_y)\} \\ &= -\Omega^2 l \boldsymbol{i} - \omega^2 r \boldsymbol{e}_y \\ &= -\Omega^2 l \boldsymbol{i} - \omega^2 r \boldsymbol{j} \end{aligned}$$

で表される．■

5 章の問題

1 図 5.13 に示すように，半径が r_1 および r_2 である 2 枚の円板が滑りなしに接触しながら，それぞれの固定軸の周りに回転できる．いま，円板 O_1 が一定の角速度 ω_1 で反時計方向に回転するとき，円板 O_2 の角速度 ω_2 を求め，回転の向きを示せ．

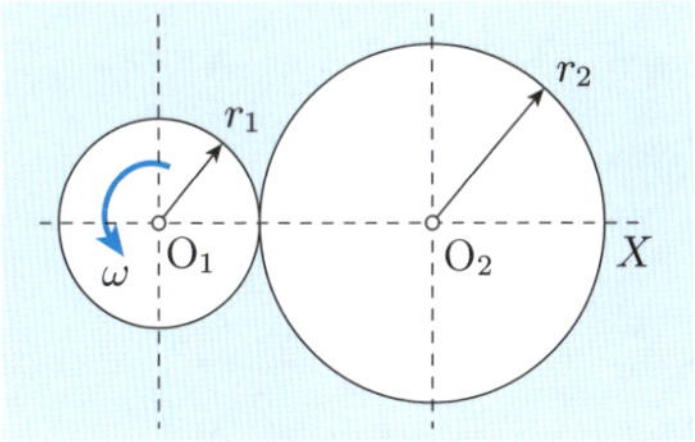

図 5.13

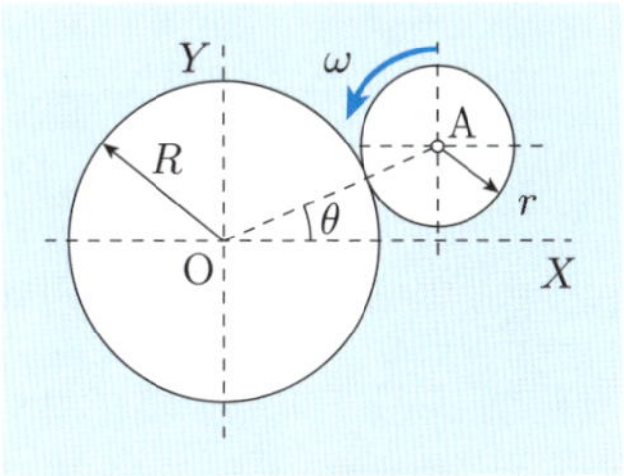

図 5.14

2 図 5.14 に示すように，空間に固定された半径 R の円板 O の外周に沿って半径 r の小円板 A が滑りなしに一定の角速度 ω で反時計方向に転がり運動をしている．回転円板の中心点 A の速度と加速度を求めよ．

3 図 5.15 に示すように，長さ l の細い剛体棒 AB の下端 A は滑らかな水平面に沿って運動し，上端 B は傾き θ の滑らかな斜面に沿って運動する．下端 A が一定速度 v，一定加速度 a で右向きに運動するとき，点 B の速度 v_B，加速度 a_B および棒の角速度 $\boldsymbol{\omega}$，角加速度 $\boldsymbol{\alpha}$ を求めよ．

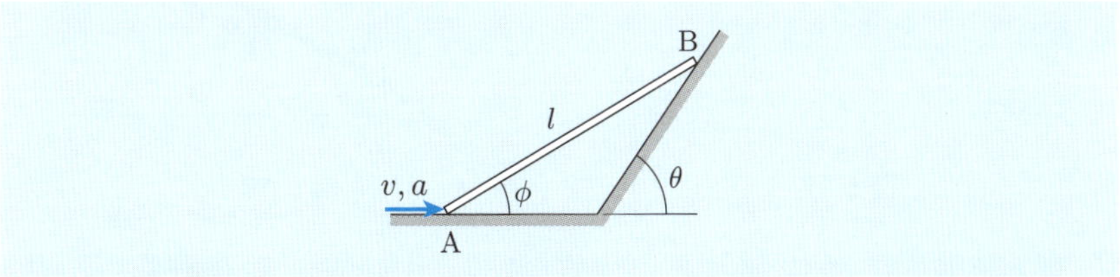

図 5.15

4 前題 3 において，剛体棒の下端 A が右向きの一定加速度 a_A で運動するとき，上端 B の加速度 $\boldsymbol{a}_B$ を求めよ．

5 **リンク機構**　図 5.16 に示すように，互いにピン結合された 3 本の細い剛体棒からなるリンク機構 ($\overline{\mathrm{OA}} = l_1$，$\overline{\mathrm{AB}} = l_2$，$\overline{\mathrm{BC}} = l_3$) において，腕 OA が一定角速度 $\Omega = \omega_{\mathrm{OA}}$ で反時計方向に運動するとき，腕 AB および BC の角速度 ω_{AB}，ω_{BC} と角加速度 α_{AB}，α_{BC} を求めよ．ただし，O と C は同じ水平面にあるピン支持点であり，3 本のリンクは一平面内を運動する．

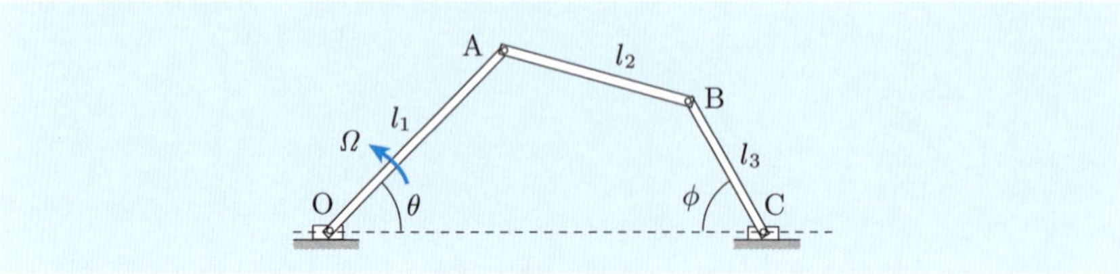

図 5.16

6　図 5.17 に示すように，細い溝のついた剛体棒 OA の下端 O は水平面にピン支持され，剛体棒 BC の下端点 C も同じ水平面にピン支持されている．また，棒 BC の端に取り付けられた細い案内ピン P は棒 OA の溝の中を滑らかに運動できる．いま，棒 BC が一定角速度 Ω で時計方向に回転しているとき，図に示す位置で棒 OA の角速度 ω_{OA} と角加速度 α_{OA} を求めよ．ただし，$\overline{\mathrm{CP}} = l$ であり，棒 OA の溝はピン P が運動できるのに十分な長さを持っているとする．

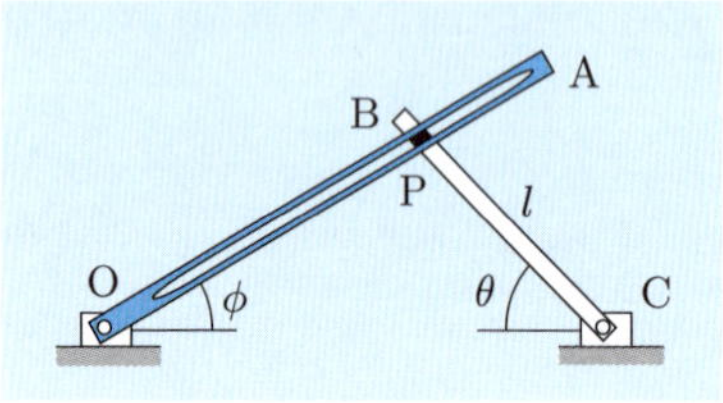

図 5.17

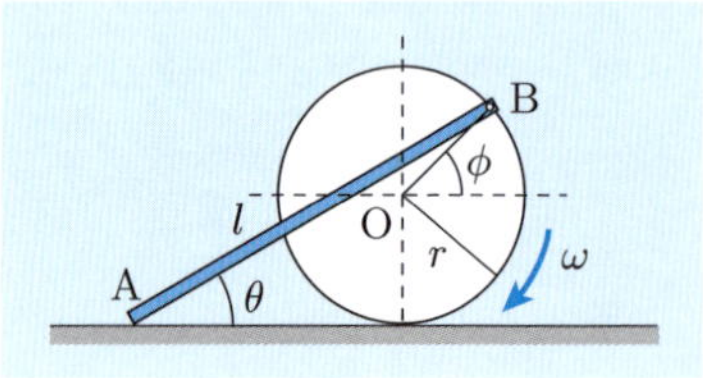

図 5.18

7　図 5.18 に示すように，水平面上を滑りなしに一定角速度 ω で回転運動する半径 r の円板 O の外周に，長さ l の細い剛体棒 AB がピン結合されている．棒端 A は同じ水平面上を滑りながら引きずられる．図に示した位置で，剛体棒 AB の角速度と角加速度を求めよ．

8　図5.19に示すように，方向余弦が l_z, m_z, n_z である軸上の点Sを中心とし，軸に垂直な面内で半径 r，一定角速度 ω で等速円運動する点Pの速度ベクトル $\boldsymbol{v}_\mathrm{P}$ と加速度ベクトル $\boldsymbol{a}_\mathrm{P}$ を (X, Y, Z) 成分で表せ．ただし，回転面にある x 軸の方向余弦を l_x, m_x, n_x とし，点Pは x 軸上にある．

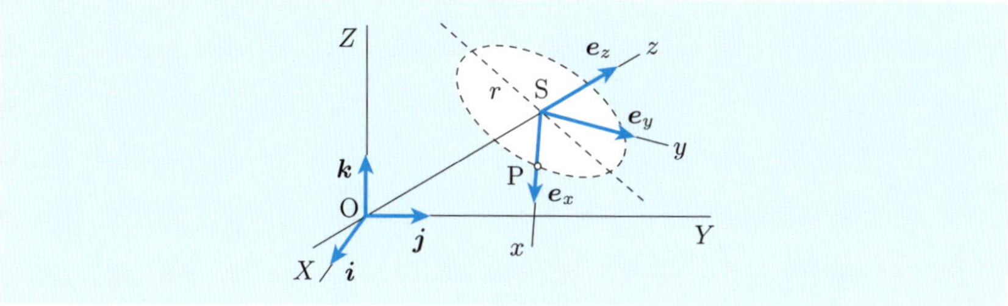

図 5.19

9　図5.20に示すように，L型のロッドが軸受けCを通る Z 軸の周りに一定角速度 Ω で回転する．一方，ロッドの先端Oに付けられた半径 r の円板は点Oを中心としてロッド軸 (z 軸) の周りに一定角速度 ω で回転する．図に示す位置で，固定座標から見た点Pの絶対速度 $\boldsymbol{v}_\mathrm{P}$ と絶対加速度 $\boldsymbol{a}_\mathrm{P}$ を求めよ．ただし，線分OPは Z 軸と平行である．

10　図5.21に示すように，水平面に置かれた台座Bに長さ l の剛体棒OAがピン支持されている．台座Bが鉛直軸 (z 軸) の周りに一定角速度 ω_z で回転すると同時に剛体棒も水平軸 (x 軸) の周りに一定角速度 ω_x で回転する．棒端Aの絶対速度と絶対加速度を求めよ．

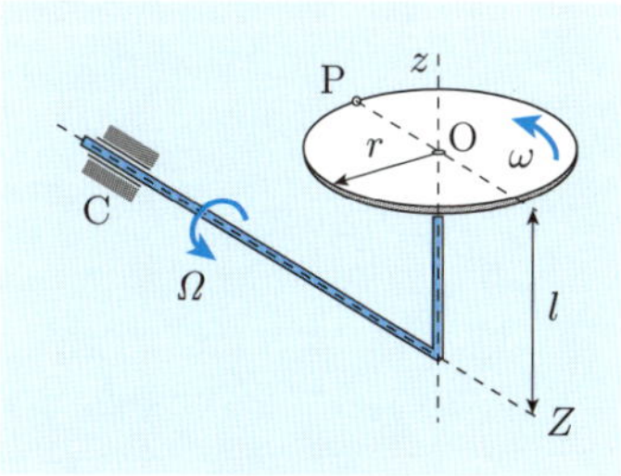

図 5.20

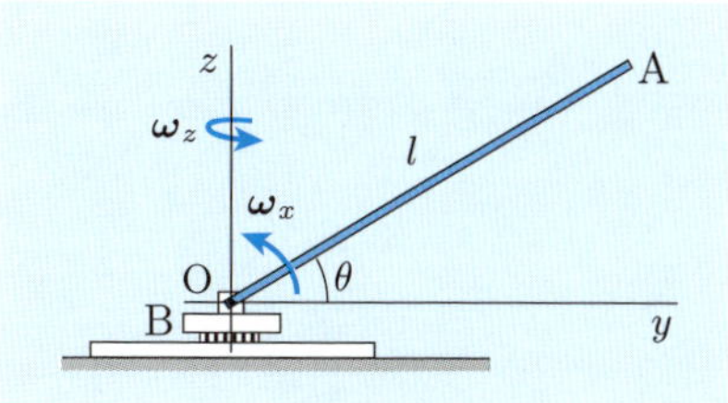

図 5.21

6 剛体の力学

物体を安定に保持することは極めて重要である．並進運動と回転運動を行う剛体を静止状態に保つためには並進運動に対する平衡条件と回転運動に対する平衡条件を同時に考慮する必要がある．このときには，剛体に作用する力および力のモーメントが重要な役割を担う．また，重心という概念を導入することにより剛体運動の取り扱いが容易となる．ここでは，まず最初に剛体の静力学すなわち静的平衡条件について説明する．

一方，剛体の動力学を扱う際には，質点に対するニュートンの運動方程式を拡張する必要がある．重心の並進運動に対しては質点の運動と同様にニュートンの第 2 法則をそのまま適用できるが，回転運動に対しては，剛体の質量分布と形状および回転軸の位置や向きに依存する慣性テンソル，慣性モーメント，慣性乗積などいくつかの新しい概念が導入される．

キーワード

剛体の力学　力と力のモーメント　平衡条件
支持反力　重心　分布力　トラス　節点法
慣性テンソル　慣性モーメント　慣性乗積
角運動量　オイラーの方程式

6.1 剛体の静力学

6.1.1 剛体の静的平衡条件

剛体は固有の形と大きさを持っているために，剛体内の異なる作用点に異なる力が同時に作用しうる．剛体に作用する合力が非平衡力であるとき，質点と同様に剛体も合力の方向に並進運動する．また，非平衡な力のモーメントが加わるとき，質点では無視できた回転運動が生じる (並進運動と回転運動については 6.3 節で詳しく述べる)．

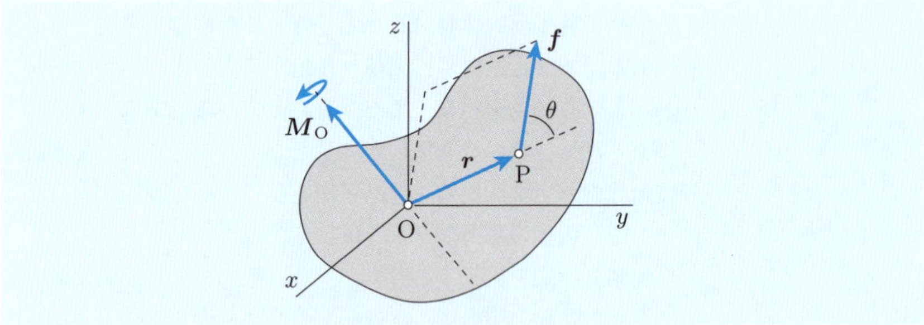

図 6.1　剛体に作用する力と力のモーメント

いま，剛体内の任意の着目点 O を原点とし，力 $\boldsymbol{f}$ の作用点 P の着目点 O に対する位置ベクトルを $\boldsymbol{r} = \boldsymbol{r}_{P/O}$ とするとき

$$\boldsymbol{M}_O = \boldsymbol{r} \times \boldsymbol{f} \tag{6.1}$$

を点 O に関する**力のモーメント**と呼ぶ (図 6.1)．ベクトル外積の性質から，力のモーメントベクトル $\boldsymbol{M}_O$ は $\boldsymbol{r}$ と $\boldsymbol{f}$ の作る面に垂直で点 O を通る軸の方向を向いており，剛体をこの軸の周りに回転させる作用を持つ．よって，回転が生じないためには，$\boldsymbol{M}_O = \boldsymbol{0}$ でなければならない．

注意 1　以後の説明で誤解を生じない限り，座標原点 O を着目点とするときは相対位置ベクトルの添字 O を省略することもある (例：$\boldsymbol{r}_{P/O} = \boldsymbol{r}$)．□

もし，N 個の力がそれぞれの作用点に同時に作用しているとき，

$$\boldsymbol{R} = \sum_{i=1}^{N} \boldsymbol{f}_i \tag{6.2}$$

$$
\begin{aligned}
\boldsymbol{C}_{\mathrm{O}} &= \sum_{i=1}^{N} \boldsymbol{M}_{\mathrm{O}i} \\
&= \sum_{i=1}^{N} \boldsymbol{r}_i \times \boldsymbol{f}_i
\end{aligned}
\tag{6.3}
$$

をそれぞれ剛体に作用する**合力ベクトル**および**合モーメントベクトル**という．このように，1つの合力と合モーメントで表される力学系は元の力学系と**等価**であるという (図 6.2).

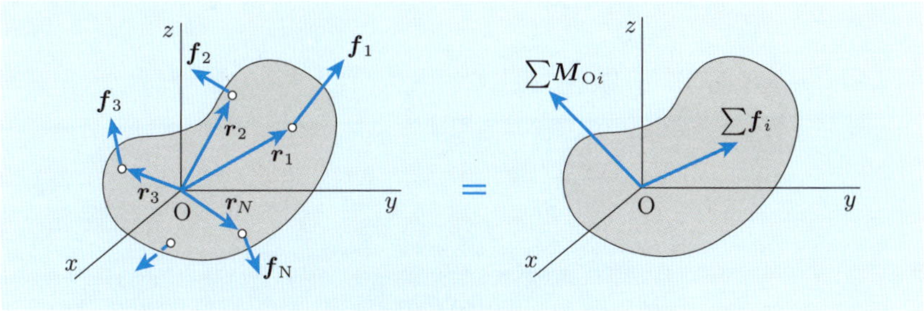

図 6.2 剛体に作用する合力と力の合モーメントおよび等価な系

したがって，1個または複数個の力と力のモーメントが作用する剛体に並進運動も回転運動も生じないためには

$$
\boldsymbol{R} = \sum_{i=1}^{N} \boldsymbol{f}_i = \boldsymbol{0} \tag{6.4}
$$

$$
\boldsymbol{C}_{\mathrm{O}} = \sum_{i=1}^{N} \boldsymbol{M}_{\mathrm{O}i} = \boldsymbol{0} \tag{6.5}
$$

が同時に成り立たなければならない．これを**剛体の静的平衡条件式**という．

平面運動における静的平衡条件式

特に，剛体が $(\mathrm{O}; x, y)$ 面内でのみ運動し，かつ力ベクトルもその面内にある場合には，平面運動という．このとき，

$$
\begin{cases}
\boldsymbol{r} = r_x \boldsymbol{i} + r_y \boldsymbol{j} \\
\boldsymbol{f} = f_x \boldsymbol{i} + f_y \boldsymbol{j}
\end{cases}
\tag{6.6}
$$

と書けるので，$\boldsymbol{R} = R_x \boldsymbol{i} + R_y \boldsymbol{j}$, $\boldsymbol{C}_{\mathrm{O}} = C_{\mathrm{O}} \boldsymbol{k}$ とおくと，ベクトル表示による平衡条件式 (6.4) と (6.5) は3つのスカラー式

$$R_x = \sum_{i=1}^{N} f_{xi} = 0 \tag{6.7}$$

$$R_y = \sum_{i=1}^{N} f_{yi} = 0 \tag{6.8}$$

$$C_{\mathrm{O}} = \sum_{i=1}^{N} (r_{xi} f_{yi} - r_{yi} f_{xi}) = 0 \tag{6.9}$$

によって表される (以後，誤解の生じない限り，作用する力および力のモーメントの総和を表す総和記号の添字 i は省略する).

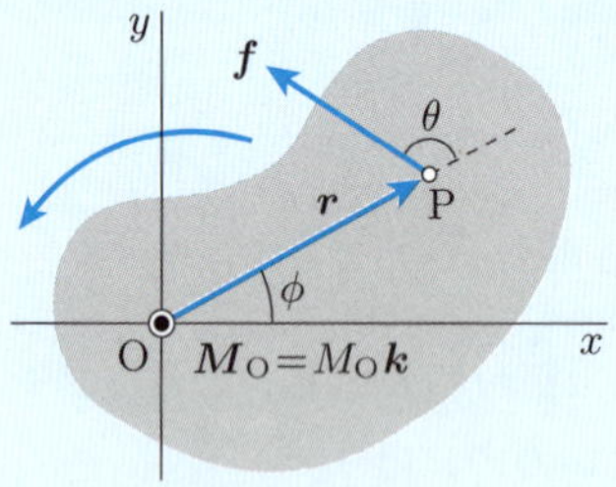

図 6.3 平面運動する剛体に作用する力と力の合モーメント

なお，剛体に作用する力としては，重力のような重心に作用する**体積力**，圧力のような物体表面に作用する**面積力**などのほかに，支持点に作用する**支持反力**や**支持モーメント**がある．また，モーター駆動軸のように，剛体の回転軸に直接作用する**集中モーメント** (または**トルク**ともいう) の形態を取るものもある．

剛体の支持条件，支持反力および支持モーメント

物体を安定に保持するために，目的に応じた様々な支持機構が用いられる．図 6.4 には (x, y) 面内の平面運動の場合について代表的な支持条件の例を示すが，これらを単独で用いる場合もあり，いくつかを組み合わせて用いる場合もある．また，空間運動に対しても類似の支持法をとることができる．

(a)　ピン支持 (回転支持)：剛壁上の支持点において，x 軸方向および y 軸方向の運動が拘束されることにより支持反力を発生するが，z 軸周りの自由な回転が許されているので支持モーメントは生じない (図 6.4 (a)).

(b)　ピン・ローラー支持：剛壁面に沿った運動 (図では x 軸方向) と z 軸周りの回転がともに自由なので，垂直方向 (図では y 軸方向) の支持反力だけが生じ，x 軸方向の支持反力と z 軸周りの支持モーメントは生じない (図 6.4 (b)).

(c)　固定支持：物体は剛壁に完全固定されるため x 軸方向および y 軸方向の支持反力が生じるとともに，z 軸周りの回転も拘束されるために支持モーメントが生じる (図 6.4 (c)).

(d)　ケーブル支持：ケーブルは圧縮の力に対しては容易にたわむため支持反力は生じないが，張力に対して支持反力を生じる．しかも，支持反力の向きは張力の向きと常に逆であり，その大きさは互いに等しい (図 6.4 (d)).

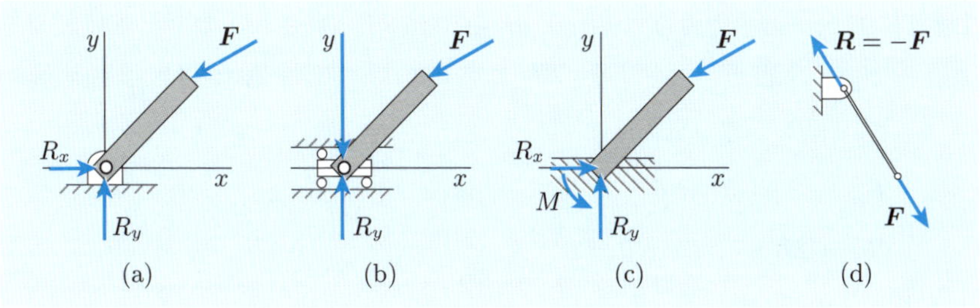

図 6.4　種々の支持方法 (平面運動の場合)

また，物体が剛壁面に沿って単に接触だけを保って滑り運動するとき，壁面から離れる方向の運動に対しては全く支持反力を生じないが，壁面に押し付けられる運動に対しては面の法線方向に支持反力を生じる，接触点での回転は自由なので支持モーメントも生じない．もし壁面に摩擦があるときは，面の接線方向に摩擦力が生じる．

したがって，物体 (質点や剛体を含む) の静力学や動力学では支持条件 (一般には拘束条件) が重要な役割りを担う．

例題 6.1

図 6.5 (a) に示すように，剛壁に埋め込まれた高さ h のくい AB にロープを掛けて張力 T で引っ張っている．固定点 B における支持反力と支持モーメントを求めよ．

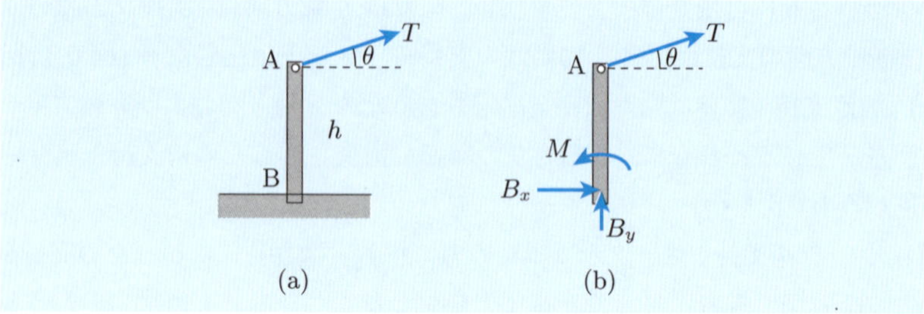

図 6.5

【解答】 ロープの張力は $\boldsymbol{T} = T\cos\theta\boldsymbol{i} + T\sin\theta\boldsymbol{j}$ と表されるので，支持反力を $B_x\boldsymbol{i} + B_y\boldsymbol{j}$，支持モーメントを $M\boldsymbol{k}$ とすると，3 つの平衡条件は

$$R_x = B_x + T\cos\theta = 0$$

$$R_y = B_y + T\sin\theta = 0$$

$$C_{\mathrm{B}} = M_{\mathrm{O}} - hT\cos\theta = 0$$

と表されるので，

$$\begin{cases} B_x = -T\cos\theta \\ B_y = -T\sin\theta \\ M = hT\cos\theta \end{cases} \tag{6.10}$$

となる (答えに負号が付くのは，はじめに仮定した支持反力の向きが逆であったことを意味するので，この時点で向きを修正すればよい)．■

例題 6.2

図 6.6 に示すように，点 O でピン支持され，点 B がケーブル BC で支えられた質量の無視できる L 字型の剛体金具の先端 A に質量 m の荷物を吊り下げる．ケーブルの張力および支持点 O の支持力を求めよ．

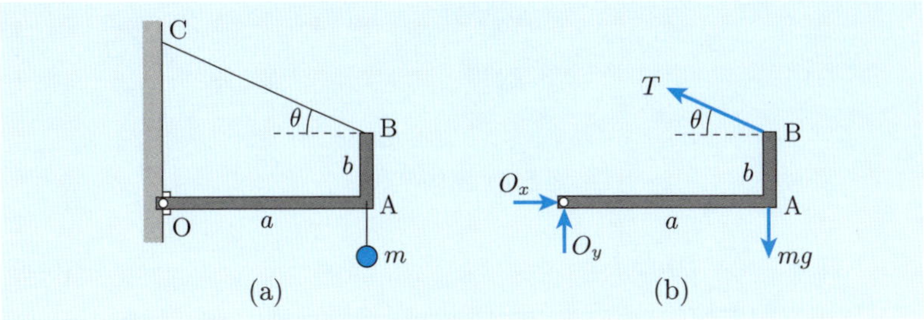

図 6.6

【解答】 ピン支持点 O での支持反力を $O_x\boldsymbol{i}+O_y\boldsymbol{j}$，ケーブルの張力を T とすると (図 6.6 (b))，金具の平衡条件は

$$R_x = O_x - T\cos\theta = 0$$

$$R_y = O_y + T\sin\theta - W = 0$$

$$C_{\mathrm{O}} = bT\cos\theta + aT\sin\theta - aW = 0$$

と表される ($W = mg$)．よって，

$$O_x = \frac{aW\cos\theta}{a\sin\theta + b\cos\theta}, \quad O_y = \frac{bW\cos\theta}{a\sin\theta + b\cos\theta}, \quad T = \frac{aW}{a\sin\theta + b\cos\theta}$$

となる． ■

6.1.2 剛体の重心

剛体の全質量が集中していると見なせる仮想的な点を**剛体の重心**という．いま，図 6.7 に示すように，質量 m，体積 V の剛体が重力場にあるとし，垂直上向きに z 軸をとり，$(\mathrm{O}; x, y)$ 面は水平面にあるとする．全体積 V を n 個の微小体積要素に分割し，i 番目の要素の質量を Δm_i，体積を ΔV_i，その位置ベクトルを $\boldsymbol{r}_i$ とする．

各微小要素には重力が作用し，それによって原点 O の周りに力のモーメントが作用するので，剛体全体に働く合力および合モーメントは

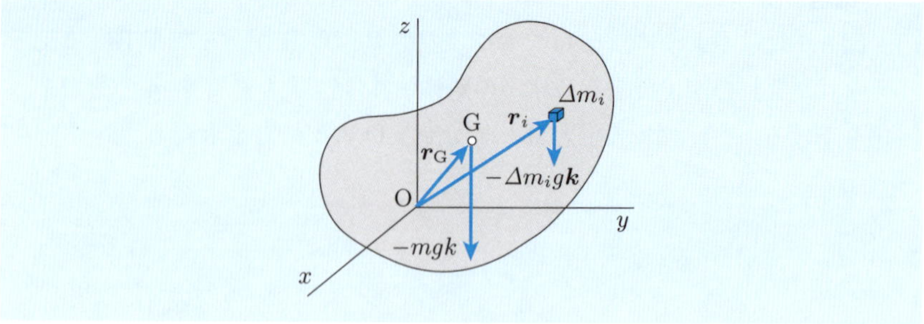

図 6.7　剛体の重心

$$\boldsymbol{R} = -\sum_{i=1}^{n} \Delta m_i g\boldsymbol{k} \tag{6.11}$$

$$\boldsymbol{C}_{\mathrm{O}} = \sum_{i=1}^{n} \boldsymbol{r}_i \times (-\Delta m_i g\boldsymbol{k}) \tag{6.12}$$

と表される．一方，剛体に重心 G が存在するとして，その位置ベクトルを $\boldsymbol{r}_{\mathrm{G}}$ とすると，G に作用する力と力のモーメントは

$$\boldsymbol{R}' = -mg\boldsymbol{k} \tag{6.13}$$

$$\boldsymbol{C}'_{\mathrm{O}} = \boldsymbol{r}_{\mathrm{G}} \times (-mg\boldsymbol{k}) \tag{6.14}$$

と表される．ところが，上記 2 種の表式における合力および合モーメントが等価であるためには，$\boldsymbol{R} = \boldsymbol{R}'$, $\boldsymbol{C}_{\mathrm{O}} = \boldsymbol{C}'_{\mathrm{O}}$，すなわち

$$-mg\boldsymbol{k} = -\sum_{i=1}^{n} \Delta m_i g\boldsymbol{k} \tag{6.15}$$

$$\boldsymbol{r}_{\mathrm{G}} \times (-mg\boldsymbol{k}) = \sum_{i=1}^{n} \boldsymbol{r}_i \times (-\Delta m_i g\boldsymbol{k}) \tag{6.16}$$

が成り立たなければならない．したがって，全質量と重心の位置ベクトルはそれぞれ

$$m = \sum_{i=1}^{n} \Delta m_i \tag{6.17}$$

$$\boldsymbol{r}_{\mathrm{G}} = \frac{1}{m} \sum_{i=1}^{n} \Delta m_i \boldsymbol{r}_i \tag{6.18}$$

によって表される．剛体を無限個の微小体積要素からなる連続体とみなすと，極

限操作 $n \to \infty$，$\Delta m_i \to 0$ によって級数和は積分に変換できるので

$$m = \int_V dm \tag{6.19}$$

$$\boldsymbol{r}_{\mathrm{G}} = \frac{1}{m}\int_V \boldsymbol{r}\,dm \tag{6.20}$$

と表される．ここで，積分は剛体の全体積 V にわたって行われるので平面物体では 2 重積分，3 次元物体では 3 重積分となる．

例題 6.3

図 6.8 (A)～(D) に示す剛体の重心の座標を求めよ．

(A)　線密度 ρ [kg/m]，長さ l [m] の細い一様な剛体棒

(B)　面密度 ρ [kg/m^2]，辺長 a [m] および b [m] の薄い一様な長方形板

(C)　面密度 ρ [kg/m^2]，半径 a [m] の薄い一様な半円形板

(D)　密度 ρ [kg/m^3]，底面の半径 a [m]，高さ h [m] の一様な円錐体

ただし，一様とは物体全体にわたって密度分布が等しいことをいう．

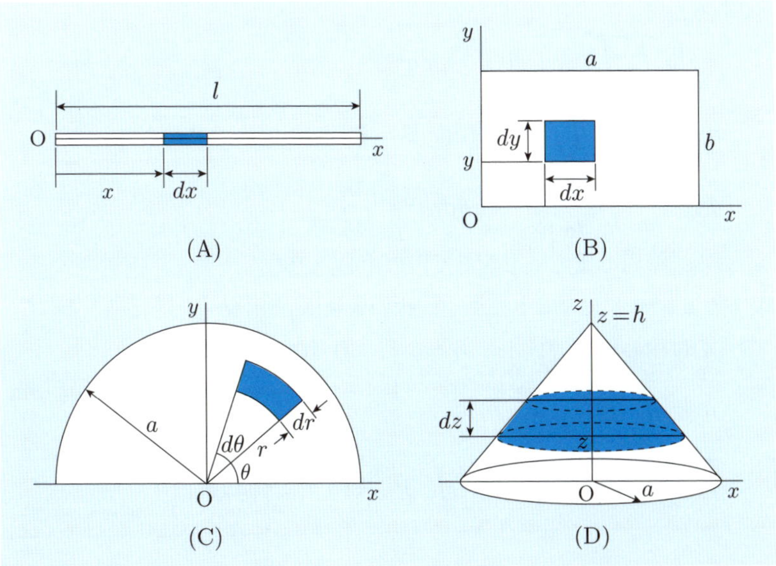

図 6.8　剛体の重心．(A) 細い棒，(B) 長方形板，(C) 半円形板，(D) 円錐体

【解答】 (A) 微小線要素の質量は $dm = \rho dx$ であるから

$$m = \int_0^l \rho dx = \rho l$$

$$x_{\mathrm{G}} = \frac{1}{m}\int_0^l \rho x dx = \frac{\rho l^2}{2m} = \frac{l}{2}$$

を得る．この場合には明らかに棒の中心が重心となる．

(B) 微小要素 $dxdy$ の質量は $dm = \rho dxdy$ であるから

$$m = \int_0^a \int_0^b \rho dxdy = \rho ab$$

$$x_{\mathrm{G}} = \frac{1}{m}\int_0^a \int_0^b \rho x dxdy = \frac{\rho a^2 b}{2m} = \frac{a}{2}$$

$$y_{\mathrm{G}} = \frac{1}{m}\int_0^a \int_0^b \rho y dxdy = \frac{\rho a b^2}{2m} = \frac{b}{2}$$

を得る．明らかに重心は長方形板の図心と一致する．

(C) 扇形の微小要素の質量は $dm = \rho r dr d\theta$ であり，$x = r\cos\theta$, $y = r\sin\theta$ であるから

$$m = \int_0^a \int_0^\pi \rho r dr d\theta = \frac{1}{2}\rho\pi a^2$$

$$x_{\mathrm{G}} = \frac{1}{m}\int_0^a \int_0^\pi \rho r^2 \cos\theta dr d\theta = 0$$

$$y_{\mathrm{G}} = \frac{1}{m}\int_0^a \int_0^\pi \rho r^2 \sin\theta dr d\theta = \frac{4a}{3\pi}$$

を得る．全円の重心はもちろん円の中心点である．

(D) z と $z + dz$ にはさまれた微小円板の質量は $\rho\pi a^2(h-z)^2 dz/h^2$ であり，その重心は中心軸 (z 軸) 上にあることは明らかであるから，

$$m = \int_0^h \rho\pi\frac{a^2}{h^2}(h-z)^2 dz = \frac{1}{3}\rho\pi a^2 h$$

$$x_{\mathrm{G}} = y_{\mathrm{G}} = 0, \quad z_{\mathrm{G}} = \frac{1}{m}\int_0^h \rho\pi\frac{a^2}{h^2}(h-z)^2 z dz = \frac{1}{3}h$$

となる． ■

なお，物体が多少複雑な形であっても，それが重心の計算が容易ないくつかの物体に分割できれば，面倒な積分計算を省いて重心を求めることもできる．

例題 6.4

図 6.9 (A) は大小 2 つの正方形板を接合したもの，図 (B) は，そのうちの大きい正方形板から小さい正方形板を切り取ったものを示す．このような 2 種類の形の薄い板の重心を求めよ．ただし，板の厚さは一様であり，面密度をともに ρ とする．

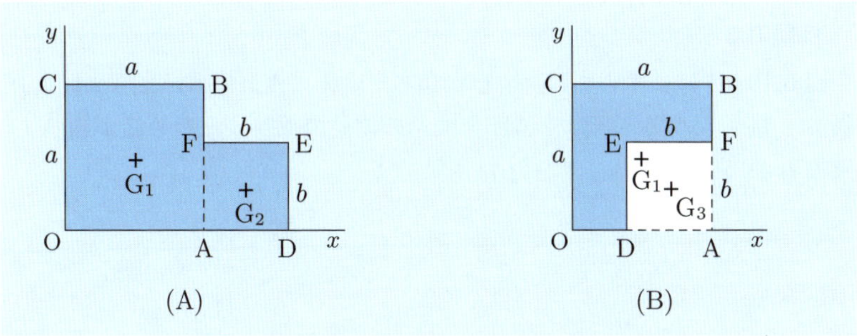

図 6.9 重ね合わせによる重心の求め方

【解答】 (A) の場合には，破線 AF によって一辺が a および b である 2 つの正方形板に分割できる．それぞれの板の重心の位置は計算するまでもなく $G_1 : (a/2, a/2)$, $G_2 : (a + b/2, b/2)$ である．また，それぞれの板の質量は ρa^2 と ρb^2 であるので，元の板の重心は 2 つの質点の重心として，

$$x_G = \frac{\rho a^2 \times (a/2) + \rho b^2 \times (a + b/2)}{\rho a^2 + \rho b^2} = \frac{a^3 + b^2 \times (2a + b)}{2(a^2 + b^2)}$$

$$y_G = \frac{\rho a^2 \times (a/2) + \rho b^2 \times (b/2)}{\rho a^2 + \rho b^2} = \frac{a^3 + b^3}{2(a^2 + b^2)}$$

で表される．一方，(B) の場合には，一辺が a の正方形板から一辺が b の正方形板を切り取ったものとみなすことができる．2 つの板の重心は $G_1 : (a/2, a/2)$, $G_3 : (a - b/2, b/2)$ である．そこで，一辺が b の正方形板は負の質量 $-\rho b^2$ を持つと考えると，元の板の重心は

$$x_{\mathrm{G}} = \frac{\rho a^2 \times (a/2) + (-\rho b^2) \times (a - b/2)}{\rho a^2 + (-\rho b^2)} = \frac{a^3 - b^2 \times (2a - b)}{2(a^2 - b^2)}$$

$$y_{\mathrm{G}} = \frac{\rho a^2 \times (a/2) + (-\rho b^2) \times (b/2)}{\rho a^2 + (-\rho b^2)} = \frac{a^3 - b^3}{2(a^2 - b^2)}$$

と表される．同様にして，もっと複雑な形状を持つ物体でも，それがいくつかの比較的簡単な形状の物体に分割できれば，重心の計算は容易になる．■

例題 6.5

図 6.10 (a) に示すように，滑らかな水平の床と垂直の壁に立て掛けた質量 m，長さ l の細い剛体棒 AB を図示の位置で保持するために下端 A に水平力 P を加える．必要な力 P を求めよ．

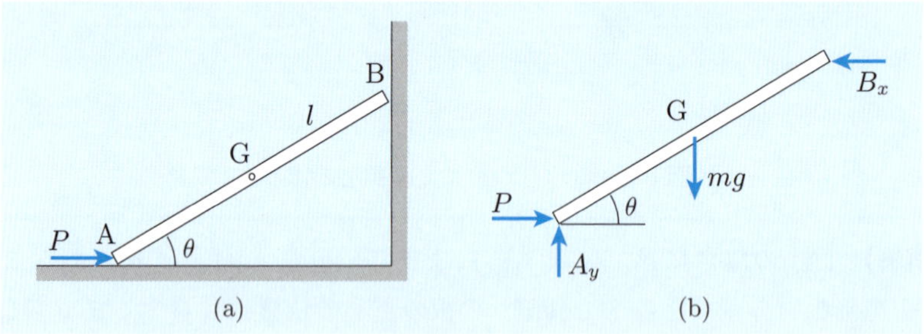

図 6.10

【解答】 図 6.10 (b) を参照して剛体棒に作用する床と壁からの反力およびそれらの力による点 A 周りのモーメントについて平衡方程式を作ると

$$\sum F_x = P - B_x = 0$$

$$\sum F_y = A_y - mg = 0$$

$$\sum M_{\mathrm{A}} = B_x l \sin\theta - \frac{1}{2} mgl\cos\theta = 0$$

であるので，

$$P = B_x = \frac{\cos\theta}{2\sin\theta} mg, \quad A_y = mg$$

を得る．■

6.1.3 剛体に作用する分布力と圧力

これまで考えてきた力は，それが複数個あっても，それぞれの作用点に作用する集中力 (または**集中荷重**という) である．一方，容器の中の液体が容器の底

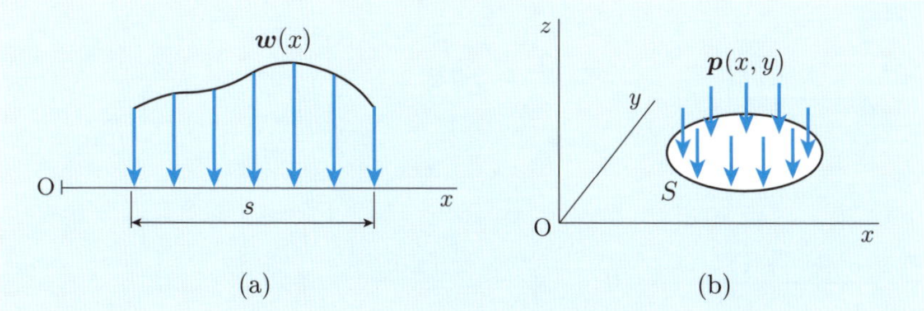

図 6.11 線状の分布力と面状の分布力

面や側面に及ぼす作用などは面内で連続的に分布した力 (**分布力**) である．

もし，図 6.11 (a) に示すように，単位長さ当たりの力が $\boldsymbol{w}(x)$ [N/m] であるとき，線の要素 s に作用する合力 $\boldsymbol{F}$ は

$$\boldsymbol{F} = \int_s \boldsymbol{w}(x)dx \tag{6.21}$$

で表される．もし，単位面積当たりの力が $\boldsymbol{p}(x, y)$ [N/m^2] であるとき (図 6.11 (b))，全面積要素 S に作用する合力は

$$\boldsymbol{F} = \int_S \boldsymbol{p}(x, y)dS \tag{6.22}$$

で与えられる．

特に，液体や気体による単位面積当たりの分布力は**圧力**と呼ばれ，Pa (=N/m^2) の単位を持つ．粘性のない流体は接する剛体の表面形状に応じて自由に変形できるので，その圧力は常に剛体表面の法線方向に作用する．

いま，図 6.12 (a) に示すように，密度が ρ である液体中に面積要素 dS をとると，$z = z$ の面に作用する力は，その面から上にある液体の重量と水面に作用する大気圧 p_0 による力からなる．したがって，圧力を $p(z)$ とすると，面積要素の平衡条件は

$$p(z)dS = \rho g(h - z)dS + p_0 dS \tag{6.23}$$

と書ける．よって，両辺を dS で割ると，任意の位置での圧力は

$$p(z) = \rho g(h - z) + p_0 \tag{6.24}$$

と表される．

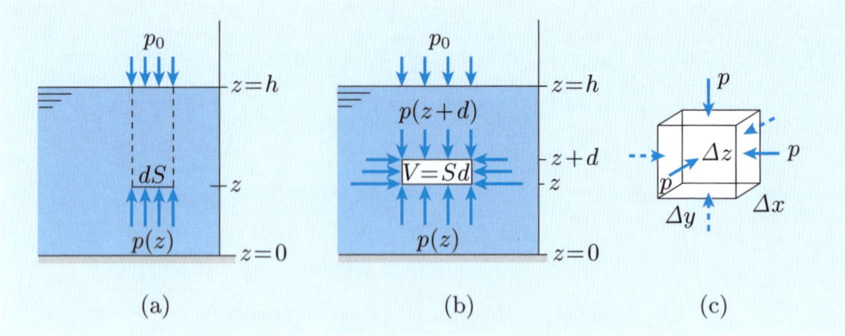

図 6.12 液体の圧力および液体中の物体に作用する浮力

次に，図 6.12 (b) に示すように，液体中に置かれた厚さ d，底面積 S，体積 $V = Sd$，質量 m の直方体物体に作用する力を調べる．物体の側面に作用する水平方向の力は打ち消し合うので，物体の上下面に作用する力だけを考えればよい．実際，圧力による力の x, y, z 成分は物体の形ではなく，その投影面積にのみ依存する (図 6.12 (c))．さて，z 方向の合力は

$$\begin{aligned} f_z &= p(z)S - p(z+d)S \\ &= [\rho g(h-z) + p_0]S - [\rho g(h-z-d) + p_0]S \\ &= \rho S d g = \rho V g \end{aligned} \tag{6.25}$$

で表される．したがって，液体中に置かれた物体には，その物体が排除した体積の液体が持つ重量と同じ大きさの力が上向きに作用することがわかる．この力を**浮力**と呼び，この原理を**アルキメデスの原理**という．もし，物体の重量が浮力より大きい場合 ($mg > \rho V g$) は物体は液体中を沈下し，逆の場合 ($mg < \rho V g$) には上昇する．なお，浮力の作用する点を**浮力中心**と呼ぶが，その位置は物体によって排除された液体の重心である．また，物体の重心 G と浮力中心 C の位置関係によって物体の姿勢は不安定となることがある．いま，図 6.13 に示す船を例に取ると，船の重量 W と浮力の大きさ f が等しく，重心 G と浮力中心 C を結ぶ線が鉛直方向にあるとき，船は安定に静止する．もし，船が θ だけ傾くと浮力中心は移動して C′ に移り，浮力の作用線と船の中心軸は交差する．この交点 M を**メタセンター**といい，$s = \overline{\mathrm{GM}}$ をメタセンター高さという．したがって，浮力 f は重心 G の周りに力のモーメント $fs \sin\theta$ を生じさせるが，も

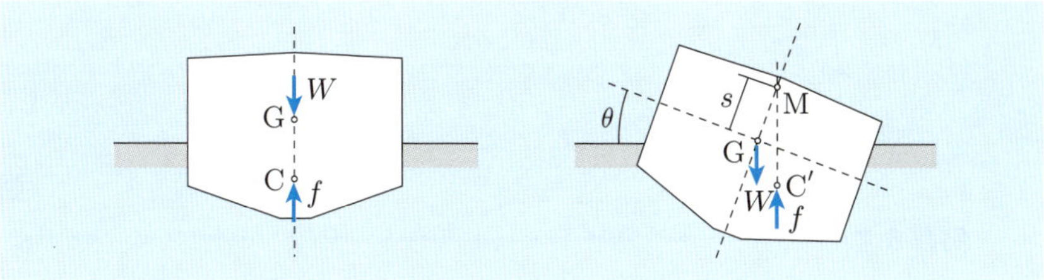

図 6.13 浮力中心 C とメタセンター M

しこれが図示の通りであれば，船を元の姿勢に復元するように作用する．しかし，メタセンター M が重心 G より下になるような場合には，船の傾きはさらに増幅されて転覆することになる．

例題 6.6

図 6.14 (a) に示すようなダム湖の簡易モデルにおいて，水面が $z = h$ にあるとき，奥行き b のダム壁の固定端 O に作用する反力とモーメントを求めよ．ただし，大気圧を p_0 とする．

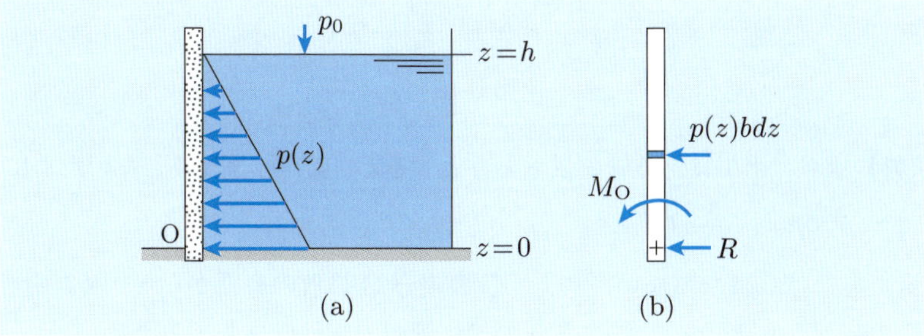

図 6.14

【解答】 水の密度を ρ とすると，水底から z にあるダム壁の微小面積 bdz に作用する力は $[p_0 + \rho g(h - z) - p_0]bdz$ であるので，ダム壁固定端 O における合力と合モーメントは

$$R = \int_0^h [p_0 + \rho g(h - z) - p_0]bdz$$
$$= \frac{1}{2}\rho gbh^2$$

$$M_{\mathrm{O}} = \int_0^h [p_0 + \rho g(h - z) - p_0] bz dz$$
$$= \frac{1}{6}\rho g b h^3$$

となる. ■

例題 6.7

図 6.15 に示すように, 質量の無視できる長さ l, 断面積 S の細い管 AB の中に底面 B から z の位置に質量 m の小物体を封入して密度 ρ の 水の中に入れる. ただし, 管の底面は密閉してある. 管が安定に直立できる条件を調べよ.

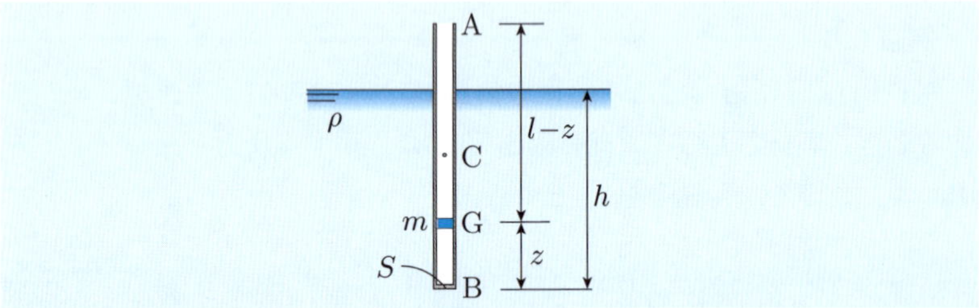

図 6.15

【解答】 まず, 水中にある管の長さを h とすると, 管が浮き沈みしないためには,

$$\rho h S g - mg = 0$$

を満たさなければならない. 一方, 管の重心 G は管の底面から z, 浮力中心 C は管の底面から $h/2$ の位置にあるので, 管が安定に直立できるためには,

$$h = \frac{m}{\rho S} \leq l, \quad z \leq \frac{h}{2}$$

でなければならない. ■

例題 6.8

図 6.16 に示すように，水平に置かれた長さ l の剛体棒 AB に分布荷重 $w(x) = cx$ が作用するとき，棒端 A および B の支持反力を求めよ．ただし，c は定数であり，棒の質量は無視する．

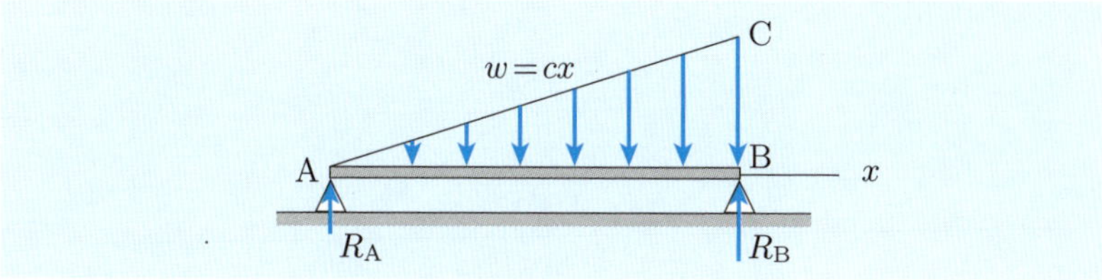

図 6.16

【解答】 棒端 A および B での支持反力を R_A R_B とすると，力の平衡条件および点 A に関する力のモーメントの平衡条件は

$$R_A + R_B - \int_0^l w(x)dx = 0$$

$$lR_B - \int_0^l xw(x)dx = 0$$

で表される．ここで，

$$\int_0^l w(x)dx = \int_0^l cxdx = \frac{1}{2}cl^2$$

$$\int_0^l xw(x)dx = \int_0^l cx^2dx = \frac{1}{3}cl^3$$

であることを用いると

$$R_A = \frac{1}{6}cl^2, \quad R_B = \frac{1}{3}cl^2$$

となる．この場合，三角形 ABC の重心 G の位置が $x = 2l/3$ にあることに注意すると，重心 G に集中荷重 $W = cl^2/2$ が作用するとして，平衡条件

$$R_A + R_B - \frac{1}{2}cl^2 = 0$$

$$lR_B - \frac{2l}{3}\frac{cl^2}{2} = 0$$

から求めた解と一致することは明らかである． ■

例題 6.9

空間の 2 点間に張られたたわみやすいケーブルは，その自重のために独特な曲線を描く．この曲線を**懸垂線**と呼ぶ．いま，図 6.17 に示すように，同じ高さにある 2 点 A$(-l/2, 0)$ と B$(l/2, 0)$ で固定されたケーブルの懸垂線の形状を求めよ．

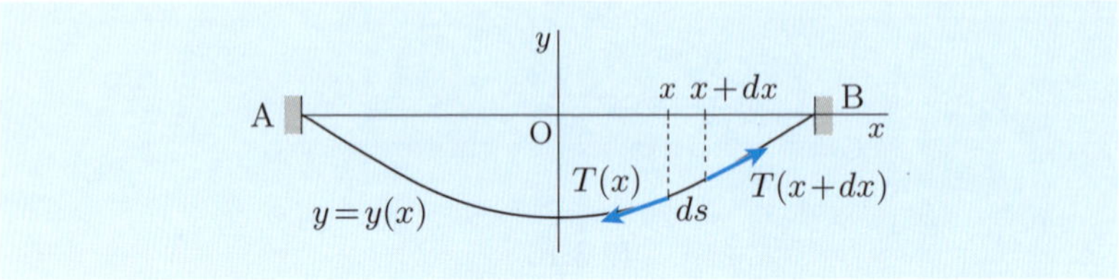

図 6.17

【解答】 ケーブルの単位長さ当たりの質量 (線密度) を ρ とし，2 つの固定点 A, B を結ぶ曲線を $y = y(x)$ と仮定する．曲線に働く張力を $T(x)$，曲線の接線が x 軸となす角を $\theta(x)$，微小な線要素の長さを ds とすると，

$$ds = dx\sqrt{1 + \left(\frac{dy}{dx}\right)^2}$$

であり，線要素についての x 方向および y 方向の平衡条件は

$$T(x + dx)\cos\theta(x + dx) - T(x)\cos\theta(x) = 0$$

$$T(x + dx)\sin\theta(x + dx) - T(x)\sin\theta(x) - \rho ds = 0$$

と表される．ここで，

$$T(x + dx) = T(x) + dx\frac{dT(x)}{dx}, \quad \theta(x + dx) = \theta(x) + dx\frac{d\theta(x)}{dx}$$

$$\sin\theta(x + dx) \approx \sin\left(\theta(x) + dx\frac{d\theta}{dx}\right) \approx \sin\theta(x) + dx\frac{d\theta}{dx}\cos\theta(x)$$

$$\cos\theta(x + dx) \approx \cos\left(\theta(x) + dx\frac{d\theta}{dx}\right) \approx \cos\theta(x) - dx\frac{d\theta}{dx}\sin\theta(x)$$

などの近似化を行うと，

$$T\sin\theta(x)\frac{d\theta}{dx} - \frac{dT}{dx}\cos\theta(x) = 0$$

$$T\cos\theta(x)\frac{d\theta}{dx} + \frac{dT}{dx}\sin\theta(x) = \rho\sqrt{1 + \left(\frac{dy}{dx}\right)^2}$$

と表される．この 2 つの式はさらに

$$\frac{d}{dx}\left(T\cos\theta(x)\right) = 0$$

$$\frac{d}{dx}\left(T\sin\theta(x)\right) = \rho\sqrt{1+\left(\frac{dy}{dx}\right)^2}$$

と変形できるが，第 1 式より直ちに $T\cos\theta(x) = T_0$ であることがわかる (T_0 は定数)．したがって，$T = T_0/\cos\theta(x)$ を第 2 式に代入して $dy/dx = \tan\theta(x)$ であることに注意すると，第 2 式は $y(x)$ についての微分方程式

$$T_0\frac{d^2y(x)}{dx^2} = \rho\sqrt{1+\left(\frac{dy}{dx}\right)^2}$$

で表される．この 2 階常微分方程式は $z = dy/dx$ とおくと z に関する変数分離型の 1 階常微分方程式に変換できるので，その解は容易に求めることができて，

$$y(x) = \frac{T_0}{\rho}\cosh\left(\frac{\rho}{T_0}(x+C_1)\right) + C_2$$

で表される．ただし，C_1, C_2 は両端での境界条件によって決定できる定数である．いまの場合，$x = -l/2$ と $x = l/2$ で $y = 0$ であるから，C_1, C_2 は

$$\frac{T_0}{\rho}\cosh\left(\frac{\rho}{2T_0}(-l+2C_1)\right) + C_2 = 0$$

$$\frac{T_0}{\rho}\cosh\left(\frac{\rho}{2T_0}(l+2C_1)\right) + C_2 = 0$$

を満たさなければならないので，

$$C_1 = 0$$

$$C_2 = -\frac{T_0}{\rho}\cosh\left(\frac{\rho l}{2T_0}\right)$$

となる．よって，懸垂線の形状は

$$y(x) = \frac{T_0}{\rho}\left[\cosh\frac{\rho x}{T_0} - \cosh\frac{\rho l}{2T_0}\right]$$

で表される．　■

6.2 トラスの力学

鉄橋や鉄骨構造物に見られるように，主として長い棒状の部材で構成された構造を**フレーム構造**(骨組み構造) という．他方，薄板で構成された構造を**パネル構造**(板構造) という．もちろん，一般の構造体や機械類では，これらの 2 種類の構造がさらに組み合わされていることも多い．フレーム構造はさらに**ラーメン構造**と**トラス構造**に分類できる．ラーメン構造では，部材同士が溶接，ボルト，リベットなどで結合され，部材の引張り力と圧縮力のほかに接合部における曲げモーメントによって構造体の強度が保たれる．いわゆる型鋼を部材とするほとんどの鉄骨構造物に利用されている．一方，トラス構造では，部材間が回転可能なピンで結合されて結合部で曲げモーメントを生じないので，部材の引張り力と圧縮力で構造体の強度が保たれる．機械構造や一部の建設物などに用いられる．

ここでは，剛体の静力学および構造力学の基礎として，トラス構造を扱う．トラスにも種々の形式があるが，3 本の部材で構成される三角形要素を基本単位とし，それに順次 2 本ずつの部材を追加していくことにより様々なサイズやデザインの立体的構造を作ることができる三角形要素トラスが代表的である．

トラスの解析法には切断法，図式解法，数値解法などがあるが，ここではトラスの基本的特性を理解するために，質量の無視できる剛体部材で構成される 2 次元構造である平面三角形要素トラスを対象とし，最も基本的なトラス解析法である**節点法**について説明する．なお，部材間の結合点を **節点**といい，部材から節点に作用する力を**節点力**という．トラスでは，節点がピン結合されているために部材間にモーメントは作用せず，各部材にはその長手軸方向の成分だけを持つ**部材力**が作用する．ところで，図 6.18 に示すように**外力** P の作用の下で平衡状態にある部材 AB の任意の断面 c–c には隣り合う部材要素間に**内力** f が作用するが，常に $f = P$ が成り立たなければならない．したがって，部材

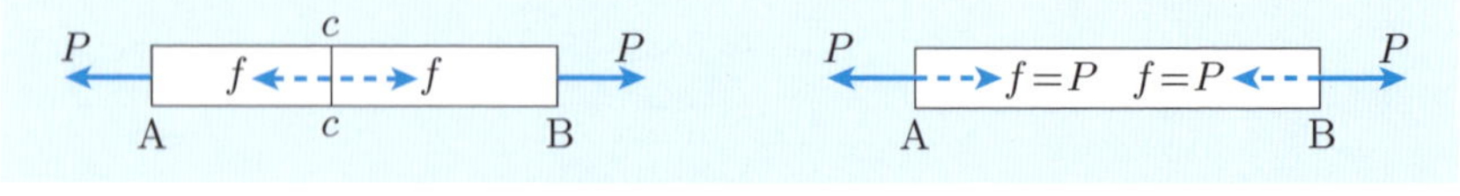

図 6.18　部材に作用する外力 P と内力 f

節点 A および B ではともに外力 (節点力) と内力 (部材力) が釣合っている．すなわち，節点および部材がともに平衡条件を満たすとき，節点から部材に力が作用すれば，同じ大きさで逆向きの力が部材から節点に作用することになる．

さて，平面三角形要素トラスを構成する部材数を m，節点数を n としたとき，$m = 2n - 3$ の関係式が成り立つ (これを**静定構造**という)．もし，この関係式を満たさない場合には**不静定構造**となり，部材の変形も考慮した解析を行う必要がある．なお，部材間はピン結合されているが全て剛体部材であるのでトラス自体も剛物体であることに注意しなければならない．したがって，静定の平面剛体については，すでに述べたように，力のつり合い条件式 2 つと，力のモーメントのつり合い条件式 1 つで計 3 つの平衡条件式で表されなければならないので，3 つの未知反力だけを許すような支持条件としなければならない．

節点法による平面三角形要素静定トラスの解析

節点法は幾何学的に構成されたトラスの各節点の平衡条件に着目して，次の 3 つの手順を踏むことによって適切な部材を設計する方法である．

節点法のアルゴリズム

STEP1　支持反力の計算：トラス全体を 1 つの平面状の剛体として扱い，力と力のモーメントの平衡条件から支持点での支持反力を求める．

STEP2　節点の平衡条件と節点力の計算：適当な 1 つの節点を選び，その平衡条件式から節点力を求め，次にその節点に合流する部材の部材力を計算する．このとき，どの節点にも力のモーメントは作用しないので，力の平衡条件のみで節点力を計算できる．全部の節点について順次平衡条件を調べて，全部の節点力と部材力を決定する．

STEP3　部材力の検討：各節点での節点力の向きにより，その節点に合流する部材の部材力が圧縮力であるか引張り力であるかを判定する．

以上により，個々のトラスに対して要求される機能と強度を持つ適切な部材を設計する．

例題 6.10

図 6.19 (a) に示す部材数 5，節点数 4 の三角形要素トラスを解析せよ．ただし，静定構造とするために，節点 O はピン支持，節点 A はピンローラ支持としていることに注意する．

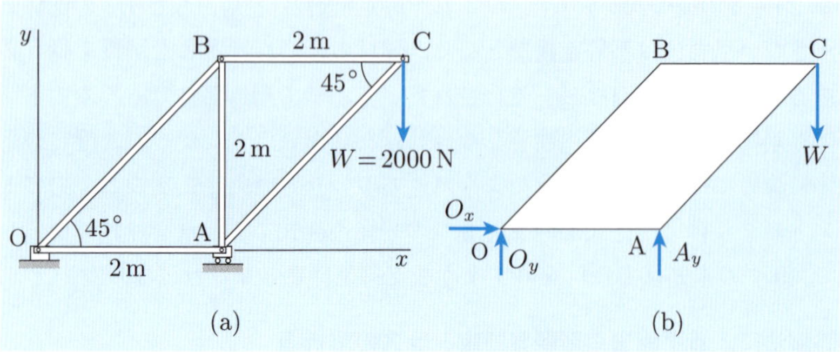

図 6.19

【解答】 STEP1 支持反力の計算：各部材はピン結合されているが剛体であるために変形は生じない．したがって，トラス全体は 1 つの剛体と考えられるので，図 6.19 (b) に示すような支持反力が作用しているとすると，平衡条件式は

$$\sum F_x = O_x = 0$$

$$\sum F_y = O_y + A_y - 2000 = 0$$

$$\sum M_{\mathrm{O}} = 2 \times A_y - 4 \times 2000 = 0$$

と表される．よって，

$$O_x = 0\,\mathrm{N}, \quad O_y = -2000\,\mathrm{N}, \quad A_y = 4000\,\mathrm{N}$$

を得る (ここで，負の数値が現れたのは，はじめに仮定した支持反力 O_y の向きが不適当であったことを示すので，次の手順に移る前に力の向き修正する)．

STEP2 節点の平衡条件と節点力の計算：任意の節点から始めればよいが，ここではまず節点 O に着目する．節点 O に作用する支持反力はすでに求められているので，図 6.20 (i) に示すような部材からの力 F_{OA} と F_{OB} が作用していると仮定すると，平衡条件式

$$\sum F_x = F_{\mathrm{OA}} + \frac{1}{\sqrt{2}} F_{\mathrm{OB}} = 0$$

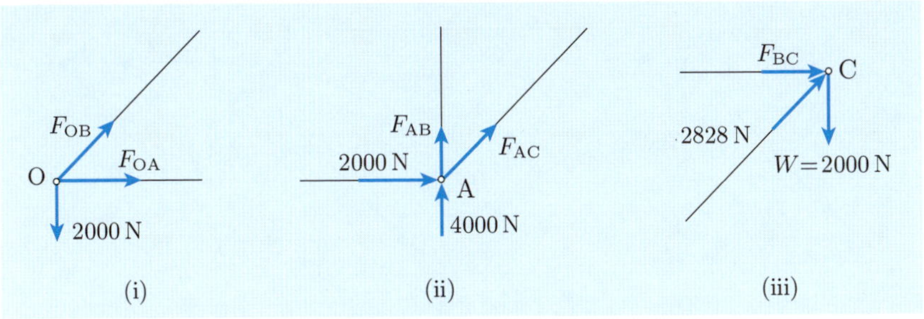

図 6.20 各節点の平衡条件

$$\sum F_y = \frac{1}{\sqrt{2}}F_{\rm OB} - 2000 = 0$$

より，$F_{\rm OA} = -2000\,{\rm N}$, $F_{\rm OB} = 2828\,{\rm N}$ を得る (ここでも，負の数値が現れた場合には，次の手順に移る前に力の向き修正する).

次に，節点 A に着目するが，支持反力 A_y と部材 OA からの節点力を $F_{\rm OA}$ は既知なので (図 6.20 (ii))，平衡条件式

$$\sum F_x = \frac{1}{\sqrt{2}}F_{\rm AC} + 2000 = 0$$

$$\sum F_y = F_{\rm AB} + \frac{1}{\sqrt{2}}F_{\rm AC} + 4000 = 0$$

より，$F_{\rm AC} = -2828\,{\rm N}$, $F_{\rm AB} = -2000\,{\rm N}$ を得る (ここでも，負の数値が現れた場合には，次の手順に移る前に力の向き修正する).

最後に，節点 C には荷重 W も作用していることに注意すると (図 6.20 (iii))，平衡条件式

$$\sum F_x = F_{\rm BC} + \frac{2828}{\sqrt{2}} = 0$$

$$\sum F_y = \frac{2828}{\sqrt{2}} - 2000 = 0$$

より，$F_{\rm BC} = -2000\,{\rm N}$ を得る．ただし，最後の式は自動的に満たされている．もし，これが満たされなければ，途中いずれかの計算が間違っていることを示すので，検算に利用できる．以上によって，全ての節点力が決定できる．

STEP3　部材力の検討：図 6.21 (i) には上の 2 つの手順で得られた節点力の大きさと向きをまとめて示し，図 6.21 (ii) には各部材が受け持つ力 (部材力) を示す．図中で，C は圧縮力，T は引張り力を意味する (図 6.18 を参照．また，矢

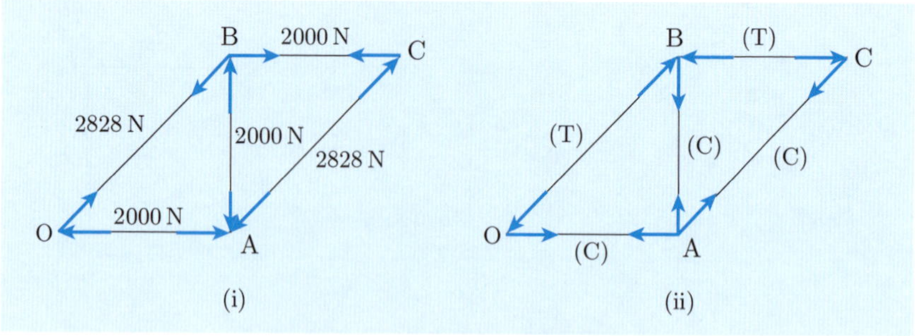

図 6.21　(i) 節点力と (ii) 部材力

印の向きに注意)．したがって，各部材は計算で得られた部材力に耐えられるだけの必要でかつ十分な強度を持つ必要がある．なお，部材 OB と BC は引張り力を受け持つケーブルに換えることもできることがわかる． ■

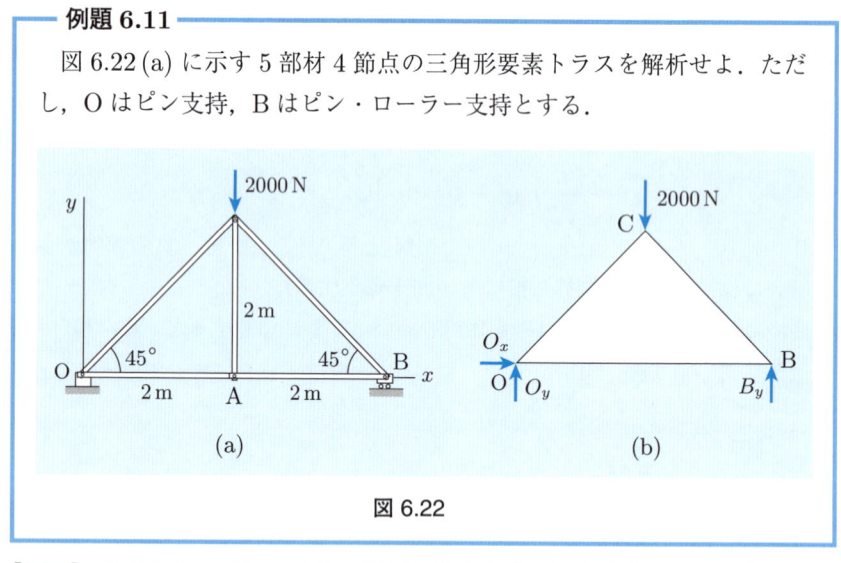

例題 6.11

図 6.22 (a) に示す 5 部材 4 節点の三角形要素トラスを解析せよ．ただし，O はピン支持，B はピン・ローラー支持とする．

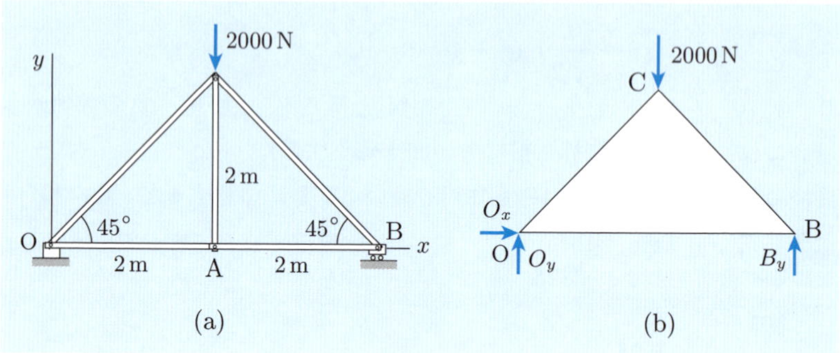

図 6.22

【解答】 まず最初にトラス全体の平衡条件から支持反力を求め，次に各節点の平衡条件から節点力および部材力を求めるという手順を踏む．

STEP1　支持反力の計算：トラス全体を 1 つの剛体と考え，図 6.22 (b) に示すような支持反力が作用しているとすると，平衡条件式は

$$\sum F_x = O_x = 0$$

$$\sum F_y = O_y + B_y - 2000 = 0$$
$$\sum M_{\mathrm{O}} = 4 \times B_y - 2 \times 2000 = 0$$

と表される．よって，

$$O_x = 0\,\mathrm{N}, \quad O_y = 1000\,\mathrm{N}, \quad B_y = 1000\,\mathrm{N}$$

を得る．

STEP2 節点の平衡条件と節点力の計算：まず節点 O に着目して，図 6.23 (i) に示すように部材力 F_{OA} と F_{OC} を仮定すると，平衡条件式

$$\sum F_x = F_{\mathrm{OA}} + \frac{1}{\sqrt{2}} F_{\mathrm{OC}} = 0$$
$$\sum F_y = \frac{1}{\sqrt{2}} F_{\mathrm{OC}} + 1000 = 0$$

より，$F_{\mathrm{OA}} = 1000\,\mathrm{N}$, $F_{\mathrm{OC}} = -1414\,\mathrm{N}$ を得る (ここで，負の数値が現れたのは，はじめに仮定した部材力 F_{OC} の向きが不適当であったことを示すので，次の手順に移る前に矢印の向き修正する)．次に節点 B に着目して，図 6.23 (ii) に示すように部材力 F_{AB} と F_{BC} を仮定すると，平衡条件式

$$\sum F_x = F_{\mathrm{BA}} - \frac{1}{\sqrt{2}} F_{\mathrm{BC}} = 0$$
$$\sum F_y = \frac{1}{\sqrt{2}} F_{\mathrm{BC}} + 1000 = 0$$

より，$F_{\mathrm{BC}} = -1414\,\mathrm{N}$, $F_{\mathrm{AB}} = -1000\,\mathrm{N}$ を得る (ここでも負の数値が現れたので，はじめに仮定した部材力 F_{AB} と F_{BC} の矢印の向きを修正する必要がある)．次に節点 A に着目すると，$\sum F_x = 0$ は自動的に満足されているので，部材力 $F_{\mathrm{AC}} = 0$ でなければならないことがわかる．最後に節点 C に着目する

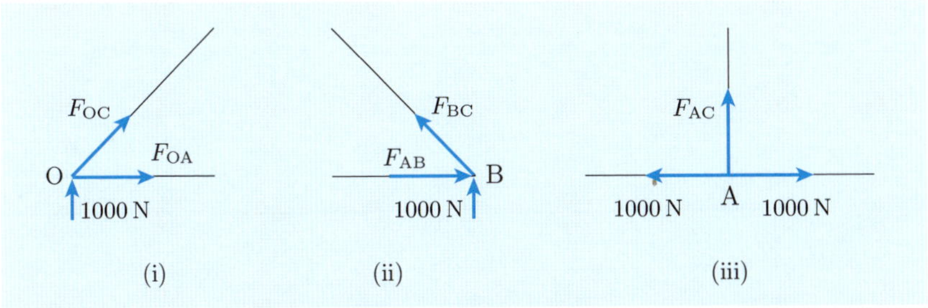

図 6.23 節点力と部材力

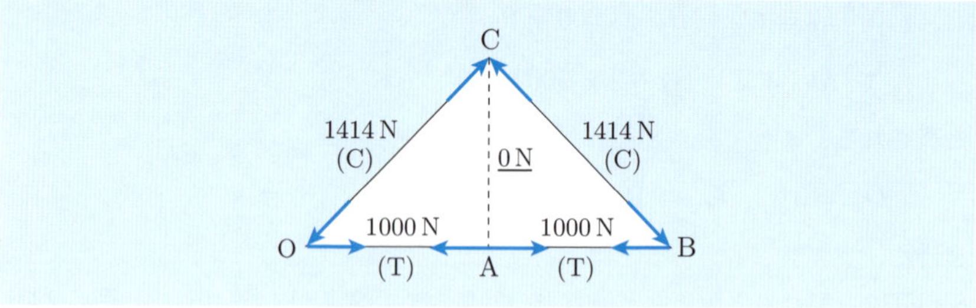

図 6.24　節点力と 0 力部材

が，すでに部材力 F_{OC}，F_{AB}，F_{BC} が全て決定されており，かつ平衡条件も自動的に満たされているので，上の諸計算が正しかったことがわかる．

STEP3　部材力の検討：上記の手順から得られた節点力の分布を図 6.24 に示す．ここでは，部材力 $F_{\mathrm{AC}} = 0$ であることに注意する．このような部材は **0 力部材**と呼ばれ，幾何形状を先に決めたトラス構造ではしばしば現れる．しかし，0 力部材が常に不必要であるとは限らず，その要，不要は構造の安定性を検討することによって決定される．この例題の場合には，部材 OA と AB がともに引張り部材であるために，幾何学的な工作精度や荷重方向のわずかなずれなどによって節点 A がわずかに移動しても，節点 A は自動的に復元できるので構造は安定である．したがって，部材 AC はなくてもよい．しかし，もし部材 OA と AB がともに圧縮部材となるような構造または荷重条件であるとすれば，節点 A はいったんずれ始めるとそのずれはさらに大きくなってトラス全体が崩壊することになる．このような場合には，部材 AC が圧縮力または引張り力を分担することにより構造全体を安定化する作用を持つので部材 AC は 0 力部材であっても，必要な部材となる．■

6.3 剛体の動力学

剛体の運動は並進運動と回転運動からなるが，特に回転運動では，剛体の質量分布，形状，回転軸の位置や向きが重要な役割を担うので，慣性モーメントや慣性乗積という新しい概念が必要となる．

6.3.1 剛体の角運動量，慣性モーメントと慣性乗積

ここではまず図 6.25 に示すように，質量 m，体積 V の剛体の中に取った任意の点 O を通る軸 e–e の周りの回転運動を考える．そこで，剛体中にとった任意の点 P の点 O に対する相対位置ベクトルを $\boldsymbol{r}$，角速度を $\boldsymbol{\omega}$ とすると，点 P の近傍の微小質量要素 Δm は軸 e–e を中心軸とする円運動を行うので，その線運動量および角運動量は

$$\Delta\boldsymbol{p} = \boldsymbol{v}\Delta m = \boldsymbol{\omega}\times\boldsymbol{r}\Delta m \tag{6.26}$$

$$\Delta\boldsymbol{L} = \boldsymbol{r}\times\Delta\boldsymbol{p} = \boldsymbol{r}\times(\boldsymbol{\omega}\times\boldsymbol{r}\Delta m) \tag{6.27}$$

となる．したがって，点 O に関する剛体の全角運動量 $\boldsymbol{L} = \sum \Delta\boldsymbol{L}$ は，$\Delta m \to 0$ として，積分

$$\boldsymbol{L} = \int_V \boldsymbol{r}\times(\boldsymbol{\omega}\times\boldsymbol{r})dm \tag{6.28}$$

で表される．ただし，積分の下添字 V は全体積にわたる積分を表す．

そこで，ベクトル $\boldsymbol{r} = x\boldsymbol{i} + y\boldsymbol{j} + z\boldsymbol{k}$ と $\boldsymbol{\omega} = \omega_x\boldsymbol{i} + \omega_y\boldsymbol{j} + \omega_z\boldsymbol{k}$ についてベクトル 3 重積の公式 (1.34)

$$\boldsymbol{r}\times(\boldsymbol{\omega}\times\boldsymbol{r}) = (\boldsymbol{r}\cdot\boldsymbol{r})\boldsymbol{\omega} - (\boldsymbol{r}\cdot\boldsymbol{\omega})\boldsymbol{r} \tag{6.29}$$

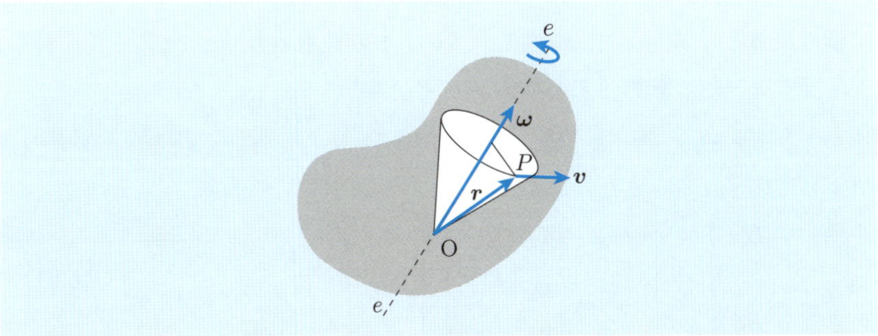

図 6.25　軸 e-e の周りの剛体回転

を用いると，全角運動量 (6.28) の成分は

$$\boldsymbol{L} = L_x\boldsymbol{i} + L_y\boldsymbol{j} + L_z\boldsymbol{k} \tag{6.30}$$

$$L_x = \omega_x \int_V (y^2+z^2)dm - \omega_y \int_V xydm - \omega_z \int_V zxdm \tag{6.31}$$

$$L_y = \omega_y \int_V (z^2+x^2)dm - \omega_z \int_V yzdm - \omega_x \int_V xydm \tag{6.32}$$

$$L_z = \omega_z \int_V (x^2+y^2)dm - \omega_x \int_V zxdm - \omega_y \int_V yzdm \tag{6.33}$$

と表される．ここで現れた 3 つの積分量

$$I_{xx} = \int_V (y^2+z^2)dm \tag{6.34}$$

$$I_{yy} = \int_V (z^2+x^2)dm \tag{6.35}$$

$$I_{zz} = \int_V (x^2+y^2)dm \tag{6.36}$$

をそれぞれ x 軸，y 軸，z 軸に関する**慣性モーメント**と呼ぶ．また，他の 6 つの積分量

$$I_{xy} = L_{yx} = -\int_V xydm \tag{6.37}$$

$$I_{yz} = L_{zy} = -\int_V yzdm \tag{6.38}$$

$$I_{zx} = L_{xz} = -\int_V zxdm \tag{6.39}$$

を**慣性乗積**と呼ぶ．なお，慣性モーメントも慣性乗積も $[\mathrm{kgm}^2]$ の単位を持つ．

このとき，角運動量ベクトル $\boldsymbol{L}$ はテンソル積

$$\boldsymbol{L} = \boldsymbol{I\omega} \tag{6.40}$$

によって表される．また，この式は

$$\begin{bmatrix} L_x \\ L_y \\ L_z \end{bmatrix} = \begin{bmatrix} I_{xx} & I_{xy} & I_{xz} \\ I_{yx} & I_{yy} & I_{yz} \\ I_{zx} & I_{zy} & I_{zz} \end{bmatrix} \begin{bmatrix} \omega_x \\ \omega_y \\ \omega_z \end{bmatrix} \tag{6.41}$$

のように行列で表記することもできる．ここで，行列

$$\boldsymbol{I} = \begin{bmatrix} I_{xx} & I_{xy} & I_{xz} \\ I_{yx} & I_{yy} & I_{yz} \\ I_{zx} & I_{zy} & I_{zz} \end{bmatrix} \tag{6.42}$$

を**慣性テンソル**と呼ぶ.

もし，適当な座標変換 $(x, y, z) \to (X, Y, Z)$ を行うことによって対角成分以外の行列要素を 0 とすることができれば，式 (6.42) は

$$\boldsymbol{I} = \begin{bmatrix} I_X & 0 & 0 \\ 0 & I_Y & 0 \\ 0 & 0 & I_Z \end{bmatrix} \tag{6.43}$$

と変換できる．ここで導入した新しい座標軸 X, Y, Z を**慣性主軸**と呼び，I_X, I_Y, I_Z を**主慣性モーメント**と呼ぶ．また，この手続きを**主軸変換**または**対角化**という.

注意2 なお，上に述べたように，剛体の運動を剛体中の任意の点 O の並進運動とその点を通る軸の周りの回転運動として扱うことができるが，動力学問題を解析する際には，重心 G の並進運動と重心 G を通る軸の周りの回転運動を扱うのが通常である. □

例題 6.12

図 6.26 に示すような辺長が a, b, c, 質量が m である直方体について，重心 G を通る 3 つの直交軸に関する慣性モーメントと慣性乗積を求めよ.

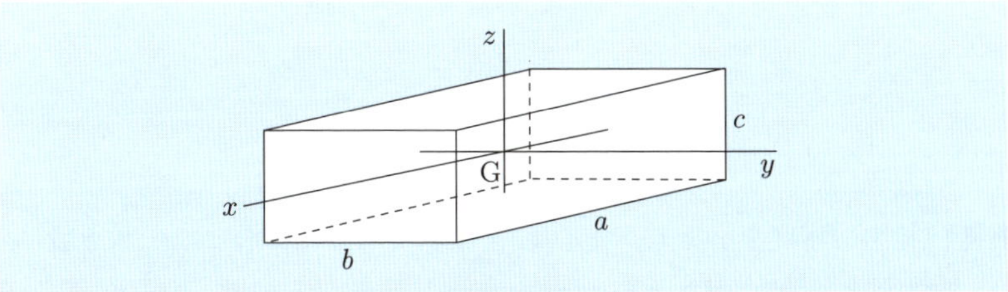

図 6.26

【解答】 直方体の密度を ρ とすると，全質量は $m = \rho abc$，微小質量要素は $dm = \rho dxdydz$ である．よって，

$$I_{xx} = \rho \int_{-a/2}^{a/2}\int_{-b/2}^{b/2}\int_{-c/2}^{c/2}(y^2+z^2)dxdydz = \frac{m}{12}(b^2+c^2)$$

$$I_{yy} = \rho \int_{-a/2}^{a/2}\int_{-b/2}^{b/2}\int_{-c/2}^{c/2}(z^2+x^2)dxdydz = \frac{m}{12}(c^2+b^2)$$

$$I_{zz} = \rho \int_{-a/2}^{a/2}\int_{-b/2}^{b/2}\int_{-c/2}^{c/2}(x^2+y^2)dxdydz = \frac{m}{12}(a^2+b^2)$$

$$I_{xy} = \rho \int_{-a/2}^{a/2}\int_{-b/2}^{b/2}\int_{-c/2}^{c/2}xydxdydz = 0$$

$$I_{yz} = \rho \int_{-a/2}^{a/2}\int_{-b/2}^{b/2}\int_{-c/2}^{c/2}yzdxdydz = 0$$

$$I_{zx} = \rho \int_{-a/2}^{a/2}\int_{-b/2}^{b/2}\int_{-c/2}^{c/2}zxdxdydz = 0$$

が得られる．この場合には，慣性乗積が全て 0 であり，慣性テンソルは対角成分だけからなるので，図示の x, y, z 軸がちょうど慣性主軸になっている． ■

例題 6.13

図 6.27 に示す長さ l，質量 m の一様で細い剛体棒 AB において，(1) 重心 G を通り，AB に直交する軸に関する慣性モーメント I_{G}，および (2) 重心から c だけ離れた点 C を通り，AB に直交する軸に関する慣性モーメント I_{C} を求めよ．

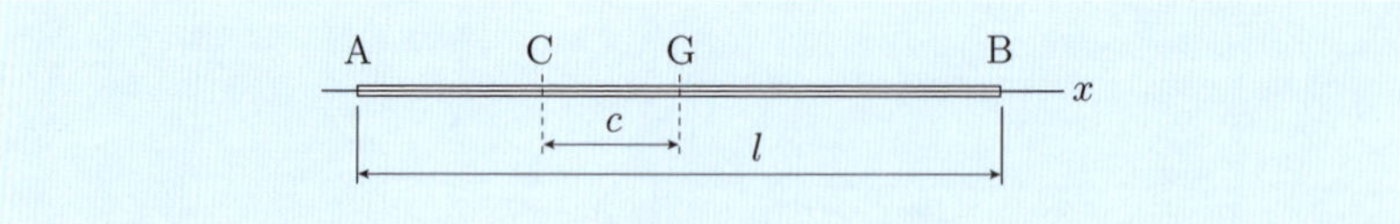

図 6.27

【解答】 棒の線密度を ρ とし，重心 G を原点として棒に沿って x 軸を設ける．

(1)　全質量と質量要素は $m = \rho l$, $dm = \rho dx$ と書けるので，重心 G を通る軸に関する慣性モーメントは

$$I_{\mathrm{G}} = \int_{-l/2}^{l/2} \rho x^2 dx = \frac{1}{12}ml^2$$

となる．

(2)　一方，点 C を通る軸に関する慣性モーメントについては積分範囲が変わることに注意すると，

$$I_{\mathrm{C}} = \int_{c-l/2}^{c+l/2} \rho x^2 dx = \frac{1}{12} ml^2 + mc^2 = I_{\mathrm{G}} + mc^2$$

で表される．

したがって，もし重心を通る軸に関する慣性モーメントが既知であれば，任意に平行移動した軸に関する慣性モーメントは容易に計算できる．これを**平行軸の定理**といい，任意の物体について成り立つ．■

例題 6.14

図 6.28 に示す半径 a，長さ h，質量 m の円柱について，中心軸 (z 軸) およびそれに直交する x 軸と y 軸の周りの慣性モーメントを求めよ．

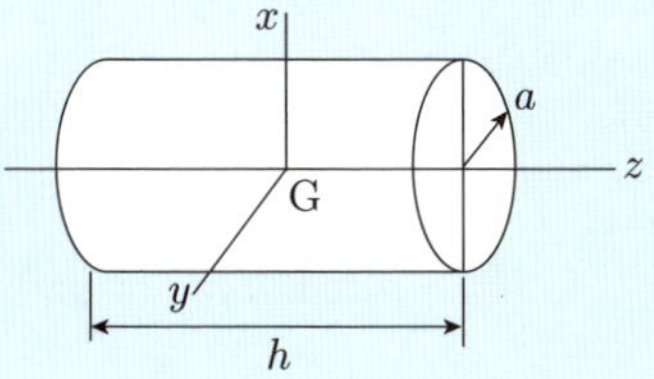

図 6.28

【解答】 円柱の密度を ρ とし，断面に対して重心を求めたときと同様な微小要素を用いると (図 6.8 (C))，微小質量要素は $dm = \rho r dr dz d\theta$ で表されるから，

$$I_{zz} = \int_0^a \int_0^{2\pi} \int_{-h/2}^{h/2} \rho r^3 dr dz d\theta = \frac{1}{2} ma^2$$

$$I_{xx} = \int_0^a \int_0^{2\pi} \int_{-h/2}^{h/2} \rho (r^2 \sin^2\theta + z^2) r dr dz d\theta = \frac{m}{12}(3a^2 + h^2)$$

$$I_{yy} = \int_0^a \int_0^{2\pi} \int_{-h/2}^{h/2} \rho (r^2 \cos^2\theta + z^2) r dr dz d\theta = \frac{m}{12}(3a^2 + h^2)$$

を得る．この場合，明らかに $I_{xx} = I_{yy}$ である．■

例題 6.15

例題 6.12 で扱った直方体において，重心 G から x 軸方向に s だけ離れた点を原点 O とする直交軸に関する慣性モーメントと慣性乗積を求めよ．

【解答】 例題 6.12 において，積分範囲が $-a/2 \leq x \leq a/2$ から $-a/2-s \leq x \leq a/2-s$ に変更されることに注意すると，

$$I_{xx} = \int_{-a/2-s}^{a/2-s}\int_{-b/2}^{b/2}\int_{-c/2}^{c/2} \rho(y^2+z^2)dxdydz = \frac{m}{12}(b^2+c^2)$$

$$I_{yy} = \int_{-a/2-s}^{a/2-s}\int_{-b/2}^{b/2}\int_{-c/2}^{c/2} \rho(z^2+x^2)dxdydz = \frac{m}{12}(c^2+b^2)+ms^2$$

$$I_{zz} = \int_{-a/2-s}^{a/2-s}\int_{-b/2}^{b/2}\int_{-c/2}^{c/2} \rho(x^2+y^2)dxdydz = \frac{m}{12}(a^2+b^2)+ms^2$$

$$I_{xy} = \int_{-a/2-s}^{a/2-s}\int_{-b/2}^{b/2}\int_{-c/2}^{c/2} \rho xydxdydz = 0$$

$$I_{yz} = \int_{-a/2-s}^{a/2-s}\int_{-b/2}^{b/2}\int_{-c/2}^{c/2} \rho yzdxdydz = 0$$

$$I_{zx} = \int_{-a/2-s}^{a/2-s}\int_{-b/2}^{b/2}\int_{-c/2}^{c/2} \rho zxdxdydz = 0$$

を得る．また，I_{yy} と I_{zz} に対して平行軸の定理が成り立っていることがわかる．

■

6.3.2 剛体の運動方程式

先に述べたように，剛体の運動は重心 G の並進運動と重心 G の周りの回転運動を重ね合わせることによって記述できる (図 6.29).

剛体の並進運動については，剛体全体に作用する合力 $\boldsymbol{f} = \sum \boldsymbol{f}_i$ と等価の力が重心 G に作用すると考えることができるので，重心 G の加速度を $\boldsymbol{a}_{\mathrm{G}}$ とすると，質点の場合とまったく同様に，

$$m\boldsymbol{a}_{\mathrm{G}} = \boldsymbol{f} \tag{6.44}$$

によって記述される．

一方，重心 G の周りの回転運動において，剛体に作用する力の合モーメントは $\boldsymbol{r}_i$ を位置ベクトル，$\boldsymbol{v}_i$ を速度ベクトルとして，

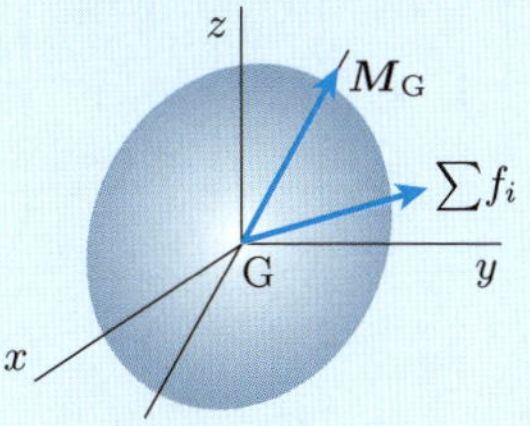

図 6.29　重心の並進運動と重心の周りの回転運動

$$\boldsymbol{M}_\mathrm{G} = \sum_{i=1}^{n} \boldsymbol{r}_i \times \boldsymbol{f}_i = \sum_{i=1}^{n} \boldsymbol{r}_i \times \frac{d}{dt}(m\boldsymbol{v}_i) \tag{6.45}$$

で表されるが,

$$\begin{aligned}\boldsymbol{r}_i \times \frac{d}{dt}(m\boldsymbol{v}_i) &= \frac{d}{dt}[\boldsymbol{r}_i \times (m\boldsymbol{v}_i)] - \frac{d\boldsymbol{r}_i}{dt} \times (m\boldsymbol{v}_i) \\ &= \frac{d}{dt}[\boldsymbol{r}_i \times (m\boldsymbol{v}_i)] - m\boldsymbol{v}_i \times \boldsymbol{v}_i \\ &= \frac{d}{dt}[\boldsymbol{r}_i \times (m\boldsymbol{v}_i)]\end{aligned}$$

($\boldsymbol{v}_i \times \boldsymbol{v}_i = \boldsymbol{0}$ に注意) の関係式を用いると

$$\begin{aligned}\boldsymbol{M}_\mathrm{G} &= \sum_{i=1}^{n} \frac{d}{dt}[\boldsymbol{r}_i \times (m\boldsymbol{v}_i)] = \sum_{i=1}^{n} \frac{d\boldsymbol{L}_i}{dt} \\ &= \frac{d}{dt}\sum_{i=1}^{n} \boldsymbol{L}_i\end{aligned}$$

すなわち

$$\frac{d\boldsymbol{L}}{dt} = \boldsymbol{M}_\mathrm{G} \tag{6.46}$$

$$\boldsymbol{L} = \sum_{i=1}^{n} \boldsymbol{L}_i = \sum_{i=1}^{n} \boldsymbol{r}_i \times (m\boldsymbol{v}_i) \tag{6.47}$$

と表すことができる．ここで，式 (6.40) の $\boldsymbol{L} = \boldsymbol{I}\boldsymbol{\omega}$ および $\boldsymbol{\alpha} = d\boldsymbol{\omega}/dt$ を用いると，回転運動に関する運動方程式 (6.46) は

$$\boldsymbol{I}\boldsymbol{\alpha} = \boldsymbol{M}_\mathrm{G} \tag{6.48}$$

で表される．なお，行列表示によると，式 (6.48) は

$$\begin{bmatrix} I_{xx} & I_{xy} & I_{xz} \\ I_{yx} & I_{yy} & I_{yz} \\ I_{zx} & I_{zy} & I_{zz} \end{bmatrix} \begin{bmatrix} \alpha_x \\ \alpha_y \\ \alpha_z \end{bmatrix} = \begin{bmatrix} M_{\mathrm{G}x} \\ M_{\mathrm{G}y} \\ M_{\mathrm{G}z} \end{bmatrix} \tag{6.49}$$

と表すこともできる．ただし，式 (6.46) と式 (6.48) が成り立つのは $\boldsymbol{L}$ の向きが変化しない場合である (6.3.5 節を参照).

以上により，剛体の運動は式 (6.44) と式 (6.48) の 2 式で記述できることがわかる．

注意3　剛体の力学を解析する際にも相対運動の概念 (2.3 節) が極めて重要であるので復習されたい． □

6.3.3　平面運動する剛体の動力学

もし，剛体が平面力だけを受けて一平面内 (例えば $(\mathrm{O}; x, y)$ 平面とする) だけを運動するときは，重心 G の並進運動と重心 G を通り平面と垂直な軸の周りの回転運動だけを考えればよい．すなわち，平面運動をする剛体の任意の点 P の位置ベクトル，速度ベクトルおよび加速度ベクトルは x 方向と y 方向の成分だけを持ち，角速度ベクトルと角加速度ベクトルは z 方向の成分だけで表される．また，剛体に作用する力は x 方向と y 方向の成分だけを考慮すればよく，力のモーメントは常に z 軸方向の成分だけを持つ．したがって，$\boldsymbol{a}_{\mathrm{G}} = a_{\mathrm{G}x}\boldsymbol{i} + a_{\mathrm{G}y}\boldsymbol{j}$ を重心の加速度，$\boldsymbol{\alpha} = \alpha\boldsymbol{k}$ を重心 G の周りの角加速度，$\boldsymbol{f} = f_x\boldsymbol{i} + f_y\boldsymbol{j}$ を合力，$\boldsymbol{M}_{\mathrm{G}} = M_{\mathrm{G}}\boldsymbol{k}$ を重心 G に関する力の合モーメントとすると，運動方程式 (6.44) と (6.48) は 3 つのスカラー方程式

$$m a_{\mathrm{G}x} = f_x \tag{6.50}$$

$$m a_{\mathrm{G}y} = f_y \tag{6.51}$$

$$I_{\mathrm{G}}\alpha = M_{\mathrm{G}} \tag{6.52}$$

で表される．ただし，$I_{\mathrm{G}} = I_{zz}$ は剛体の重心 G を通り z 軸と平行な軸に関する慣性モーメントである．なお，M_{G} には力のモーメントのほかに，回転軸に直接作用する集中モーメント (トルクともいう) も含まれる．もちろん，この場合に回転角 $\theta(t)$，角速度 $\omega(t)$，角加速度 $\alpha(t)$ の間には，$\alpha = d\omega/dt = d^2\theta/dt^2$ の関係がある．なお，$k_{\mathrm{G}} = \sqrt{I_{\mathrm{G}}/m}$ を**回転半径**と呼ぶ．

例題 6.16

静止している質量 m，半径 r の薄い円板の中心軸 G に一定の集中モーメント（トルク）T_0 を加えたとき，時刻 t における円板の回転角速度 $\omega(t)$ および回転角 $\theta(t)$ を求めよ．

【解答】 円板の面を (x, y) 面とし，重心 G を通り円板に垂直な中心軸を z 軸とすると，運動方程式は

$$I_G \frac{d\omega}{dt} = T_0, \quad I_G = I_{zz} = \frac{1}{2}mr^2$$

で表される．よって，時間 t で積分することにより回転角速度と回転角は

$$\omega(t) = \frac{T_0}{I_G}t, \quad \theta(t) = \frac{T_0}{2I_G}t^2$$

となって，等角加速度運動を表す．■

例題 6.17

図 6.30 (a) に示すように，長さ l，質量 m の細い剛体棒が点 O でピン支持され，点 A で糸によって水平に支持されている．糸が切断された直後の剛体棒の回転角加速度を求めよ．

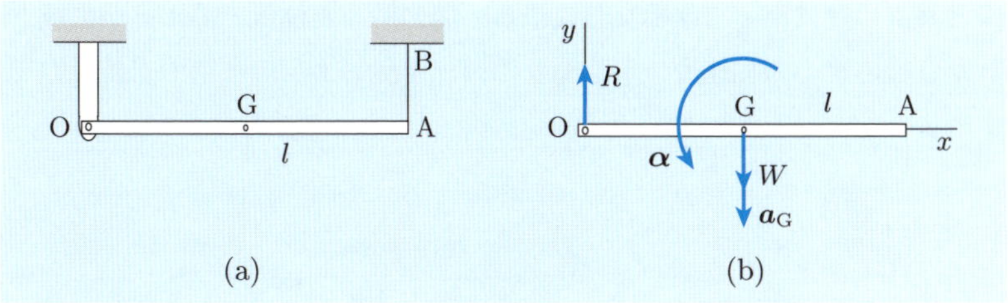

図 6.30

【解答】 運動開始直後の支持反力を R_x, R_y とすると，重心 G の並進運動および重心周りの回転運動の運動方程式は

$$ma_{Gx} = 0$$

$$ma_{Gy} = R_y - mg$$

$$I_G\alpha = -\frac{l}{2}R_y$$

と書ける．ところが，棒端 O において，相対運動の概念から

$$\boldsymbol{a}_{\mathrm{O}} = \boldsymbol{a}_{\mathrm{G}} + \boldsymbol{a}_{\mathrm{O/G}} = \boldsymbol{a}_{\mathrm{G}} + \boldsymbol{\alpha} \times \boldsymbol{r}_{\mathrm{O/G}} = \boldsymbol{0}$$

すなわち

$$a_{\mathrm{O}x} = a_{\mathrm{G}x} = 0$$

$$a_{\mathrm{O}y} = a_{\mathrm{G}y} - \frac{\alpha l}{2} = 0$$

が成り立たなければならない．ただし，$\boldsymbol{r}_{\mathrm{O/G}}$ は重心Gに対する点Oの位置ベクトルであり，$\boldsymbol{\alpha} = \alpha \boldsymbol{k}$ である．よって，$I_{\mathrm{G}} = ml^2/12$ を用いると，

$$a_{\mathrm{G}x} = 0, \quad a_{\mathrm{G}y} = -\frac{3g}{4}, \quad \alpha = -\frac{3g}{2l}, \quad R_x = 0, \quad R_y = \frac{mg}{4}$$

を得る．

ところで，別解法として点Oの周りの回転を考えるとすれば，

$$I_{\mathrm{O}}\alpha = -\frac{l}{2}mg, \quad I_{\mathrm{O}} = \frac{1}{3}ml^2$$

を解くことによって，同じ解 $\alpha = -3g/2l$ を得る．ただし，支点の支持反力などは運動方程式を用いて別途求めなければならない．■

例題 6.18

図6.31 (a) に示すように，一様な細い剛体棒 (長さ l，質量 m) が水平の床と垂直の壁に沿って摩擦なしに滑る．図に示した位置で棒が静かに放された直後の重心の加速度，重心周りの角加速度および床と壁の支持反力を求めよ．

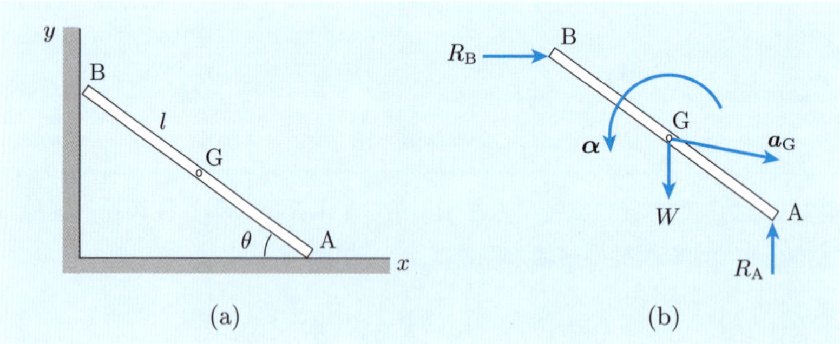

図 6.31

【解答】 棒は重心に作用する重力と床および壁からの垂直反力 R_{A}，R_{B} を受けながら運動する．したがって，重心の並進と重心周りの回転について運動方程

式は

$$ma_{Gx} = R_B$$

$$ma_{Gy} = R_A - mg$$

$$I_G\alpha = \frac{1}{2}R_A l\cos\theta - \frac{1}{2}R_B l\sin\theta$$

と表される．ただし，$I_G = ml^2/12$ である．一方，棒端 A および B は床および壁に沿って運動しなければならないので，$\boldsymbol{a}_A = a_A\boldsymbol{i}$，$\boldsymbol{a}_B = a_B\boldsymbol{j}$ と書ける．ただし，a_A と a_B は未知である．したがって，相対運動の概念から，

$$\boldsymbol{a}_A = \boldsymbol{a}_G + \boldsymbol{a}_{A/G} = \boldsymbol{a}_G + \boldsymbol{\alpha} \times \boldsymbol{r}_{A/G}$$

$$\boldsymbol{a}_B = \boldsymbol{a}_G + \boldsymbol{a}_{B/G} = \boldsymbol{a}_G + \boldsymbol{\alpha} \times \boldsymbol{r}_{B/G}$$

すなわち，

$$a_A = a_{Gx} + \frac{1}{2}\alpha l\sin\theta$$

$$0 = a_{Gy} + \frac{1}{2}\alpha l\cos\theta$$

$$0 = a_{Gx} - \frac{1}{2}\alpha l\sin\theta$$

$$a_B = a_{Gy} - \frac{1}{2}\alpha l\cos\theta$$

が成り立たなければならない．ただし，$\boldsymbol{r}_{A/G}$ と $\boldsymbol{r}_{B/G}$ は重心 G に対する点 A および点 B の位置ベクトルである．以上より，

$$\alpha = \frac{3g}{2l}\cos\theta, \quad a_{Gx} = \frac{3g}{4}\sin\theta\cos\theta, \quad a_{Gy} = -\frac{3g}{4}\cos^2\theta$$

$$a_A = \frac{3}{2}\sin\theta\cos\theta, \quad a_B = -\frac{3}{2}\cos^2\theta$$

$$R_A = \frac{1}{4}mg(4 - 3\cos^2\theta), \quad R_B = \frac{3}{4}mg\sin\theta\cos\theta$$

を得る． ■

例題 6.19

図 6.32 に示すように，摩擦のない水平面に置かれたバットの一点 A に力 P を加えたとき，バットの重心 G の加速度 a_G および重心周りの角加速度 α を求めよ．また，図示の点 B の加速度 a_B を求めよ．ただし，バットの質量を m，重心 G に関する慣性モーメントを I_G とする．

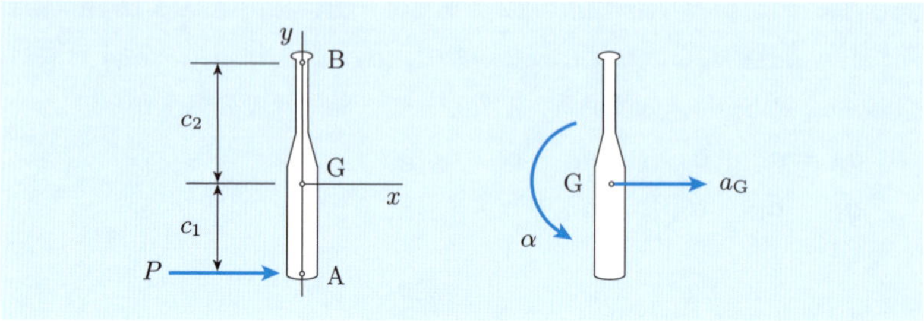

図 6.32

【解答】 並進と回転の運動方程式より直ちに

$$a_{Gx} = \frac{P}{m}, \quad \alpha = \frac{c_1 P}{I_G}$$

を得る．したがって，点 A および B の加速度は相対運動の概念より

$$a_{Ax} = a_{Gx} + (a_{A/G})_x = \frac{P}{m} + \frac{c_1^2 P}{I_G}$$

$$a_{Bx} = a_{Gx} + (a_{B/G})_x = \frac{P}{m} - \frac{c_1 c_2 P}{I_G}$$

となる．ところが，第 2 式より関係式

$$c_1 c_2 = \frac{I_G}{m}$$

を満たすとき，点 B の加速度が 0 となる．この場合，点 A と B は**打撃中心**と呼ばれる． ■

例題 6.20

図 6.33 に示すように半径 r，質量 m の円板の外周に巻きつけた糸の一端を固定してから静かに円板を落下させる．運動開始直後の円板重心の加速度および角加速度を求めよ．

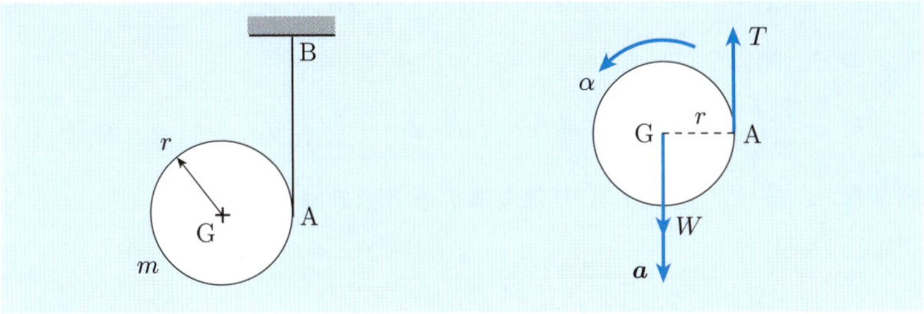

図 6.33

【解答】 糸の張力を T とし，鉛直上向きに z 軸を設けると，運動方程式は

$$ma_{Gz} = T - mg$$

$$I_G\alpha = rT$$

で表される．また，糸と円板の接触点 A の加速度は $a_{Az} = a_{Gz} + r\alpha = 0$ でなければならないので，$I_G = I_O = mr^2/2$ を用いると

$$a_{Gz} = -\frac{2}{3}mg, \quad \alpha = \frac{2g}{3r}, \quad T = \frac{1}{3}mg$$

となる． ■

6.3.4 剛体の運動エネルギー

剛体の重心 G の速度ベクトルを $\boldsymbol{v}_G$，重心 G に対する剛体内の任意の点 P の位置ベクトルを $\boldsymbol{r}_{P/G}$，重心周りの回転角速度を $\boldsymbol{\omega}$ とすると，点 P の速度は

$$\boldsymbol{v}_P = \boldsymbol{v}_G + \boldsymbol{v}_{P/G}, \quad \boldsymbol{v}_{P/G} = \boldsymbol{\omega} \times \boldsymbol{r}_{P/G} \tag{6.53}$$

で表される．したがって，点 P の近傍にとった微小質量要素 dm の持つ運動エネルギーは

$$
\begin{aligned}
dK &= \frac{1}{2}(\boldsymbol{v}_{\mathrm{P}} \cdot \boldsymbol{v}_{\mathrm{P}})dm \\
&= \frac{1}{2}(\boldsymbol{v}_{\mathrm{G}} + \boldsymbol{v}_{\mathrm{P/G}}) \cdot (\boldsymbol{v}_{\mathrm{G}} + \boldsymbol{v}_{\mathrm{P/G}})dm \\
&= \frac{1}{2}dm\left[\boldsymbol{v}_{\mathrm{G}} \cdot \boldsymbol{v}_{\mathrm{G}} + 2\boldsymbol{v}_{\mathrm{G}} \cdot \boldsymbol{v}_{\mathrm{P/G}} + \boldsymbol{v}_{\mathrm{P/G}} \cdot \boldsymbol{v}_{\mathrm{P/G}}\right] \qquad (6.54)
\end{aligned}
$$

であるので，剛体全体の運動エネルギーは積分

$$
K = \frac{1}{2}\int_V \boldsymbol{v}_{\mathrm{G}} \cdot \boldsymbol{v}_{\mathrm{G}} dm + \int_V \boldsymbol{v}_{\mathrm{G}} \cdot \boldsymbol{v}_{\mathrm{P/G}} dm + \frac{1}{2}\int_V \boldsymbol{v}_{\mathrm{P/G}} \cdot \boldsymbol{v}_{\mathrm{P/G}} dm \qquad (6.55)
$$

で表される．まず，式 (6.55) の右辺第 1 項の積分は

$$
K_1 = \frac{1}{2}\int_V \boldsymbol{v}_{\mathrm{G}} \cdot \boldsymbol{v}_{\mathrm{G}} dm = \frac{1}{2}mv_{\mathrm{G}}^2 \qquad (6.56)
$$

と書けるので重心 G の並進運動エネルギーを表す．次に，右辺第 2 項の積分は形式的に

$$
K_2 = \boldsymbol{v}_{\mathrm{G}} \cdot \left(\boldsymbol{\omega} \times \int_V \boldsymbol{r}_{\mathrm{P/G}} dm\right) \qquad (6.57)
$$

と書けるが，ベクトル $\boldsymbol{r}_{\mathrm{P/G}}$ の始点を重心 G としているので，重心の定義によりこの積分は消える．よって，$K_2 = 0$ となる．最後に，右辺第 3 項の被積分関数はベクトルの演算公式により

$$
\begin{aligned}
\boldsymbol{v}_{\mathrm{P/G}} \cdot \boldsymbol{v}_{\mathrm{P/G}} &= (\boldsymbol{\omega} \times \boldsymbol{r}_{\mathrm{P/G}}) \cdot (\boldsymbol{\omega} \times \boldsymbol{r}_{\mathrm{P/G}}) \\
&= \boldsymbol{\omega} \cdot \left[\boldsymbol{r}_{\mathrm{P/G}} \times (\boldsymbol{\omega} \times \boldsymbol{r}_{\mathrm{P/G}})\right] \qquad (6.58)
\end{aligned}
$$

と書くことができるので，式 (6.28) で導いた重心に関する角運動量ベクトル $\boldsymbol{L}_{\mathrm{G}}$ を用いて

$$
K_3 = \frac{1}{2}\boldsymbol{\omega} \cdot \int_V \left[\boldsymbol{r}_{\mathrm{P/G}} \times (\boldsymbol{\omega} \times \boldsymbol{r}_{\mathrm{P/G}})\right] dm = \frac{1}{2}\boldsymbol{\omega} \cdot \boldsymbol{L}_{\mathrm{G}} \qquad (6.59)
$$

と表される．これは重心周りの純粋な回転運動のエネルギーを表す．以上より，**剛体の運動エネルギー**は重心の並進運動エネルギーと重心周りの回転運動エネルギーの和

$$
K = \frac{1}{2}mv_{\mathrm{G}}^2 + \frac{1}{2}\boldsymbol{\omega} \cdot \boldsymbol{L}_{\mathrm{G}} \qquad (6.60)
$$

で表されることがわかる．すなわち，並進速度が同じでも，回転を伴う物体のほうが大きな運動エネルギーを持つことがわかる．特に平面運動の場合には，回

転軸を $\boldsymbol{k}$ 軸とすれば，$\boldsymbol{\omega} = \omega \boldsymbol{k}$，$\boldsymbol{L}_{\mathrm{G}} = I_{\mathrm{G}}\omega \boldsymbol{k}$ とできるので回転運動エネルギーは

$$K = \frac{1}{2}mv_{\mathrm{G}}^2 + \frac{1}{2}I_{\mathrm{G}}\omega^2 \tag{6.61}$$

で表される．ただし，固定軸を持つ運動の場合には，その軸の周りの回転運動エネルギーだけを持つことに注意しなければならない．

例題 6.21

半径 r，質量 m の円板が中心 G を通り円板に垂直な軸の周りに一定の角速度 Ω で回転しながら一定速度 V で飛んでいるとき，円板の持つ運動エネルギーを求めよ．

【解答】 円板の角運動量の大きさが $L_{\mathrm{G}} = I_{\mathrm{G}}\Omega$ であることに注意すると

$$K = \frac{1}{2}mV^2 + \frac{1}{2}I_{\mathrm{G}}\Omega^2, \quad I_{\mathrm{G}} = \frac{1}{2}mr^2$$

となる．■

例題 6.22

図 6.34 に示すように，はじめに静止していた質量 m，半径 r の円板が水平面と角度 θ をなす斜面に沿って，滑ることなく高さ h だけ転がり落ちた．このときの重心 G の速度を求めよ．

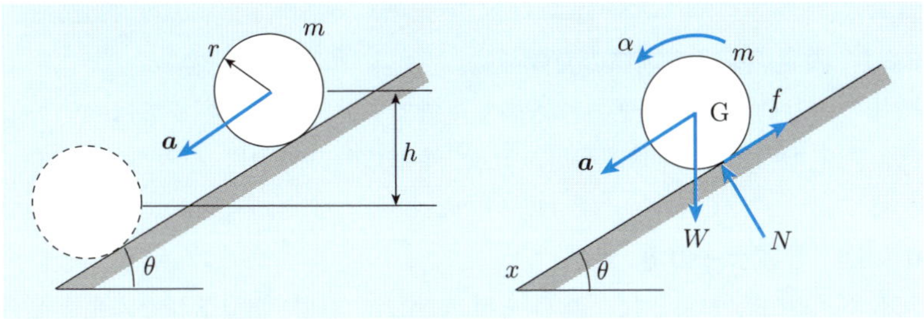

図 6.34

【解答】 斜面に沿って x 軸，それに垂直に y 軸を取る．円板が滑りなしで回転するためには斜面に摩擦力 f が作用していることを考慮すると，運動方程式は

$$ma_{\mathrm{G}} = mg\sin\theta - f$$

$$I_{\mathrm{G}}\alpha = rf$$

$$a_{\mathrm{G}} = r\alpha$$

が成り立つ．よって，$I_G = mr^2/2$ を用いると，円板は

$$\alpha = \frac{rmg}{I_G + mr^2}\sin\theta = \frac{2g}{3r}\sin\theta, \quad a_G = r\alpha = \frac{2g}{3}\sin\theta$$

で表される等加速度運動を行う．一方，エネルギー保存則

$$\frac{1}{2}mv_G^2 + \frac{1}{2}I_G\omega^2 = mgh\sin\theta, \quad \omega = \frac{v_G}{r}$$

より，円板の速度は

$$v_G = \sqrt{\frac{4}{3}gh\sin\theta}$$

となる．

もし，同じ質量 m を持つ質点が滑り落ちるとすると，質点の速度は

$$v = \sqrt{2gh\sin\theta}$$

である．すなわち，回転慣性を持つ円板は並進の運動エネルギーのほかに回転運動エネルギーを有するため，質点に比べて並進速度は小さくなることがわかる．さらに，円板の代わりに，同じ半径，同じ質量の球を考えると，$I_G = 2mr^2/5$ であることから，速度は

$$v = \sqrt{\frac{10}{7}gh\sin\theta}$$

となる． ■

6.3.5 固定点を持つ剛体の空間運動

剛体の一般的な 3 次元運動は極めて複雑であり，解析も容易ではない．ここでは，固定点の周りの回転運動について簡単に触れておく．

6.3.5.1 オイラーの角

図 6.35 (a) に示すように，点 O を原点とし，空間に固定された直角座標系を $(\mathrm{O}; x, y, z)$ とし，基本単位ベクトルを $(\boldsymbol{i}, \boldsymbol{j}, \boldsymbol{k})$ とする．また，同じ点 O を共有し，剛体に固定された直角座標系を $(\mathrm{O}; \xi, \eta, \zeta)$ とし，各軸方向の単位ベクトルを $(\boldsymbol{e}_\xi, \boldsymbol{e}_\eta, \boldsymbol{e}_\zeta)$ とする．ここでは，剛体が固定点 O の周りに回転運動する場合を考える．さて，θ を ζ 軸と z 軸のなす角 (η 軸周りの回転角)，ϕ を z–ζ 面と x 軸のなす角 (z 軸周りの回転角)，ψ を z–ζ 面と ξ 軸のなす角 (ζ 軸周りの回転角) とするとき，3 つの回転角 (ϕ, θ, ζ) を**オイラーの角**と呼ぶ．図 6.35 (a) には，x–z 面が z 軸の周りに ϕ だけ回転し，x 軸が x' 軸まで移っている状態を示

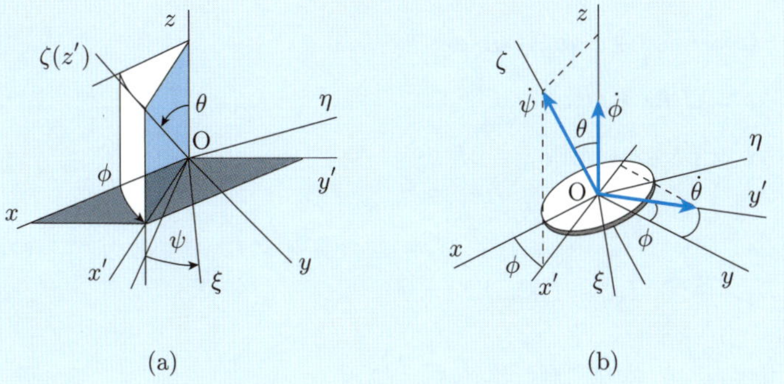

図 6.35 オイラーの角と角速度

している．したがって，剛体の角速度 $\boldsymbol{\omega}$ は 2 種類の座標系の成分 $(\omega_x, \omega_y, \omega_z)$ と $(\omega_\xi, \omega_\eta, \omega_\zeta)$ で表されるが，図 6.35 (b) からわかるように，

$$\left\{\begin{aligned} \omega_x &= -\dot{\theta}\sin\phi + \dot{\psi}\sin\theta\cos\phi \\ \omega_y &= \dot{\theta}\cos\phi + \dot{\psi}\sin\theta\sin\phi \\ \omega_z &= \dot{\phi} + \dot{\psi}\cos\theta \end{aligned}\right. \tag{6.62}$$

$$\left\{\begin{aligned} \omega_\xi &= \dot{\theta}\sin\psi - \dot{\phi}\sin\theta\cos\psi \\ \omega_\eta &= \dot{\theta}\cos\psi + \dot{\phi}\sin\theta\sin\psi \\ \omega_\zeta &= \dot{\phi}\cos\theta + \dot{\psi} \end{aligned}\right. \tag{6.63}$$

で表される．ただし，$\dot{\phi} = d\phi/dt$, $\dot{\theta} = d\theta/dt$, $\dot{\psi} = d\psi/dt$ である．

6.3.5.2 オイラーの運動方程式

いま，剛体の慣性主軸と (ξ, η, ζ) 軸が一致するように座標系を設けると，式 (6.30)～(6.39) より，

$$L_\xi = I_{\xi\xi}\omega_\xi, \quad L_\eta = I_{\eta\eta}\omega_\eta, \quad L_\zeta = I_{\zeta\zeta}\omega_\zeta \tag{6.64}$$

で表される．すなわち，慣性テンソルは一定値を持つ慣性モーメントだけで表すことができる．ただし，角運動量ベクトル $\boldsymbol{L}$ の大きさと向きが時間とともに変化するので，式 (6.46) を

$$\frac{d\boldsymbol{L}}{dt} + \boldsymbol{\omega} \times \boldsymbol{L} = \boldsymbol{M} \tag{6.65}$$

と書き換えなければならないことに注意する必要がある．ここで，

$$\boldsymbol{L} = L_\xi \boldsymbol{e}_\xi + L_\eta \boldsymbol{e}_\eta + L_\zeta \boldsymbol{e}_\zeta \tag{6.66}$$

$$\boldsymbol{\omega} = \omega_\xi \boldsymbol{e}_\xi + \omega_\eta \boldsymbol{e}_\eta + \omega_\zeta \boldsymbol{e}_\zeta \tag{6.67}$$

$$\boldsymbol{M} = M_\xi \boldsymbol{e}_\xi + M_\eta \boldsymbol{e}_\eta + M_\zeta \boldsymbol{e}_\zeta \tag{6.68}$$

である．すなわち，座標成分では，

$$I_{\xi\xi}\frac{d\omega_\xi}{dt} - (I_{\eta\eta} - I_{\zeta\zeta})\omega_\eta\omega_\zeta = M_\xi \tag{6.69}$$

$$I_{\eta\eta}\frac{d\omega_\eta}{dt} - (I_{\zeta\zeta} - I_{\xi\xi})\omega_\zeta\omega_\xi = M_\eta \tag{6.70}$$

$$I_{\zeta\zeta}\frac{d\omega_\zeta}{dt} - (I_{\xi\xi} - I_{\eta\eta})\omega_\xi\omega_\eta = M_\zeta \tag{6.71}$$

と表される．これを**オイラーの運動方程式**と呼ぶ．

オイラーの運動方程式を用いて**ジャイロスコープ**や**コマ**の**歳差運動**など固定点を持つ剛体の様々な運動が解析されるが，ここでは，玩具の地球ゴマとして知られている**ジャイロスタット**と呼ばれる機構に適用した例だけを示す．

例1 ジャイロスタットは，図 6.36 に示すように，円板の重心 G を通る 3 つの軸の周りに自由に回転できるようにジンバルで支えられているが，重心 G の位置は移動しない．

さて，円板が ζ 軸について回転対称であれば，$I_{\xi\xi} = I_{\eta\eta}$ である．また，重力や拘束力による重心 G の周りのモーメントも作用しないので，式 (6.69)〜(6.71) は

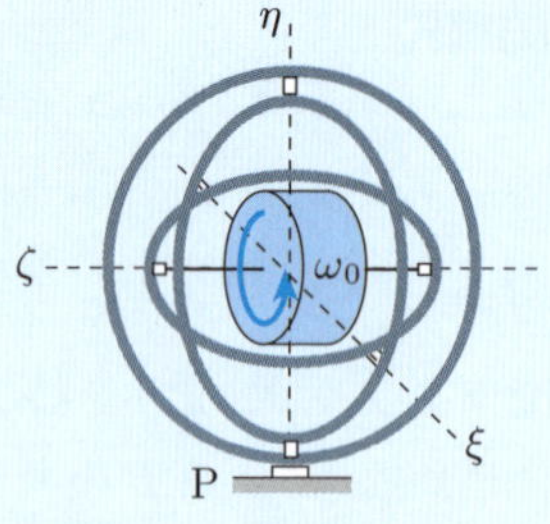

図 6.36 ジャイロスタット

$$I_{\xi\xi}\frac{d\omega_\xi}{dt}-(I_{\xi\xi}-I_{\zeta\zeta})\omega_\eta\omega_\zeta=0 \tag{6.72}$$

$$I_{\xi\xi}\frac{d\omega_\eta}{dt}-(I_{\zeta\zeta}-I_{\xi\xi})\omega_\zeta\omega_\xi=0 \tag{6.73}$$

$$I_{\zeta\zeta}\frac{d\omega_\zeta}{dt}=0 \tag{6.74}$$

と書き換えられる．まず，式 (6.74) より $\omega_\zeta=\omega_0$ は常に一定であることがわかる．したがって，ほかの 2 式 (6.72) と (6.73) は

$$I_{\xi\xi}\frac{d\omega_\xi}{dt}-(I_{\xi\xi}-I_{\zeta\zeta})\omega_0\omega_\eta=0 \tag{6.75}$$

$$I_{\xi\xi}\frac{d\omega_\eta}{dt}-(I_{\zeta\zeta}-I_{\xi\xi})\omega_0\omega_\xi=0 \tag{6.76}$$

と書けるが，ω_η と ω_ξ のいずれかを消去すると，2 つの 2 階常微分方程式

$$\frac{d^2\omega_\xi}{dt^2}+\frac{(I_{\xi\xi}-I_{\zeta\zeta})^2}{I_{\xi\xi}^2}\omega_0^2\omega_\xi=0 \tag{6.77}$$

$$\frac{d^2\omega_\eta}{dt^2}+\frac{(I_{\xi\xi}-I_{\zeta\zeta})^2}{I_{\xi\xi}^2}\omega_0^2\omega_\eta=0 \tag{6.78}$$

が得られる．これら 2 式はともに第 3 章でも述べた自由振動の方程式であるので，固有角振動数

$$\omega_n=\frac{I_{\xi\xi}-I_{\zeta\zeta}}{I_{\xi\xi}}\omega_0 \tag{6.79}$$

を持ち，調和振動解

$$\omega_\xi=A\cos(\omega_n t+\beta) \tag{6.80}$$

$$\omega_\eta=A'\cos(\omega_n t+\beta') \tag{6.81}$$

で表される．ここで，A，β や A'，β' は定数である．もし，$t=0$ で $\omega_\zeta=\omega_0$，$\omega_\xi=\omega_\eta=0$ で静かに放すとすれば，支持枠 P の運動に関わらず，回転軸 ζ の向きは一定に保たれる．このような性質は，ジャイロスコープやジャイロコンパスとして，飛行物体の姿勢制御などに応用されている．ただし，$I_{\xi\xi}\leq I_{\zeta\zeta}$ の場合には，固有振動数が虚数となるので，ジャイロスタットは不安定となる．
□

注意4 ジャイロ現象やその他の一般的な剛体の空間運動に興味を持たれる諸氏は巻末に示したテキストや他の専門書を参照していただきたい． □

6章の問題

1　図6.37(a)に示すような辺長が a, b, 面密度が ρ である薄い直角三角形板 ABC の重心の位置を求めよ．また，図6.37(b)に示すように，図6.37(a)の直角三角形板 ABC を2つ接合した板 ABCDE の重心の位置を求めよ．

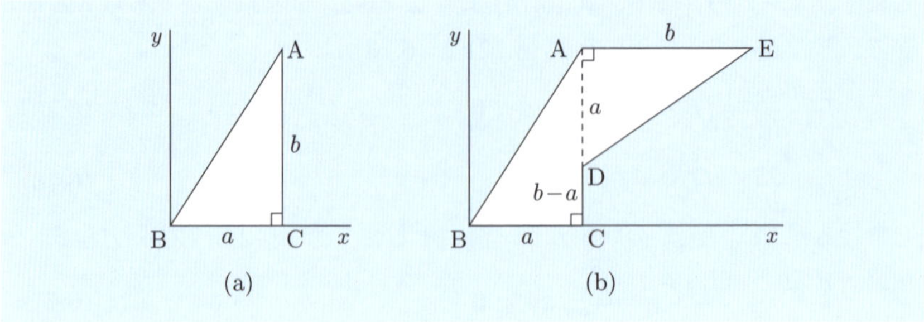

図6.37

2　図6.38に示すように，辺長が a, b, 面密度が ρ の長方形板を水平面からの角度が θ となるように点Oをピン支持し，点Aに斜め方向の力 f を加える．力 f および支持点Oの反力を求めよ．

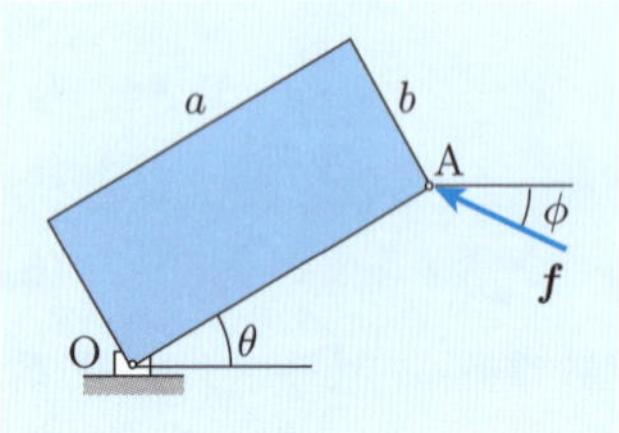

図6.38

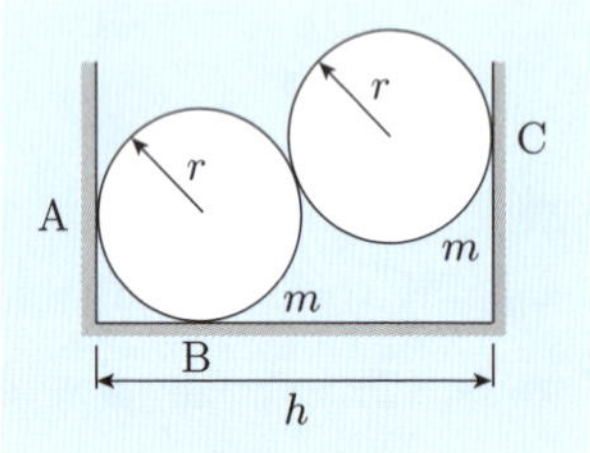

図6.39

3　図6.39に示すように，同じ半径 r, 同じ質量 m の2枚の円板が幅 $h < 4r$ の滑らかな矩形溝の中に置かれているとき，接触点A, B, Cの反力を求めよ．

4　図6.40に示すように，水深が H であるダムの下端に設置された高さ h, 奥行き l の排水口をふさいでいる長方形板Aに作用する力を求めよ．ただし，水の密度を ρ_0 とし，水面とダム壁には大気圧 p_0 が作用しているとする．

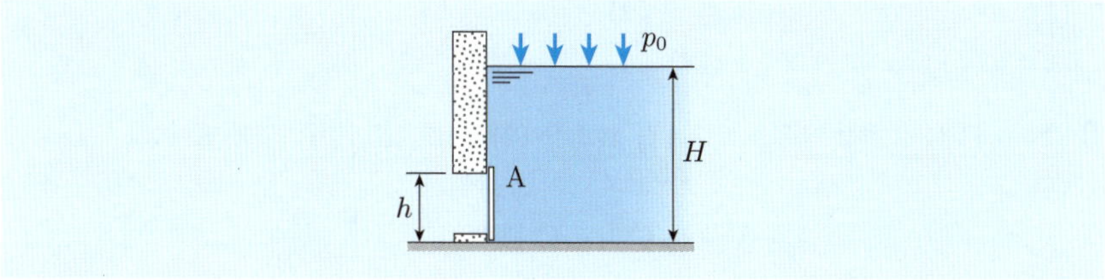

図 6.40

5 図 6.41 に示すように，一辺が a の正三角断面を持つ長さ l，密度 ρ の物体を，図に示す (a) および (b) の姿勢で密度 ρ_0 の水に浮かべる．両者の浮力中心の位置を求めよ．また，どちらの姿勢がより安定であるか調べよ．

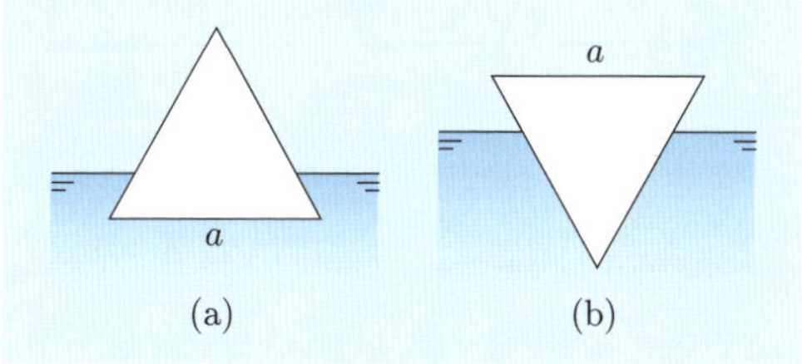

図 6.41

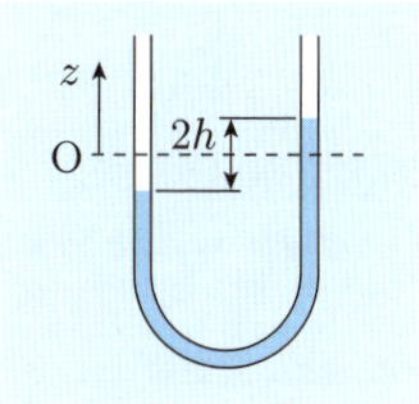

図 6.42

6 図 6.42 に示すように，水銀 (比重 13.6) の入った U 字型の細いガラス管を真空中で垂直に立てている．水銀柱の全長は l である．左右の水銀柱の高さの差を $2h$ にしておいてから静かに放置した後の運動を調べよ．ただし，$h \ll l$ とし，摩擦はないとする．

7 図 6.43 に示すように，2 点 O と A で支持された長さ l，質量 m の細い剛体棒の一部に次の 2 種類の分布荷重が作用している．それぞれについて支持点 O と A の反力を求め，棒が傾かないための条件を示せ．ただし，c と w_0 は一定である．

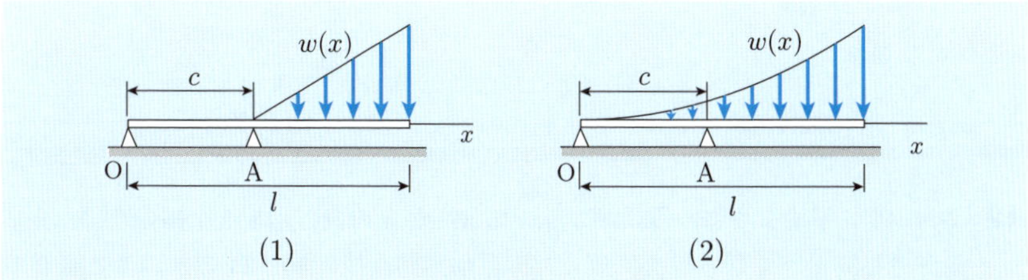

図 6.43

(1)　$w(x) = (x - c)w_0 \ (c \leq x \leq l)$

(2)　$w(x) = x^2 w_0 \ (0 \leq x \leq l)$

8　図 6.44 に示す 2 つのトラス (1) および (2) を節点法を用いて解析せよ．

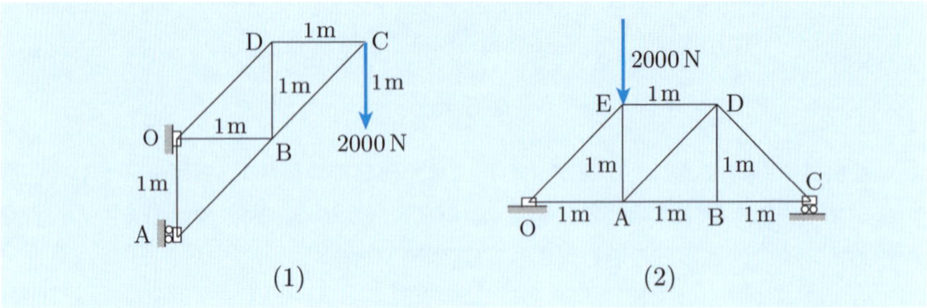

図 6.44

9　面密度が ρ であり，$x^2/a^2 + y^2/b^2 = 1$ で表される楕円板の重心 G を通る法線の周りの慣性モーメント I_G を求めよ．

10　一辺の長さが a，面密度が ρ である正三角形板の重心 G および図心 C を通る法線の周りの慣性モーメント I_G および I_C を求めよ．

11　図 6.45 に示すように，長さ l，質量 m の細い剛体棒の一端 O はピン支持され，他端 A は糸で吊るされて水平面との角度が θ となるように保持されている．急に糸が切断された直後の，剛体棒の角加速度および支持点 O の反力を求めよ．また，棒が鉛直になるまで落下したときの角速度を求めよ．

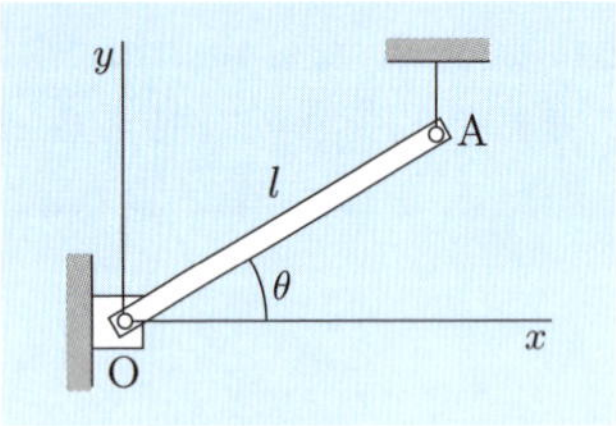

図 6.45

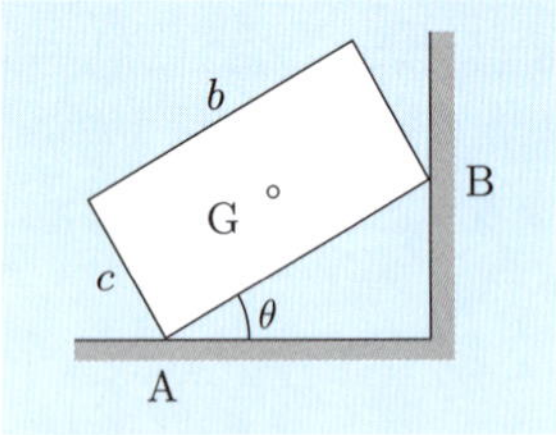

図 6.46

12　図 6.46 に示すように，辺長が b, c，面密度が ρ の長方形板を摩擦のない水平面と鉛直壁に立掛けてから静かに放した．運動開始直後の重心 G の加速度と重心 G の周りの角加速度を求めよ．

13 図 6.47 に示すように，ピン支持点 O で吊り下げられている長さ l，質量 m の細い剛体棒の下端 A に質量 m_0 の小球が速度 v で真横から衝突する．反発係数を e として，衝突直後の棒の角速度と小球の速度を求めよ．

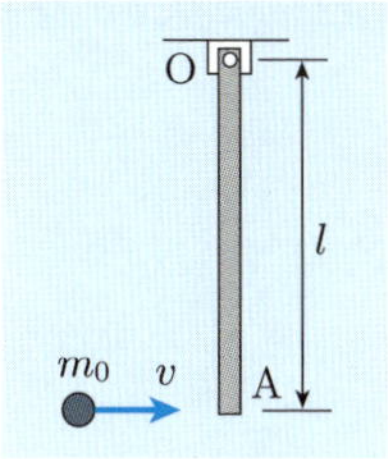

図 6.47

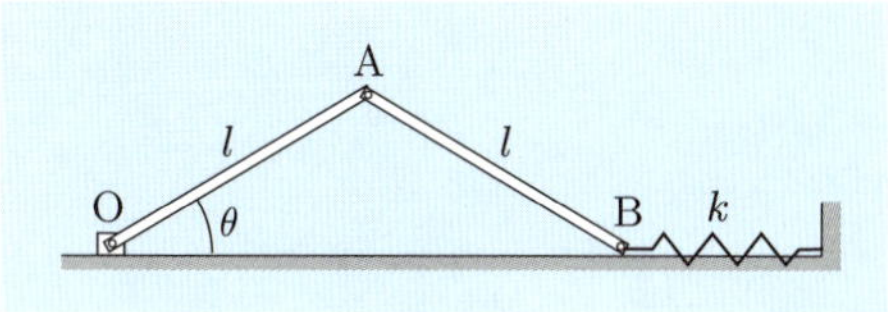

図 6.48

14 図 6.48 に示すように，ともに長さが l，質量が m である 2 本の細い剛体棒 OA と AB のうち棒 OA の一端 O は水平面にピン支持され，他端 A は棒 AB とピン結合されている．一方，棒 AB の端部 B は水平面上を滑らかに滑ることができるが，ばね定数 k のばねで支えられている．図に示すように，棒 OA を水平面となす角度が θ となる位置で保持しているとき，ばねは変形していない．この状態から 2 本の棒を静かに放すとき，(1) 運動開始直後の点 A の加速度を求めよ．また，(2) ばねの最大圧縮量を求めよ．ただし，ばねは十分な長さを持っているとする．

15 図 6.49 に示すように，半径 R，厚さ l，質量 m_1 のホイールが両端に付けられた半径 r，長さ s，質量 m_2 のシリンダーは軸受けに支えられて水平な軸の周りに滑らかに回転できる．また，シリンダーに巻きつけられた細いケーブルの先端には質量 M の重りが吊り下げられている．いま，おもりが静止状態 ($z = 0$) から $z = h$ まで落下したとき，(1) おもりの速度，(2) おもりの加速度および (3) 所要時間を求めよ．

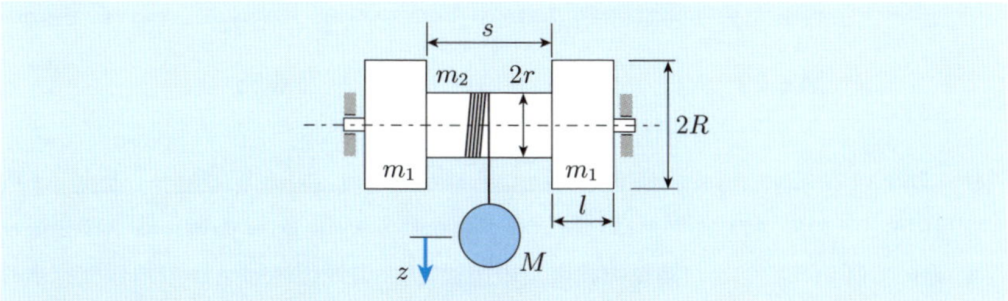

図 6.49

16 図 6.50 に示すように，下面の両端に 2 個の小さな突起が付いた高さ h，横幅 b，厚さ c，質量 m の直方体物体が摩擦係数 μ_s, μ_k の水平面に置かれている．いま，下面から z だけ離れた点 P に一定の力 f を水平方向に加えて物体を移動させるとき，物体が転倒せずに滑る条件を調べよ．また，そのときの物体の加速度を求めよ．

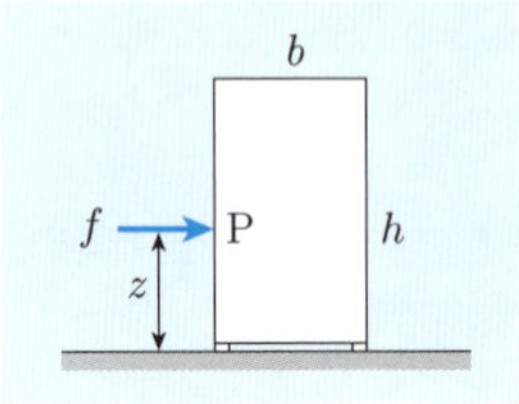

図 6.50

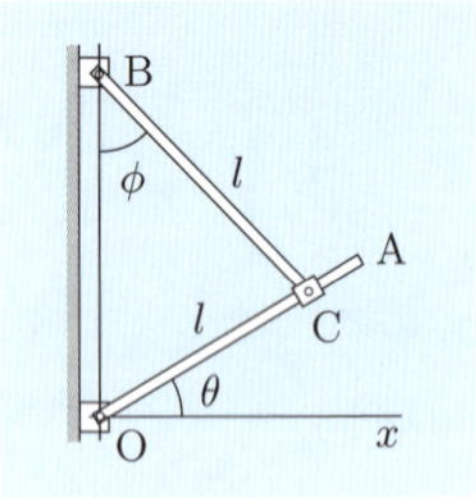

図 6.51

17 図 6.51 に示すように，同じ長さ l，質量 m の細い剛体棒 OA と BC の端部 O と B は垂直な壁面にピン支持されている．また，棒 BC の先端にピン結合された軽いカラー C は棒 OA に沿って滑らかに滑ることができる．図に示した位置で静かに放した直後の，2 つの剛体棒の角加速度を求めよ．

18 図 6.52 に示すように，滑らかな水平面を速度 v で滑ってきた一様な矩形板 (辺長が b, c および質量が m) が床面の小さな突起 A にぶつかった直後の板の角速度を求めよ．ただし，反発係数は $e = 0$ とする．

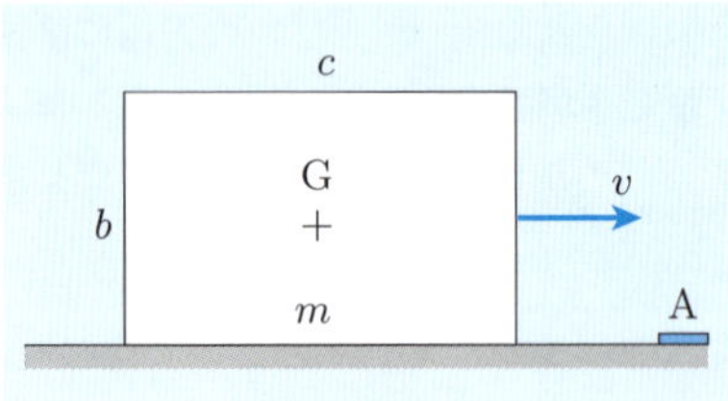

図 6.52

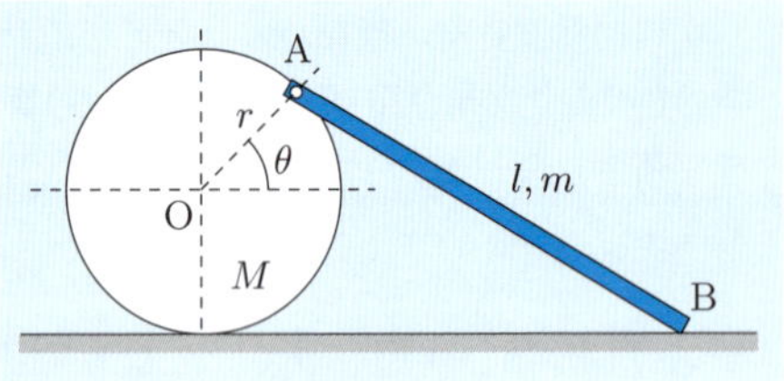

図 6.53

19 図 6.53 に示すように，静止摩擦係数 μ の水平な床の上に，半径 r，質量 M の円板 O とその外周の 1 点 A にピン結合された長さ l，質量 m の剛体棒 AB を静かに置いて静かに放した．運動開始直後の円板 O および剛体棒 AB の角速度を求めよ．ただし，円板は滑らないとする．また，摩擦は無視する．

7 解析力学の基礎

ニュートンの第 2 法則に従って，質点，質点系，剛体などの運動方程式を導くことができるが，多数の質点からなる多自由度系では個々の質点間の相互作用を系統的に取り扱うことは必ずしも容易ではない．したがって，一般の力学系に広く適用できるような表現法や解析法が研究されており，そのような手法を解析力学と呼ぶ．この章では，ダランベール (d'Alembert) の原理および仕事とエネルギーの原理に基づいて組立てられたラグランジュ (Lagrange) の方程式ならびに運動量に着目するハミルトン (Hamilton) の方程式について説明する．

注意 時々刻々変化する物体の位置を一義的に指定するのに必要な座標の数を自由度と呼ぶ．一般に，独立に運動する n 個の質点の位置を指定するためには，$3n$ 個の座標が必要であるので自由度は $N = 3n$ である．もし，この運動に対して m 個の拘束条件が加わると，自由度は $N = 3n - m$ となる． □

キーワード

解析力学　仮想変位と仮想仕事
ダランベールの原理　ラグランジュの方程式
ハミルトンの方程式

7.1 ダランベールの原理と仮想仕事の原理

質点の運動において“任意の仮想変位に対して力のする仕事の総和が 0 であるとき，質点は平衡状態にある”というのを**仮想仕事の原理**と呼ぶ．すなわち，質量 m の質点に合力 $\boldsymbol{f}$ が作用しているとき，任意の**仮想変位** $\delta\boldsymbol{r}$ に対して力のする仕事

$$\delta W = \boldsymbol{f}\cdot\delta\boldsymbol{r} = f_x\delta x + f_y\delta y + f_z\delta z \tag{7.1}$$

を**仮想仕事**と呼び，

$$\delta W = \boldsymbol{f}\cdot\delta\boldsymbol{r} = 0 \tag{7.2}$$

であるとき，質点は静力学的な平衡条件を満たす．別言すれば，任意の仮想変位 $\delta\boldsymbol{r}$ に対して式 (7.2) が満たされるためには $\boldsymbol{f}=\boldsymbol{0}$ でなければならないことを示している．

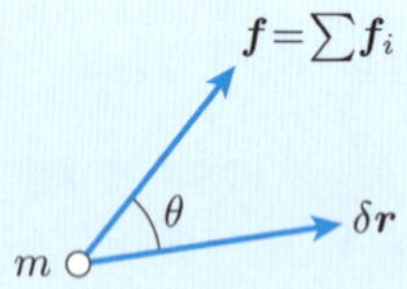

図 7.1　仮想変位と仮想仕事

一方，質点の慣性力 $-m\boldsymbol{a}$ をその質点に作用する外力の 1 つとみなすとすれば，質点の運動方程式も静力学的な平衡条件式

$$\boldsymbol{f} + (-m\boldsymbol{a}) = \boldsymbol{0} \tag{7.3}$$

で表される．これを**ダランベールの原理**と呼ぶ．ダランベールの原理は，ニュートンの運動方程式 $m\boldsymbol{a}=\boldsymbol{f}$ の辺々を単に移項したのではなく，その別解釈であるとみなせる．

図 7.2　ニュートンの第 2 法則 (左図) とダランベールの原理 (右図)

したがって，仮想仕事の原理より

$$\delta W = (\boldsymbol{f} - m\boldsymbol{a}) \cdot \delta \boldsymbol{r} = 0 \tag{7.4}$$

であるとき，質点の運動方程式 $m\boldsymbol{a} = \boldsymbol{f}$ も静力学的な平衡条件式で置き換えられる．ただし，いずれの場合にも仮想変位 $\delta \boldsymbol{r}$ は実変位 $d\boldsymbol{r}$ と必ずしも一致する必要はないが，運動に課せられた運動学的な**拘束条件**を満たさなければならない．

なお，次の節で述べるように，1 質点に対する仮想仕事の原理 (7.2) や (7.4) は容易に多自由度系の運動にも拡張できる．例えば，n 個の質点からなる質点系において，第 i 番目の質点に作用する力を $\boldsymbol{f}_i$，その加速度を $\boldsymbol{a}_i$ とするとき，式 (7.4) は

$$\delta W = \sum_{i=1}^{n} (\boldsymbol{f}_i - m_i \boldsymbol{a}_i) \cdot \delta \boldsymbol{r}_i = 0 \tag{7.5}$$

となる．式 (7.2) も同様である．

例題 7.1

図 7.3 (a) に示すように，一端 O がピン支持，点 A がピン・ローラー支持された軽い剛体棒の端点 B に荷重 P を加える．仮想仕事の原理を適用して点 O および A における支持反力を求めよ．

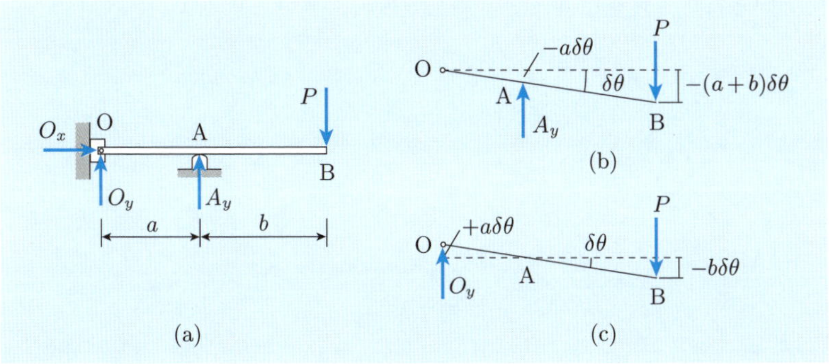

図 7.3

【解答】 点 O の支持反力を O_x，O_y，点 A の支持反力を A_y とする．

(1)　まず，図 7.3 (b) に示すように，剛体棒が点 O を中心として仮想的な回転を行うとすると，点 A での仮想変位は $-a\delta\theta$，点 B での仮想変位は $-(a+b)\delta\theta$

であるので，外力 $-P$ と支持反力 A_y のする仮想仕事の原理は

$$\delta W = P(a+b)\delta\theta - A_y a\delta\theta = [P(a+b) - A_y a]\delta\theta = 0$$

と表されるので，任意の $\delta\theta$ に対して

$$A_y = \frac{a+b}{a}P$$

を得る．

(2)　次に，図 7.3 (c) に示すように，点 A を支点として仮想的な回転変位 $\delta\theta$ が生じるとすると，点 O の仮想変位は $a\delta\theta$ であるので，仮想仕事の原理は

$$\delta W = Pb\delta\theta + O_y a\delta\theta = [Pb + O_y a]\delta\theta = 0$$

と表されることより，任意の $\delta\theta$ に対して

$$O_y = -\frac{b}{a}P$$

が得られる．なお，外力 P は x 方向成分を持たないので，$O_x\delta x = 0$ より $O_x = 0$ である． ■

例題 7.2

図 7.4 (a) に示すように，静止摩擦係数が μ_s，動摩擦係数が μ_k である斜面上で質量 m の物体に水平力 F を加える．仮想仕事の原理を適用して，(1) 物体が静止できるための力 F の大きさを求めよ．また，(2) 斜面に沿って上向きに加速度運動するときの加速度の大きさを求めよ．

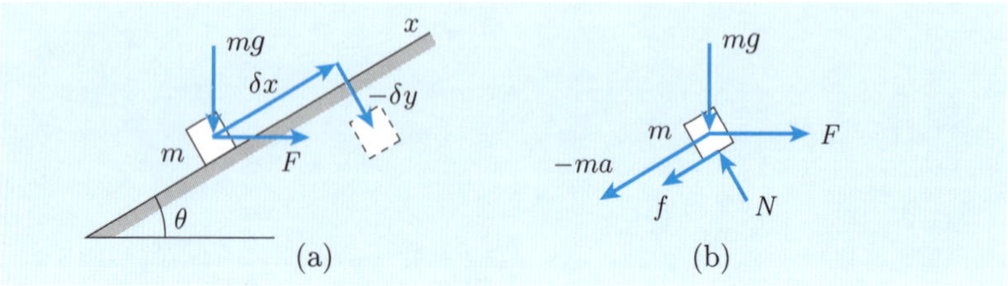

図 7.4

【解答】 斜面に沿って x 軸をとり，斜面から受ける垂直抗力を N とする．静止摩擦力は $f_s = \mu_s N$，動摩擦力は $f_k = \mu_k N$ である．

(1)　力のする仮想仕事の原理は

$$\begin{aligned}\delta W &= F\cos\theta\delta x - mg\sin\theta\delta x - \mu_s N\delta x + F\sin\theta\delta y + mg\cos\theta\delta y - N\delta y \\ &= (F\cos\theta - mg\sin\theta - \mu_s N)\delta x + (F\sin\theta + mg\cos\theta - N)\delta y = 0\end{aligned}$$

と表されるので，連立方程式

$$F\cos\theta - mg\sin\theta - \mu_s N = 0$$

$$F\sin\theta + mg\cos\theta - N = 0$$

が得られる．よって，

$$F = \frac{\sin\theta + \mu_s\cos\theta}{\cos\theta - \mu_s\sin\theta}mg$$

を得る．

(2) 上で得た力 F より大きな力 $F' > F$ が作用するときは加速度運動が生じるので，慣性力を $-m\boldsymbol{a}$ とすると，仮想仕事の原理より

$$-ma_x + F'\cos\theta - mg\sin\theta - \mu_s N = 0$$

$$ma_y + F'\sin\theta + mg\cos\theta - N = 0$$

を得る．ここで，拘束条件 $a_y = 0$ を課すことにより

$$a_x = (\cos\theta - \mu_k\sin\theta)\frac{F'}{m} - (\sin\theta + \mu_k\cos\theta)g$$

を得る． ■

例題 7.3

図 7.5 に示すように，摩擦のない斜面上にある 2 つの質点 A (質量 $m_{\rm A}$) と B (質量 $m_{\rm B}$) が滑車を介して伸び縮みしないケーブルで結ばれている．以下の問いに答えよ．

(1) 仮想仕事の原理を用いて両質点が静止状態を保つことのできる条件を求めよ．

(2) 両質点が斜面上を運動するとき，仮想仕事の原理を用いて加速度を求めよ．

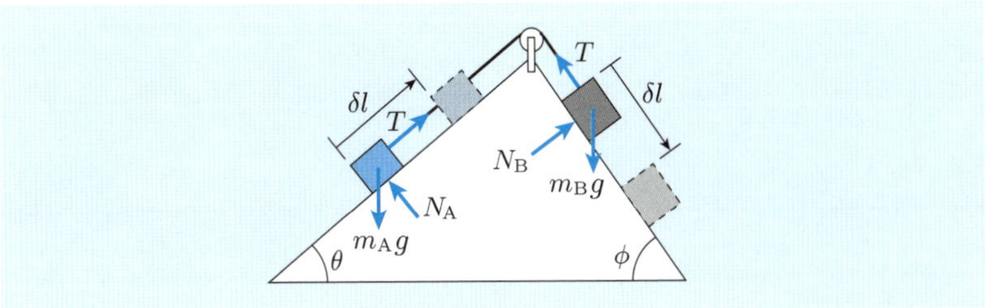

図 7.5

【解答】 (1)　質点 A が斜面に沿って上昇する仮想変位を δl とすると，質点 B が斜面に沿って下降する仮想変位も δl である．また，両質点が斜面から受ける垂直抗力は仕事に関与しないので，仮想仕事の原理は

$$\delta W = m_{\mathrm{B}} g \sin\phi \delta l - m_{\mathrm{A}} g \sin\theta \delta l = (m_{\mathrm{B}} \sin\phi - m_{\mathrm{A}} \sin\theta) g \delta l = 0$$

と書ける．よって，平衡条件は

$$m_{\mathrm{B}} \sin\phi - m_{\mathrm{A}} \sin\theta = 0$$

で表される．

(2)　明らかに両質点は同じ大きさの加速度を持つので，両質点が斜面に沿って運動する加速度を a とし，ケーブルの張力を T とすると，両質点にする仮想仕事の原理は

$$\begin{aligned}\delta W &= (T - m_{\mathrm{A}} g \sin\theta - m_{\mathrm{A}} a)\delta l \\ &\quad + (-T + m_{\mathrm{B}} g \sin\phi - m_{\mathrm{B}} a)\delta l = 0\end{aligned}$$

と表される．よって，加速度は

$$a = \frac{m_{\mathrm{B}} \sin\phi - m_{\mathrm{A}} \sin\theta}{m_{\mathrm{A}} + m_{\mathrm{B}}} g$$

となる．上式の分子の正負によって両質点の運動方向は変わる．■

7.2 ラグランジュの方程式

自由度が $3n$ である力学系において，直角座標 (x_i, y_i, z_i) $(i = 1, 2, \cdots, n)$ に対して，新しく $N = 3n$ 個の**一般化された座標** q_j $(j = 1, 2, \cdots, N)$ を導入して座標変換

$$\begin{aligned} x_i &= x_i(q_1, q_2, \cdots, q_N) \\ y_i &= y_i(q_1, q_2, \cdots, q_N) \\ z_i &= z_i(q_1, q_2, \cdots, q_N) \end{aligned} \tag{7.6}$$

を行う．式 (7.6) はまとめて，次のようにベクトル表記することができる．

$$\boldsymbol{r}_i = \boldsymbol{r}_i(q_1, q_2, \cdots, q_N) \tag{7.7}$$

この 2 組の座標系は 1 対 1 の対応をしなければならないので，任意の微小変位は全微分形

$$dx_i = \frac{\partial x_i}{\partial q_1} dq_1 + \frac{\partial x_i}{\partial q_2} dq_2 + \cdots + \frac{\partial x_i}{\partial q_N} dq_N = \sum_{j=1}^{N} \frac{\partial x_i}{\partial q_j} dq_j \tag{7.8}$$

$$dy_i = \frac{\partial y_i}{\partial q_1} dq_1 + \frac{\partial y_i}{\partial q_2} dq_2 + \cdots + \frac{\partial y_i}{\partial q_N} dq_N = \sum_{j=1}^{N} \frac{\partial y_i}{\partial q_j} dq_j \tag{7.9}$$

$$dz_i = \frac{\partial z_i}{\partial q_1} dq_1 + \frac{\partial z_i}{\partial q_2} dq_2 + \cdots + \frac{\partial z_i}{\partial q_N} dq_N = \sum_{j=1}^{N} \frac{\partial z_i}{\partial q_j} dq_j \tag{7.10}$$

で表されなければならない．これは，ベクトル表記によると

$$d\boldsymbol{r}_i = \sum_{j=1}^{N} \frac{\partial \boldsymbol{r}_i}{\partial q_j} dq_j \tag{7.11}$$

と表される．したがって，仮想変位も同様に

$$\delta \boldsymbol{r}_i = \sum_{j=1}^{N} \frac{\partial \boldsymbol{r}_i}{\partial q_j} \delta q_j \tag{7.12}$$

と表される．また，速度ベクトルは式 (7.11) を時間 t で微分することにより

$$\boldsymbol{v}_i = \frac{d\boldsymbol{r}_i}{dt} = \sum_{j=1}^{N} \frac{\partial \boldsymbol{r}_i}{\partial q_j} \frac{dq_j}{dt} = \sum_{j=1}^{N} \frac{\partial \boldsymbol{r}_i}{\partial q_j} \dot{q}_j \tag{7.13}$$

と表され，$\dot{q}_i = \partial q_i/\partial t$ は**一般化された速度**と呼ばれる．

さて，仮想仕事の原理 (7.5) において，外力のする仕事を δW_1 とすると，

$$\delta W_1 = \sum_{i=1}^{n} \boldsymbol{f}_i \cdot \delta \boldsymbol{r}_i = \sum_{i=1}^{n}\sum_{j=1}^{N} \boldsymbol{f}_i \cdot \frac{\partial \boldsymbol{r}_i}{\partial q_j}\delta q_j = \sum_{j=1}^{N} Q_j \delta q_j \tag{7.14}$$

と表される．ここで導入した関数

$$Q_j = \sum_{i=1}^{n} \boldsymbol{f}_i \cdot \frac{\partial \boldsymbol{r}_i}{\partial q_j} \tag{7.15}$$

は**一般化された力**と呼ばれる．一方，式 (7.5) で慣性力のする仕事を δW_2 とすると，

$$\delta W_2 = -\sum_{i=1}^{n} m_i \frac{d^2 \boldsymbol{r}_i}{dt^2} \cdot \delta \boldsymbol{r}_i = -\sum_{i=1}^{n}\sum_{j=1}^{N} m_i \frac{d^2 \boldsymbol{r}_i}{dt^2} \cdot \frac{\partial \boldsymbol{r}_i}{\partial q_j}\delta q_j \tag{7.16}$$

と書ける．ここで，

$$\begin{aligned}&\sum_{i=1}^{n} m_i \frac{d^2 \boldsymbol{r}_i}{dt^2} \cdot \frac{\partial \boldsymbol{r}_i}{\partial q_j}\\ &= \sum_{i=1}^{n}\left[\frac{d}{dt}\left(m_i \frac{d\boldsymbol{r}_i}{dt} \cdot \frac{\partial \boldsymbol{r}_i}{\partial q_j}\right) - m_i \frac{d\boldsymbol{r}_i}{dt} \cdot \frac{d}{dt}\left(\frac{\partial \boldsymbol{r}_i}{\partial q_j}\right)\right]\end{aligned} \tag{7.17}$$

と変形できるが，さらに

$$\frac{d}{dt}\left(\frac{\partial \boldsymbol{r}_i}{\partial q_j}\right) = \frac{\partial \boldsymbol{v}_i}{\partial q_j}, \quad \frac{\partial \boldsymbol{v}_i}{\partial \dot{q}_j} = \frac{\partial \boldsymbol{r}_i}{\partial q_j} \tag{7.18}$$

などの関係式を用いると，式 (7.17) は

$$\begin{aligned}\sum_{i=1}^{n} m_i \frac{d^2 \boldsymbol{r}_i}{dt^2} \cdot \frac{\partial \boldsymbol{r}_i}{\partial q_j} &= -\sum_{i=1}^{n}\left[\frac{d}{dt}\left(m_i \boldsymbol{v}_i \cdot \frac{\partial \boldsymbol{v}_i}{\partial \dot{q}_j}\right) - m_i \boldsymbol{v}_i \cdot \frac{\partial \boldsymbol{v}_i}{\partial q_j}\right]\\ &= -\sum_{i=1}^{n}\left[\frac{d}{dt}\frac{\partial}{\partial \dot{q}_j}\left(\frac{1}{2}m_i \boldsymbol{v}_i \cdot \boldsymbol{v}_i\right) - \frac{\partial}{\partial q_j}\left(\frac{1}{2}m_i \boldsymbol{v}_i \cdot \boldsymbol{v}_i\right)\right]\\ &= \frac{d}{dt}\frac{\partial}{\partial \dot{q}_j}\sum_{i=1}^{n}\frac{1}{2}m_i v_i^2 - \frac{\partial}{\partial q_j}\sum_{i=1}^{n}\frac{1}{2}m_i v_i^2\\ &= \frac{d}{dt}\frac{\partial K}{\partial \dot{q}_j} - \frac{\partial K}{\partial q_j}\end{aligned} \tag{7.19}$$

と表される．ここで，

$$K = \sum_{i=1}^{n} \frac{1}{2} m_i v_i^2 \tag{7.20}$$

はこの力学系に含まれる質点群が持つ運動エネルギーの総和である．したがって，式 (7.16) は

$$\delta W_2 = -\sum_{j=1}^{N}\left[\frac{d}{dt}\frac{\partial K}{\partial \dot{q}_j} - \frac{\partial K}{\partial q_j}\right]\delta q_j \tag{7.21}$$

となる．よって，外力と慣性力に対する仮想仕事の原理は

$$\delta W = \delta W_1 + \delta W_2 = \sum_{j=1}^{N}\left[\frac{d}{dt}\frac{\partial K}{\partial \dot{q}_j} - \frac{\partial K}{\partial q_j} - Q_j\right]\delta q_j = 0 \tag{7.22}$$

と表されるが，任意の仮想変位 δq_j に対して成り立たなければならないので，結局．N 個の連立微分方程式

$$\frac{d}{dt}\frac{\partial K}{\partial \dot{q}_j} - \frac{\partial K}{\partial q_j} - Q_j = 0 \quad (j = 1, 2, \cdots, N) \tag{7.23}$$

が成り立たなければならない．式 (7.23) は**ラグランジュの方程式**と呼ばれる．

ところで，式 (7.23) に含まれる一般化された力 Q_j が保存力と非保存力からなるとき，保存力はポテンシャル $U(q_1, q_2, \cdots, q_N)$ によって表すことができるので，非保存力を Q'_j と置くと

$$Q_j = -\frac{\partial U}{\partial q_j} + Q'_j \tag{7.24}$$

と書ける．よって，式 (7.23) は

$$\frac{d}{dt}\frac{\partial K}{\partial \dot{q}_j} - \frac{\partial K}{\partial q_j} + \frac{\partial U}{\partial q_j} - Q'_j = 0 \quad (j = 1, 2, \cdots, N) \tag{7.25}$$

と表される．さらに，**ラグランジュ関数** (または**ラグランジアン**という)

$$L = K - U \tag{7.26}$$

を導入すると，ラグランジュの方程式 (7.25) を

$$\frac{d}{dt}\frac{\partial L}{\partial \dot{q}_j} - \frac{\partial L}{\partial q_j} = Q'_j \quad (j = 1, 2, \cdots, N) \tag{7.27}$$

と表すこともできる．ただし，$\partial U/\partial \dot{q}_j = 0$ である．

非保存力の 1 つとして速度比例型の粘性抵抗力 (式 (3.6)) を考えるとすれば，粘性係数を c として

$$\psi = \frac{1}{2}\sum_{i=1}^{n} c_i v_i^2 \quad (v_i^2 = \boldsymbol{v}_i \cdot \boldsymbol{v}_i) \tag{7.28}$$

によって定義される**散逸関数**を導入すると

$$Q'_j = -\frac{\partial \psi}{\partial \dot{q}_j} \tag{7.29}$$

と表すことができるので，ラグランジュの方程式 (7.27) を

$$\frac{d}{dt}\frac{\partial L}{\partial \dot{q}_j} - \frac{\partial L}{\partial q_j} + \frac{\partial \psi}{\partial \dot{q}_j} = 0 \quad (j = 1, 2, \cdots, N) \tag{7.30}$$

のように表すこともできる．なお，保存系では $Q'_j = 0$ であるので，式 (7.27) は

$$\frac{d}{dt}\frac{\partial L}{\partial \dot{q}_j} - \frac{\partial L}{\partial q_j} = 0 \quad (j = 1, 2, \cdots, N) \tag{7.31}$$

と表される．通常，この保存形の方程式 (7.31) をラグランジュの方程式と呼ぶことが多い．

ところで，ニュートンの第 2 法則に従って運動方程式を作る際には，多数の質点間の相互作用を表す力ベクトルやモーメントベクトルの向きや大きさに絶えず注意しなければならない．しかし，ラグランジュの方程式に従うと，運動エネルギー，ポテンシャルエネルギーあるいは散逸関数など全てスカラー量を扱うだけでよく，またほとんど形式的な微分操作によって運動方程式を導くことができるという大きな利点を持っている．また，適当なエネルギー散逸機構を取り入れることによって，第 4 章で述べた単純なエネルギー法では扱えなかった非保存系の多自由度系の力学を扱えることがわかる．

例題 7.4

図 7.6 に示すように，質量 m_1 および m_2 の 2 つの質点，ばね定数 k_1，k_2 および k_3 の 3 本ばね，粘性係数 c_1，c_2 および c_3 の 3 つのダッシュポットからなる 2 自由度振動系に対して，ラグランジュの方程式を用いて運動方程式を作れ．

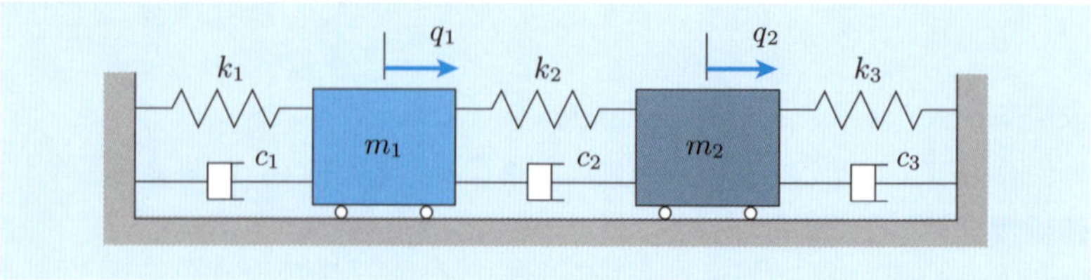

図 7.6

注意 1 ダッシュポットとは，式 (7.28) で表される速度比例型の粘性減衰器であり，図に示すような記号が用いられる． □

【解答】 2 質点 m_1 と m_2 の一般化された座標をそれぞれ q_1 と q_2 とすると

$$K = \frac{1}{2}m_1\dot{q}_1^2 + \frac{1}{2}m_2\dot{q}_2^2$$

$$U = \frac{1}{2}k_1 q_1^2 + \frac{1}{2}k_2(q_2 - q_1)^2 + \frac{1}{2}k_3 q_2^2$$

$$\psi = \frac{1}{2}c_1\dot{q}_1^2 + \frac{1}{2}c_2(\dot{q}_2 - \dot{q}_1)^2 + \frac{1}{2}c_3\dot{q}_2^2$$

と表されるので，

$$\frac{d}{dt}\frac{\partial K}{\partial \dot{q}_1} = m_1\ddot{q}_1, \quad \frac{d}{dt}\frac{\partial K}{\partial \dot{q}_2} = m_2\ddot{q}_2, \quad \frac{\partial K}{\partial q_1} = \frac{\partial K}{\partial q_2} = 0$$

$$\frac{\partial U}{\partial q_1} = k_1 q_1 - k_2(q_2 - q_1), \quad \frac{\partial U}{\partial q_2} = k_2(q_2 - q_1) + k_3 q_2$$

$$\frac{\partial \psi}{\partial \dot{q}_1} = c_1\dot{q}_1 - c_2(\dot{q}_2 - \dot{q}_1), \quad \frac{\partial \psi}{\partial \dot{q}_2} = c_2(\dot{q}_2 - \dot{q}_1) + c_3\dot{q}_2$$

を得る．よって，ラグランジュの方程式に代入すると，運動方程式は

$$m_1\ddot{q}_1 + (c_1 + c_2)\dot{q}_1 + (k_1 + k_2)q_1 - c_2\dot{q}_2 - k_2 q_2 = 0$$

$$m_2\ddot{q}_2 + (c_2 + c_3)\dot{q}_2 + (k_2 + k_3)q_2 - c_2\dot{q}_1 - k_2 q_1 = 0$$

のように 2 階連立常微分方程式で表される．すなわち，2 つの質点がばね k_2 とダッシュポット c_2 を介して相互作用を行う 2 自由度系の連成自由振動を表す．

■

注意 2 このような**連成振動**についての詳しい説明は他書に譲るが，A_1，A_2，λ を未定の定数として，

$$q_1(t) = A_1 \exp \lambda t, \quad q_2(t) = A_2 \exp \lambda t$$

の形の解を仮定することにより，上記の連立微分方程式は A_1 と A_2 に対する連立代数方程式に書き換えられるので，λ および A_1 と A_2 の関係式を決定することができる． □

7.3 ハミルトン関数と正準方程式

ハミルトン (Hamilton) の正準方程式は，ラグランジュの方程式をさらに一般化したものであり，質点系の力学だけではなく，ミクロな現象を扱う統計力学や量子力学などにおいても重要な役割を担う．

いま，自由度が N である力学系を対象とするとき，

$$p_k = \frac{\partial L}{\partial \dot{q}_k} \quad (k = 1, 2, \cdots, N) \tag{7.32}$$

を**一般化された運動量**と定義する．このとき，ラグランジュの方程式 (7.31) は極めて簡潔な方程式

$$\dot{p}_k = \frac{\partial L}{\partial q_k} \tag{7.33}$$

に変換される．ここで，$L(q_1, q_2, \cdots, q_N, \dot{q}_1, \dot{q}_2, \cdots, \dot{q}_N, t)$ はラグランジュ関数であり，一般化された運動量 p_k と一般化された座標 q_k は互いに共役な**正準変数**と呼ばれる．

さて，L は全微分形で

$$\begin{aligned} dL &= \sum_{k=1}^{N} \frac{\partial L}{\partial q_k} dq_k + \sum_{k=1}^{N} \frac{\partial L}{\partial \dot{q}_k} d\dot{q}_k + \frac{\partial L}{\partial t} dt \\ &= \sum_{k=1}^{N} \dot{p}_k dq_k + \sum_{k=1}^{N} p_k d\dot{q}_k + \frac{\partial L}{\partial t} dt \\ &= \sum_{k=1}^{N} \dot{p}_k dq_k + d\left(\sum_{k=1}^{N} p_k \dot{q}_k\right) - \sum_{k=1}^{N} \dot{q}_k dp_k + \frac{\partial L}{\partial t} dt \end{aligned} \tag{7.34}$$

と書けるので，

$$d\left(\sum_{k=1}^{N} p_k \dot{q}_k\right) - dL = -\sum_{k=1}^{N} \dot{p}_k dq_k + \sum_{k=1}^{N} \dot{q}_k dp_k - \frac{\partial L}{\partial t} dt \tag{7.35}$$

を得る．そこで，

$$\begin{aligned} &H(p_1, p_2, \cdots, p_N, q_1, q_2, \cdots, q_N, t) \\ &= \sum_{k=1}^{N} p_k \dot{q}_k - L(q_1, q_2, \cdots, q_N, \dot{q}_1, \dot{q}_2, \cdots, \dot{q}_N, t) \end{aligned} \tag{7.36}$$

によって定義される**ハミルトン関数** (または**ハミルトニアン**という) を導入する

と，その全微分が

$$dH = \sum_{k=1}^{N} \frac{\partial H}{\partial p_k} dp_k + \sum_{k=1}^{N} \frac{\partial H}{\partial q_k} dq_k + \frac{\partial H}{\partial t} dt$$
$$= d\left(\sum_{k=1}^{N} p_k \dot{q}_k\right) - dL \tag{7.37}$$

と書けることに注意して式 (7.35) を用いると，

$$\sum_{k=1}^{N} \frac{\partial H}{\partial p_k} dp_k + \sum_{k=1}^{N} \frac{\partial H}{\partial q_k} dq_k + \frac{\partial H}{\partial t} dt$$
$$= \sum_{k=1}^{N} \dot{q}_k dp_k - \sum_{k=1}^{N} \dot{p}_k dq_k - \frac{\partial L}{\partial t} dt \tag{7.38}$$

と表される．したがって，式 (7.38) の左辺と右辺の dp_k，dq_k，dt の係数を比較することにより，

$$\dot{q}_k = \frac{\partial H}{\partial p_k} \tag{7.39}$$

$$\dot{p}_k = -\frac{\partial H}{\partial q_k} \tag{7.40}$$

$$\frac{\partial H}{\partial t} = -\frac{\partial L}{\partial t} \tag{7.41}$$

が得られる．連立方程式 (7.39) と (7.40) は**ハミルトンの正準方程式**と呼ばれる．もし，ある力学系のハミルトン関数 H がわかれば，方程式 (7.39) と (7.40) を時間 t について積分することによって，質点の運動量 p_k と座標 q_k が得られる．p_k 軸と q_k 軸で作られる空間 $(p_k,\ q_k)$ は**位相空間**と呼ばれ，各時刻における質点系の状態を表す．一般に，自由度が N の力学系では位相空間は $2N$ 次元となる．なお，ハミルトン関数 H に q_k が含まれないときは $p_k = \text{const.}$ となり，H に p_k が含まれないときは $q_k = \text{const.}$ となる．また，L に時間 t が陽に含まれない場合には $H = \text{const.}$ となる．

例題 7.5

質量 m の質点とばね定数 k のばねからなる 1 自由度振動系に対するハミルトン関数を求めよ．

【解答】 1 自由度系であるので，一般化された座標を $q_1 = q$, $p_1 = p$ と置くと

$$K = \frac{1}{2}m\dot{q}^2, \quad U = \frac{1}{2}kq^2, \quad L = \frac{1}{2}m\dot{q}^2 - \frac{1}{2}kq^2, \quad p = \frac{\partial L}{\partial \dot{q}} = m\dot{q}$$

であるから，

$$K = \frac{p^2}{2m}, \quad L = \frac{p^2}{2m} - \frac{1}{2}kq^2$$

などの関係式を得る．したがって，ハミルトニアンは

$$H = \frac{p^2}{m} - L = \frac{p^2}{2m} + \frac{1}{2}kq^2$$

となる．また，式 (7.39) を適用すると，

$$\dot{p} = -kq$$

から，運動方程式

$$m\ddot{q} + kq = 0$$

を得る．さらに，H に時間 t が陽に含まれないので

$$H = \frac{p^2}{2m} + \frac{1}{2}kq^2 = \text{const.}$$

はエネルギー保存則を表し，H は全エネルギーに対応している． ■

例題 7.6

図 7.7 に示すように，質量 m_1 および m_2 の 2 つの質点とばね定数 k のばねからなる 2 自由度調和振動子に対するハミルトン関数を求めよ．

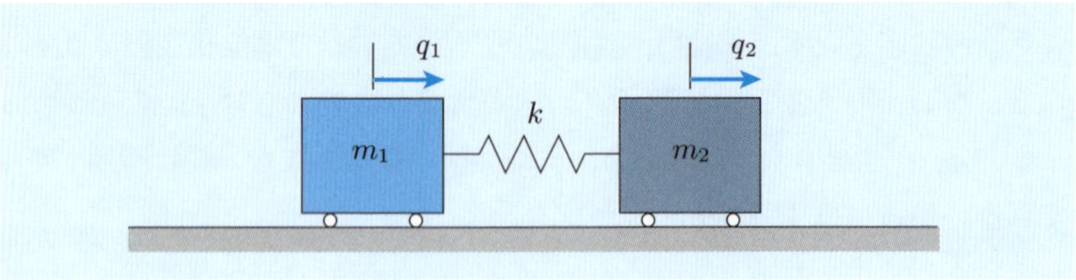

図 7.7

【解答】 2 質点の一般化された座標をそれぞれ q_1 と q_2 とすると

$$K = \frac{1}{2}m_1\dot{q}_1^2 + \frac{1}{2}m_2\dot{q}_2^2$$

$$U = \frac{1}{2}k(q_2 - q_1)^2$$

$$L = K - U = \frac{1}{2}m_1\dot{q}_1^2 + \frac{1}{2}m_2\dot{q}_2^2 - \frac{1}{2}k(q_2 - q_1)^2$$

$$p_1 = \frac{\partial L}{\partial \dot{q}_1} = m_1\dot{q}_1$$

$$p_2 = \frac{\partial L}{\partial \dot{q}_2} = m_2\dot{q}_2$$

であるので，ハミルトニアンは

$$\begin{aligned} H &= p_1\dot{q}_1 + p_2\dot{q}_2 - L \\ &= \frac{1}{2m_1}p_1^2 + \frac{1}{2m_2}p_2^2 + \frac{1}{2}k(q_2 - q_1)^2 \end{aligned}$$

で表され，H は全エネルギーを表す．また，

$$\dot{p}_1 = k(q_2 - q_1), \quad \dot{p}_2 = -k(q_2 - q_1)$$

より，連成振動の運動方程式

$$m_1\ddot{q}_1 + kq_1 - kq_2 = 0, \quad m_2\ddot{q}_2 + kq_2 - kq_1 = 0$$

が得られる． ■

上記のいくつかの例で調べたように，特に多質点系の力学現象を解析する上で，その力学系のラグランジュ関数 L やハミルトン関数 H を見出すことが重要な手続きの 1 つとなる．また，それらの関数形を詳しく調べることによって，力学系の位相関係やエネルギー状態を知ることができる．

7章の問題

1　図 7.8 に示すように，一端 O がピン支持され，他端に質量 m の小物体が付いた長さ $l = a + b$ の軽い剛体棒を，ばね定数 k のばねが自由長より δ だけ縮んだ状態で水平に支持するためには，ばねを付ける位置 A はどこになければならないか．a と b の関係式を仮想仕事の原理を用いて求めよ．

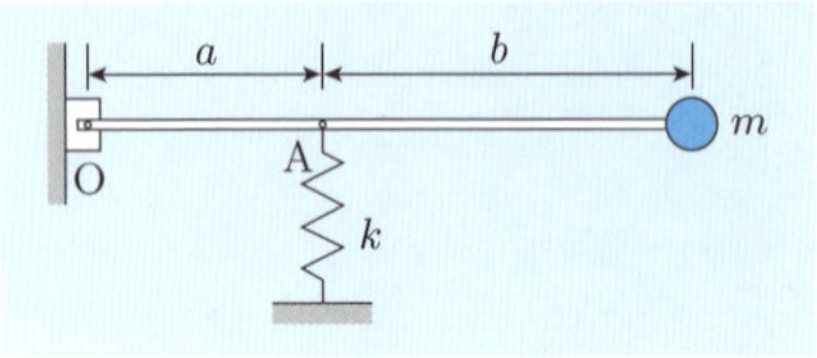

図 7.8

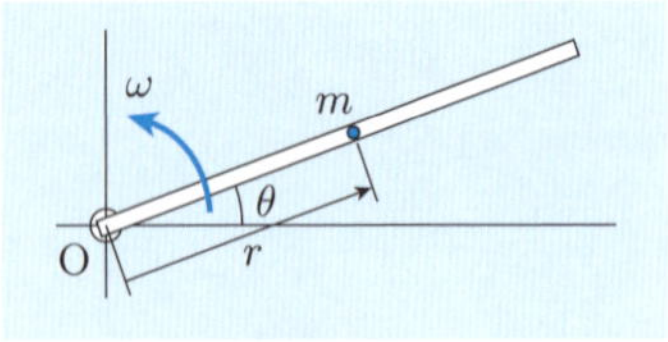

図 7.9

2　図 7.9 に示すように，点 O を中心として，水平面内を一定の角速度 ω で回転する滑らかな細い管の中で質量 m の質点が管に対して速度 v で運動するとき，ラグランジュ関数 L を求め，ラグランジュ方程式を用いて質点の運動方程式を作れ．

3　x 軸方向に直線運動する質量 m の質点に作用している力が $f(x) = -bx - cx^2$ で表されるとする．ただし，b，c は定数である．ラグランジュ関数 L を求め，ラグランジュ方程式を用いて質点の運動方程式を作れ．

4　上の問題 3 においてハミルトニアン H および正準方程式を求めよ．

5　質量 m の質点が $(\mathrm{O}; x, y)$ 平面内で楕円 $x^2/a^2 + y^2/b^2 = 1$ を描いて速度 v で運動するとき，ハミルトニアン H および正準方程式を求めよ．

6　図 7.10 に示すように，4 本のばね (いずれもばね定数を k とする) が結合された質量 m の質点が $(\mathrm{O}; x, y)$ 平面内を運動する．ラグランジュ方程式を用いて質点の運動方程式を作れ．

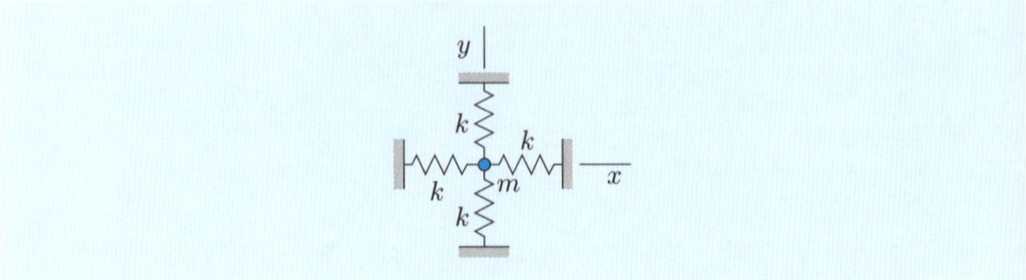

図 7.10

7 図 7.11 に示すように，質量が m_1 と m_2 である 2 つの質点と長さが l_1 と l_2 である 2 本の糸からなる振り子 (二重振り子という) の運動方程式をラグランジュ方程式を用いて作れ.

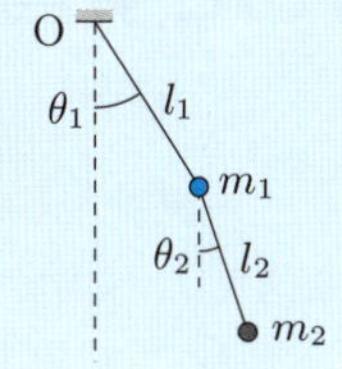

図 7.11

8 図 7.12 に示すように，半径 r，質量 m の薄い円板の中心 O から ε だけ離れた点 C には細い軸が通っており，円板はこの軸 C を中心として微小な回転振動を行う. この振動系のハミルトニアン H を求め，円板の運動方程式を導け.

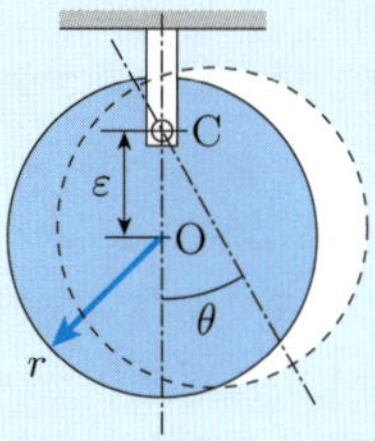

図 7.12

9 図 7.13 に示すように，ばね定数 k，自然長 l の軽いばねと質量 m の質点からなる振り子が鉛直面内で微小な振動をする. この振動系のハミルトニアン H を求め，質点の運動方程式を導け.

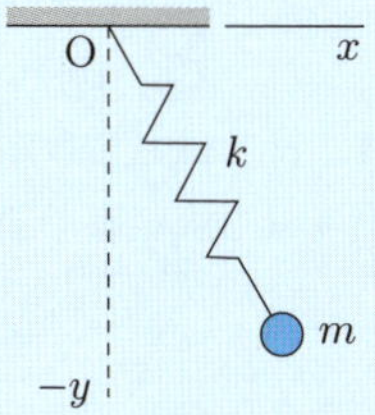

図 7.13

さらに進んだ学習のために

本書を最後までお読みいただいた諸氏は，力学が極めて簡潔な法則に基づいていることに気づかれたはずです．しかし，時として力学の理解を難しくする要因は，対象とする問題を空間的にイメージできないときに，どのような力学法則を適用すればよいのかわからなくなることではないかと思います．これは，長年にわたる大学での講義において学生諸君の持つ悩みとして常に感じてきたことです．それを解決する有力な手段の 1 つは，対象とする問題をできるだけ丁寧に図に描き，作用するであろう力や力のモーメントを漏れなく図の中に書き込むことです．本書の中で，可能な限り多くの図を用いて視覚的な効果を期待したのもそのためです．第二の手段は，ある程度数多くの練習問題を解くことによって，どのような問題にもある種の類似性と相違性が存在することを発見することです．もちろん，計算力を養うことにも役立ちます．

力学のテキストは種類も数も豊富なので全てを引用できませんが，洋書も含めて，初等的なものとやや専門的なものの中から数点を紹介しておきます．文献 [1] は平易な問題からやや高度な問題まで詳しく説明されています．例題，練習問題ともに豊富な良書です．[2] と [3] は少し高度な内容を含みますが，剛体の 3 次元運動も詳しく説明されています．本書で簡略化した部分を補なってください．[4]～[6] は物理学的な色彩と風格のある名著です．[7]～[9] は工学系学生を対象とした入門書です．[10] は表題通り少し視点が異なっていますが，示唆的で興味あるテキストです．[11] は振動学に関する数ある中で代表的で優れた教科書です．[12] には解析力学についての詳しい解説があります．[13] は小冊子ですが，ベクトル解析の基礎事項が簡潔に説明されています．[14] はやや高度ですが，ベクトルとテンソルの概念とともに空間曲線や曲面についても詳しい説明があります．なお，文献 [15] と [16] には様々な科学や物理学の発展史が興味深く述べられています．[17] はもちろん力学のバイブルとも呼べるものの訳書です．以上のテキストは私自身にも大変参考になったものです．　(K.T.)

参考文献

[1] F.P.Beer, E.R.Johnson, Vector Mechanics for Engineers, Statics and Dynamics, 5th ed., (McGraw-Hill Book Company, 1987).

[2] J.H.Ginsberg, Advanced Engineering Dynamics, (Cambridge University Press, 1995).

[3] N.G.Chetaev, Theoretical Mechanics, (Springer-Verlag, 1989).

[4] 山内恭彦，一般力学,（岩波書店，1965）.

[5] ゴールドシュタイン，H.（野間，瀬川訳），古典力学,（吉岡書店，1959）.

[6] ランダウ，L.D.，リフシッツ，E. M.（広重，水戸訳），力学,（東京図書，1960）.

[7] 入江敏博，山田元，工業力学,（理工学社，1985）.

[8] 坂田勝，工業力学,（共立出版，1977）.

[9] 田中皓一，工業力学入門,（コロナ社，2005）.

[10] バージャー，V.D.，オルソン，M.G.（戸田，田上訳），力学——新しい視点に立って,（培風館，1975）.

[11] S.P.Timoschenko, D.H.Young, W.Weaver,Jr., Vibrational Problems in Engineering, 4th ed., (John Wiley and Sons Inc., 1974).

[12] 田辺行人，品田正樹，解析力学,（裳華房，1988）.

[13] 安達忠次，ベクトルとテンソル,（培風館，1957）.

[14] 矢野健太郎，ベクトル解析,（秀潤社，1980）.

[15] メイスン，S.（矢島訳），科学の歴史（上，下）,（岩波書店，1965）.

[16] アインシュタイン，A.，インフェルト，L.（石原訳），物理学はいかにして創られたか（上，下）,（岩波書店，1939）.

[17] アイザック・ニュートン,（中野訳），プリンシピア——自然哲学の数学的原理,（講談社，1977）.

索　　引

ア 行

カ 行

サ　行

タ 行

ナ 行

ハ 行

マ　行

ヤ　行

ワ　行

数字・欧字

著者略歴

田中皓一(たなかこういち)

1969年　名古屋工業大学工学部機械工学科 卒業
1974年　大阪大学大学院基礎工学研究科物理系専攻
　　　　博士課程 単位取得
2009年　名古屋工業大学 退職
2016年　中部大学 退職
現　在　名古屋工業大学 名誉教授　工学博士
専門分野　衝撃工学，振動・波動学，連続体力学

主要著書

工業力学入門(コロナ社，1997)
衝撃波ハンドブック(高山和喜編)(分担執筆)，(シュプリンガー・フェアラーク東京，1995)

工科のための物理＝MKP-2
工科のための 力学

2006年12月10日© 初版発行
2018年2月25日 初版第4刷発行

著者 田中皓一　発行者 矢沢和俊
　　　　　　　印刷者 中澤眞
　　　　　　　製本者 米良孝司

【発行】 株式会社 数理工学社
〒151-0051 東京都渋谷区千駄ヶ谷1丁目3番25号
編集 ☎(03)5474-8661(代) サイエンスビル

【発売】 株式会社 サイエンス社
〒151-0051 東京都渋谷区千駄ヶ谷1丁目3番25号
営業 ☎(03)5474-8500(代) 振替 00170-7-2387
FAX ☎(03)5474-8900

組版 ビーカム
印刷 (株)シナノ　製本 ブックアート

《検印省略》

ISBN4-901683-42-X

PRINTED IN JAPAN